国家自然科学基金
D0241541044
高等学校学科创新引智计划项目
（B18049）等资助

我国地质学基础研究人才培养国际化战略研究

李素矿　姚玉鹏　著

高等教育出版社·北京

内容简介

本书是受国家自然科学基金、高等学校学科创新引智计划项目、中国地质调查项目、中央高校基金等资助的研究成果。全书共十章，主要包括地质人才培养国际化基础、国外人才培养国际化进展研究、地质学本科生培养国际化、地质学硕士研究生培养国际化、地质学博士研究生培养国际化、地质科学成果国际化分析、主要地学领域项目人才国际化研究、创新人才培养国际化理念、优化人才培养国际化治理对策等内容。

作者立足政策探究、实证剖析、战略思考，运用跨学科理论、定量与定性综合方法，分析发达国家和“一带一路”倡议沿线国家教育国际化政策效应，调研我国地质学人才培养国际化现状与发展需求，总结地质人才培养国际化理念、规律特点、特色标准。从新时代地质科技工作转型和高质量发展，以及培养造就大批德才兼备的高层次地质人才等多个维度，创新探讨了我国地质学基础研究人才培养国际化的科学路径与对策措施。

本书适合高校地学类专业、高等教育研究、管理机构，以及对高等教育人才培养国际化感兴趣的教育工作者阅读参考。

图书在版编目（CIP）数据

我国地质学基础研究人才培养国际化战略研究 / 李素矿，姚玉鹏著. -- 北京 ：高等教育出版社，2021.5
ISBN 978-7-04-056015-2

Ⅰ. ①我… Ⅱ. ①李… ②姚… Ⅲ. ①地质学－人才培养－培养模式－研究－中国 Ⅳ. ①P5

中国版本图书馆CIP数据核字(2021)第067202号

我国地质学基础研究人才培养国际化战略研究
Woguo Dizhixue Jichu Yanjiu Rencai Peiyang Guojihua Zhanlüe Yanjiu

策划编辑 陈正雄　责任编辑 靳剑辉　封面设计 赵　阳　版式设计 于　婕
插图绘制 黄云燕　责任校对 张　薇　责任印制 存　怡

出版发行	高等教育出版社	网　　址	http://www.hep.edu.cn
社　　址	北京市西城区德外大街4号		http://www.hep.com.cn
邮政编码	100120	网上订购	http://www.hepmall.com.cn
印　　刷	北京市大天乐投资管理有限公司		http://www.hepmall.com
开　　本	850mm×1168mm 1/16		http://www.hepmall.cn
印　　张	16.5		
字　　数	340千字	版　　次	2021年5月第1版
购书热线	010-58581118	印　　次	2021年5月第1次印刷
咨询电话	400-810-0598	定　　价	68.00元

本书如有缺页、倒页、脱页等质量问题，请到所购图书销售部门联系调换

物 料 号　56015-00

国家自然科学基金（D0241541044）

高等学校学科创新引智计划项目（B18049）

中国地质调查项目（DD20190843）

湖北省技术创新专项（2018ADC110）

中央高校教育教学改革基金（G13203120011）

资助

序

当前，地质学进入地球系统科学发展的新阶段，我国地质事业进入转型升级的关键时期。从学科范式变革和社会需求变化两个维度来审视地质学基础研究人才培养问题，我们便会发现：培养能够担当时代重任的国际化高层次人才，是摆在高等地质教育工作者面前的重大时代课题。

新中国成立以来，特别是改革开放以来，我国地质事业得到了迅速发展，形成了较为完备的学科专业体系、科学研究体系、教育教学体系和人才培养体系，拥有一支相当规模的高水平人才队伍，立足中国地域环境与地质现象取得了独特的理论成就，为世界地球科学的发展做出了巨大贡献。同时，我们要清醒地看到：地质学基础研究兼具全球性和地域性，基于地域特色的认识不置于全球视野框架内、不得到全球数据的验证，就很难上升为具有普适意义的地质学理论和方法。与发达国家相比，我国近年来国际期刊论文数量迅速增长处于高位，但在国际顶尖级刊物上的论文偏少，折射出我国地质学发展规模大而不强；在地质思维方面，我国地质学家很少能提出原创性理论，大多侧重于开展国内实测资料收集和案例研究，很多工作止步于对国外学者提出的地质理论模型进行论证、局部“修补”，很少提出“从0到1”的理论、模型和方法；在学科交叉融合、现代化监测和测试手段、理论模型建立等方面，我国人为设立的学科专业藩篱严重制约跨学科研究；现有地质观测、探测和分析技术设备基本上从国外引进，地质核心技术装备研发和制造能力严重落后于发达国家；在国际学术地位方面，具有国际影响力、国际学术话语权、引领地质学科发展的国际领军人才还比较少。这些短板问题既是我国地质学发展提升的空间，也对地质学基础研究人才培养国际化提出了更高和更新的要求。

习近平总书记强调指出：当今世界正经历百年未有之大变局。区域、国家之间的竞争，归根结底是人才的竞争，培养国际化人才显得尤为重要和迫切。党的十九大确定了新时代中国发展的新方位，提出到21世纪中叶实现中国特色社会主义现代化强国和中华民族伟大复兴的目标。这需要地质学科不仅要围绕我国国土空间管控，能源、矿产、水和其他战略资源保障，生态环境保护与修复等现实需求，而且要围绕“一带一路”倡议，“两个市场、两种资源”的战略布局，提供全方位、全过程、精准有效的科技支撑和人才保障。

李素矿和姚玉鹏研究员课题组坚持以问题为导向，运用教育学、管理学、心理学、地质学等多学科理论，通过政策研究、实证剖析、对策建议、理论探讨，运用问卷调查、文献检索、数理统计、系统分析等综合方法，围绕地质学基础研究人才培养国际化这一主线展开理论探索与实证研究。借鉴分析了发达国家和“一带一路”倡议沿线国家的教育国际化现状与经验；调查研究了我国地质学本科生、硕士研究生、博士研究生以及领军人才国际化教育现状；探讨了我国地质学基础研究人才培养国际化的对策建议。

全书共十章，系统总结了项目研究成果。第一至第三章对研究地质学基础研究人才培养国际化的背景意义、内涵特征、理论支撑、现状进展、他国做法进行了简要阐述。重点对一些发达国家和“一带一路”倡议沿线国家开展人才培养国际化的政策、做法、特点与经验进行了综合分析，从中得出经验启示。第四至第八章重点围绕我国地质学本科生、硕士研究生、博士研究生人才培养，从英语水平、第二种外语水平、与外籍人士交流能力与方式、对国际化人才的内涵理解、对地质学与国际接轨程度评价、对所学专业重视国际化人才培养评价、提升或拓展自身国际化能力、阅读地质学类外文原版书籍和报纸杂志或浏览相关网站的频率、外文学术文章阅读能力、参加国际合作交流情况、参加国际合作与交流的周期时长、在国际合作与交流中的薄弱环节、专业教育教学满足国际化人才培养需求的程度、所接触的外籍教师在本专业教师中所占比例、所学专业采用国外原版教材在专业书籍中所占比例、提升自身国际化水平方式、对出国学习途径的了解与知晓程度、出国研修计划打算、愿意赴外交流的国家、涉猎国际法律法规情况、对地质学专业国际化人才培养影响要素的重要程度评价等进行调研分析，查找短板，分析原因，反映诉求。分析了我国地质学者国际学术论文的数量质量及国际学术话语权的现状，国家自然科学基金海外及港澳学者合作研究基金、地球科学海外资助、地球科学杰出青年基金资助情况，以及部分地学领域科技创新平台国际化运行情况。第九至第十章，从地质学基础研究人才培养国际化动因、理念、目标、路径、策略、评价等维度出发，提出要创新地质学基础研究人才培养国际化培育新理念，加强自然教育新思维，构建国际化教育新范式。特别是从构建国际化知识能力结构、完善课程设置、优化教育教学、建设师资队伍、优化留学生教育、营造国际育人文化、健全评价激励机制、完善制度保障体系、构建平台项目成果一体化机制等方面，提出了地球科学人才培养国际化战略对策和建议。

本书涉猎的高等教育国际化、拔尖创新人才培养模式等研究范畴，也是我长期学习、思考并在办学实践中不断探索的重要课题。据我所知，摆在您面前的这本专著，是系统研究我国高等地质教育国际化战略的开山之作。我相信，时间和实践将不断证明该成果推动我国地质学基础研究和高等地质教育发展的独有价值。

中国科学院院士、中国地质大学（武汉）校长

王焰新

2020 年 3 月 5 日，南望山麓

目 录

第一章　绪论

世界潮流，浩浩荡荡，顺之者昌，逆之者亡。在世界经济全球化深入发展的大背景下，世界人类命运共同体应运而生。世界各国利益和命运更加紧密地联系在一起，推进你中有我、我中有你的利益和命运共同体势不可挡地向前发展。建立国际机制、遵守国际规则、追求国际正义公平已经成为世界绝大多数国家的发展理念与共识，全球性挑战需要世界各国通力合作一起来应对、一起去完成。2015 年 10 月 12 日，中共中央政治局就全球治理格局和全球治理体制进行第二十七次集体学习，习近平总书记发表重要讲话强调，加强周边区域合作，加强国际社会应对资源能源安全、粮食安全、网络信息安全，应对气候变化、打击恐怖主义、防范重大传染性疾病等全球性挑战的能力。弘扬共商共建共享的全球治理理念，要加强能力建设和战略投入，加强对全球治理的理论研究，高度重视全球治理方面的人才培养。实现这一目标离不开高水平国际化人才。这给高等教育国际化和人才培养国际化提出了更高更新的时代要求。

《国家中长期教育改革和发展规划纲要（2010—2020 年）》指出，"开展多层次、宽领域的教育交流与合作，提高我国教育国际化水平。借鉴国际上先进的教育理念和教育经验，促进我国教育改革发展，提升我国教育的国际地位、影响力和竞争力。适应国家经济社会对外开放的要求，培养大批具有国际视野、通晓国际规则、能够参与国际事务和国际竞争的国际化人才。"2016 年 4 月，中共中央办公厅、国务院办公厅印发的《关于做好新时期教育对外开放工作的若干意见》中强调，要全面贯彻党的教育方针，以服务党和国家工作大局为宗旨，统筹国内国际两个大局、发展安全两件大事，坚持扩大开放，做强中国教育，推进人文交流，不断提升我国教育质量、国家软实力和国际影响力，为实现“两个一百年”奋斗目标和中华民族伟大复兴的中国梦提供有力支撑。2016 年 7 月 15 日，教育部印发的《推进共建“一带一路”教育行动》中提出，教育为国家富强、民族繁荣、人民幸福之本，在共建“一带一路”倡议沿线国家中具有基础性和先导性作用。教育交流为沿线各国民心相通架设桥梁，人才培养为沿线各国政策沟通、设施联通、贸易畅通、资金融通提供支撑。强调我国将一以贯之地坚持教育对外开放，深度融入世界教育改革发展潮流。推进“一带一路”倡议沿线国家教育发展，既是加强与沿线各国教育互利合作的需要，也是推进中国教育改革发展的需要。高等教育发展水平是一个国家发展水平和发展潜力的重要标志。中国与世界无缝对接的新时代已经到来，以全球视野、胸怀天下，融入世界、共赢发展的精神状态，深入推进高等教育国际化战略实施，务实推动对人才培养国际化提质增效，精心服务党和国家战略工作大局，这已经成为提升我国综合国力和国际竞争力的重要标尺，也是高等教育、高校人才培养国际化的新使命新担当。高等地质教育也不例外，地质学基础研究人才培养国际化更是如此。

第一节　研究背景

实施地质学基础研究人才培养国际化，是我国从地学大国走向地学强国的战略选择。在我国地质学界紧紧围绕我国从地学大国走向地学强国这一战略目标，树立世界观、全局观、时空观的国际化人才培养理念，建设富强文明民主和谐美丽的社会主义现代化强国、实现中华民族伟大复兴中国梦，结合世界科技发展趋势和我国综合国力，深刻把握地球系统科学与自然生态环境这一主题，地质科学发展规律和基础研究战略这一重点，解决好制约经济社会可持续发展的能源、水资源和环境重大问题，不断提供支撑世界人类命运共同体的地质方案，这应是地球科学发展的核心要义，也是地质学基础研究人才的初心使命。

一、地球科学基础研究国际化是科学发展的时代特征

基础研究不论从科学的组织和规模来看，还是从科学问题的广度和深度来看，各个方面都标志着其已经逐步进入一个全球化和国际化的时代。基础研究国际化是一个过程，包括积极参与国际科技合作与竞争、面对全球科技问题的挑战，在利用国际资源的同时提升

自身科技创新能力。党的十八大报告强调以全球视野谋划和推动创新。这为我国加快推进科技创新国际化指明了方向，促使我们自身在国际化进程中变得更加强大。地质工作的性质和地位决定，地质学基础研究人才培养国际化战略是一个事关我国地球科学高质量发展的重要研究命题。

基础研究以深刻认识自然现象、揭示自然规律，在获取新的自然知识并提取其原理、创新方法的同时培养高素质创新型研究人才等为基本使命，是建设社会主义先进文化和推进高新科技发展的重要基础和动力源泉。地质科学是研究行星地球的起源、组成、结构、运动和演化的自然科学。地质学基础研究的任务是揭示各种地质作用的过程和规律，探讨与人类生存、社会发展密切相关的地质资源、生态环境系统、地质灾害等形成、分布和演变规律，并对其进行综合评价和预测；为合理开发利用地质资源、防止地质灾害、保护和优化环境提供科学依据；为探索一些重大的基本理论问题提供必要的基本依据和实际资料。可见，地质科学对增强国家综合国力和提高人民生活水平具有重要意义，地质学基础研究人才国际化要同经济、社会、环境紧密结合，合理开发、利用、保护和节约资源，实现资源永续利用。2012 年 5 月 19 日，时任国务院总理温家宝在视察中国地质大学讲话中强调："只要有地球存在，只要有人类存在，只要人类在发展和进步，地质学就不会枯竭。地质学不是一门简单的科学，而是一门深奥和博大的科学。有志的青年们要为这门科学而献身，利用这门科学为祖国和人民造福。"地球科学在人类社会与经济发展中发挥着基础性、前瞻性、战略性的重要作用。

二、地球科学研究的宗旨目标是实现人与自然和谐共生

地球科学的研究对象与研究目的是认识地球、利用地球和保护地球。党的十九大报告中指出，"人与自然是生命共同体，人类必须尊重自然、顺应自然、保护自然。人类只有遵循自然规律才能有效防止在开发利用自然上走弯路，人类对大自然的伤害最终会伤及人类自身，这是无法抗拒的规律。"这为地球科学基础研究提供了根本遵循和行动指南，促使地质工作者要致力于推进环境友好和资源节约的空间格局、产业结构、生产方式、生活方式，实现生态优先、节约优先、保护优先、自然修复，建设宁静、和谐、美丽的人类家园。21 世纪以来，人们已经认识到地球科学研究成果对带动经济持续发展的重要战略作用，深刻认识到开发资源、减轻灾害、保护与利用环境对经济社会和谐可持续发展的重要性。如我国能源与矿产资源供需矛盾日益突出，到 2020 年甚至未来一个时期我国重要战略资源对外依存度会很高，石油、铁、铜等超过 50%。这要求地球科学研究必须开始从以向地球索取自然资源为主，向资源能源综合开发与自然环境保护并重，实现科学开发利用和科学保护地球的方向转变。但如何更好、更合理有效地利用地球资源、维护人类生存的环境，这是当今世界所共同关注的问题。人类活动推动着社会生产力的发展，对地球的影响越来

越大，地质环境对人类的制约作用也越来越明显。但基础科学研究却未能从源头上提供经济社会可持续发展所需的科学支撑，其研究现状滞后于社会经济的快速发展，这是当今我国地球科学发展乃至科技界面临的最大挑战之一。地质科学自身发展，特别是地球系统科学理念和新技术新方法引起研究方式的重大变革。社会需求从资源保障转向社会可持续发展、环境变化，减轻地质灾害等重大转变。伴随着经济社会可持续发展，人类在进步的过程中也面临着越来越严峻的人口、能源、资源、环境、自然灾害等问题危机和严峻挑战。如何更好地认识与应对这些危机是我们迫切需要重点破解的问题。地球科学这门学科不仅能够帮助人们认识地球与人类的关系，而且在能源、资源、环境等方面为人类社会发展提供基础性服务。这些重要变化和重大转变要求创新人才培养目标和人才培养模式，需要更多更好、更加全面的高水平人才储备。

经过半个多世纪的建设发展，我国地质事业迅速从小到大，形成了较为完备的科研体系、教育体系和人才培养体系，拥有一支相当规模的人才队伍，为我国国民经济发展提供了宝贵的科技支撑、智力支撑和人才支撑，取得了独特地域环境与自然现象的一些地质理论成就，为世界地球科学的发展做出了中国贡献。但与新时代发展要求、与发达国家比较，仍然存在一些短板弱项。特别是与发达国家相比，仍然存在一定差距，如在学科发展水平质量方面，论文数量迅速增长处于高位，但在国际上具有高影响力的论文仍偏少，这反映了我国地质学发展规模大而不强；在地质思维方面，我国地质学家很少提出原创性理论和问题，缺乏全球视野，大多以国内资料为基础，对国外提出地质理论模型论证检验和修正，原始创新能力不足；在学科交叉融合、现代化监测和测试手段发展运用、理论模型建立等方面差距较大，我国现有地质观测、探测和分析技术设备基本上是从国外引进的，地质核心技术装备和关键数值模型模块设计总体落后发达国家；在国际学术地位方面，具有国际影响力、国际学术话语权、引领地质学科发展的国际领军人才较稀少。这些问题是地球科学发展提升的空间，同时也为地质学基础研究人才培养国际化提出了更高更新的要求。

三、国际化是地球科学发展的必然趋势

地质学的国际化不仅是单向输出或输入的过程，也是国与国之间双向的交流与合作。地质学基础研究国际经验的中国化和中国经验的国际化，是地质学国际化应有之义。

随着人类对自然界不断深入探索和了解，跨界科学问题逐渐成为科学界关注的焦点。无论是跨学科，还是跨区域、跨国别。在未来 30 到 50 年里，信息科学、生命科学、物质科学，以及脑与认知科学、地球与环境科学、数学与系统科学乃至社会科学之间的交叉领域会继续出现重大原创性新突破，形成新的交叉学科和科学前沿。展望新时代，日益活跃的国际合作领域的大型科学研究，以及双边和多边国际合作战略已成为基础研究的创新驱动力。各国政府和科学界将不得不面对由此产生的科研投资、项目协调机制带来的国际

化挑战，努力在双边和多边科学合作中发挥越来越大作用和争取最大利益。区域和全球科技合作正逐渐成为科学界普遍接受的科研方式。处于赶超阶段的中国科技事业应顺应这一科学研究趋势，特别是基础研究国际化趋势，积极构建适宜的国际合作交流模式、符合国情的国际合作交流机制，建立有助于科学家参与的国际竞争合作的国际环境。我国的青藏高原、黄土高原、大陆碰撞造山带、喀斯特地貌和古生物地史记录等丰富的独特资源，使我国地质科学列入国际科学研究的重点，需要世界地质科学家来我国进行研究，应建设成世界地学领域中国方案的发源地。

四、挖掘使用大数据是地球科学发展的需要

谁掌握了大数据，谁就掌握了主动权。大数据的重要性犹如工业社会的石油和信息化社会的信息资源。几乎在所有领域内想要进入科学前沿，很大程度上将取决于在世界范围内获取信息和大数据的能力。其中大数据的迅速发展，已成为继边防、海防、空防等相关领域之外，体现信息主权和大国博弈的空间。随着大数据技术迅速发展，科学研究方法论也在创新：科学大数据具有诸多特点——复杂性、综合性、全球性和信息与通信技术高度集成性，研究方法也正逐渐往多学科、跨学科、交叉学科方向转变。

空间地球大数据就是一个典型，它是指从对地球的空间观测中，通过对人地规律和自然现象的数据进行密集型科学分析，获取地表和次地表的大数据，进而指导地质实践。空间的地球质量数据，因新型传感器的高分辨率、高光谱，以及速率快、周期短，多种数据源和收集方法多样，使它从诸多方面完全改变了地球科学，特别是地球系统科学的发展。其研究方法的革新具有生态环境、自然资源和地质灾害等方面的经济和社会价值。 空间地球大数据正通过不断增加的遥感、导航定位、地球物理监测等卫星数量、各类地球科学测量平台，以及多样化的观测仪器助力地球科学大数据研究，创新研究的方法论，也为发展地球科学创造了新机遇。

地球系统科学需要空间地球观测数据的支持，把地球作为巨型系统进行研究。通过对地球观测技术和大数据发展的分析，探讨空间地球大数据的概念，分析空间地球大数据的科学内涵，探讨空间地球大数据与数字地球的关系，有助于挖掘地球系统科学和全球变化的发展潜力。近年来，我国空间对地观测技术取得了巨大发展，包括自主卫星遥感技术、北斗导航卫星技术等。同时与之对应的地面接收基础设施和数据处理系统水平、规模与服务能力也正在与国际发展水平齐头并进。随着空间地球大数据时代的到来，以及逐渐完善的数据驱动科学范式，数字地球、全球变化、未来地球、灾害科学等领域的研究将会得到更大发展，并为空间地球信息科学的学科发展提供有效、有力、有保证的支撑服务。

五、国际化人才欠缺是制约我国地质学国际化的短板

高水平科研队伍是科技进步和创新的根本保障。当今世界，全球范围内高层次人才竞争决定了各国间的竞争成败，人才就是赢得未来发展的核心竞争力。那么如何在新一轮科技革命中抢占先机？就需要我们大力培养和凝聚国际化人才，善于发现和使用那些具有国际化意识和视野、具有国际知识结构和能力，在全球化竞争中善于把握机遇和争取主动的高层次人才。众所周知，科技处于领先地位的发达国家之所以能够不断迸发创新活力，根本原因就在于他们拥有大批优秀的国际化科技人才。国务院《积极牵头组织国际大科学计划和大科学工程方案》中提出，国际大科学计划和大科学工程是人类开拓知识前沿、探索未知世界和解决重大全球性问题的重要手段，是一个国家综合实力和科技创新竞争力的重要体现。牵头组织大科学计划作为建设创新型国家和世界科技强国的重要标志，对于我国增强科技创新实力、提升国际话语权具有积极深远意义。这对国际化科技创新人才提出了更高要求。我国教育部推出的“国际合作联合实验室计划”要求依托高等学校整合提升，并建设认定一批国际合作联合实验室。该计划总体目标是面向国际科学前沿和国家重大需求，到 2020 年，选择高校优势学科和领域，依托国家级或水平相当的科技创新平台，择优整合提升和认定一批有一定规模、代表我国科学研究水平和实力的国际合作联合实验室，成为开展国际科技合作与交流的学术中心、聚集一流学者和培养拔尖创新人才的重要平台、具有重要影响的国际创新基地。该计划包括开展国际化科学研究，积极发起、申请或参与国际和区域性的科研项目、大科学计划和大科学工程；推进国际化人才培养，建立定期本科生访问、互换机制，遴选合作双方优秀学生进入实验室研究团队，实行研究生培养双导师制，双方机构联合培养，联合授予学位；汇聚国际化学术队伍，组建以合作双方高水平科研人员为主的学术带头人队伍；成立国际学术委员会或咨询委员会；聘请国际一流科学家担任实验室负责人，逐步实行准聘长聘制和年薪制。这为地球科学研究国际化和地质人才培养国际化提供了政策支撑。

我国地质学发展与国际的差距，关键在于我国地质学人才国际化程度较弱，主要表现为急需以重大地质科学问题为导向，充分利用国际地学资源，瞄准国际地质前沿、世界科学前沿的国际化人才队伍，以缩小与国际先进水平的差距。为此，需要我们积极开展地质学基础研究人才国际化培养，使地质学基础研究人才队伍呈现出“国际化人才、人才国际化”局面。这应该成为我国地球科学发展的重要路径之一，为此培养国际化地质学人才已是当务之急。需要我们抓住国际发展的重大机遇，围绕国家重大需求，创新人才培养机制，多方引才引智，广聚天下英才，大力推进人才培养的国际化。在我国地球科学领域设立一批培养具有前瞻性和国际性的地质战略科学家群体的科学家工作室。加强和改进人才培养国际化能力建设，使得国际化人才能够学习掌握跨文化知识、技能，持有学习和包容的态度，能准确表达自己观点，对别人的意见进行思考，善于改进自己的研究方案，具有在合

作中竞争、兼顾原则又尊重他人的国际团队合作能力。倡导研究人员更多跨领域、跨学科、跨国界、跨区域与跨文化地进行学术交流。通过建设一批优势学科领域、优秀人才、有国际影响力的研究基地，结合我国固有优势和特色，彰显我国在地质学国际水平研究成果潜力和影响力，成为与国际接轨的学术中心，培育国际化地质学基础研究人才。

六、提供地质科学国际化成果支撑是对国家“一带一路”倡议的积极响应

“一带一路”倡议是党和国家的重大战略。落实国家“一带一路”科技创新行动计划，全面提升地质科技创新合作水平，打造“一带一路”协同创新共同体，离不开地质科学国际化。需要地质科学领域的人才、科学、技术支撑，带动地球科学和地球系统科学领域人才、项目、成果的国际化发展。“一带一路”倡议沿线国家的生态环境、资源能源、农业、减灾、自然与文化遗产保护等重大问题，是地质科学关注和研究的重点领域。深化政府间科技合作，分类制定国别战略，建立国际合作平台，开展科学前沿问题联合研究。需要大力推进地质学基础研究人才国际化战略，勇于创造引领世界潮流的地质科技原始创新成果，为实现国家富强、民族振兴、人民幸福、中华民族伟大复兴的中国梦做出新贡献。通过组织实施地质科学领域国际大科学计划和大科学工程，积极参与他国发起或多国发起的国际大科学计划和大科学工程，积累管理经验。立足中国大地，牵头和发起组织中国国际大科学计划和大科学工程。加大地质学基础研究国际合作力度，支持海外专家牵头或参与国家科技计划项目，吸引国际高端人才来华开展联合研究，加快提升我国地质学基础研究水平和原始创新能力，开发原创性地质装备技术，促进我国从地学大国走向地学强国。

第二节　研究意义

一、基于经济全球化深入发展的必然趋势要求

以经济建设为中心的经济全球化是国际化的主旋律。人类所需能源的全球分布、生产活动的全球分工、跨国组织的全球崛起、生产要素的全球配置、信息技术的全球推进、自由贸易的全球一体化，促使了经济全球化的深入发展。经济全球化始终处在同一个地球基础上，地球为人类生存与发展、生活与生产，生命与健康提供着源源不断的地质矿产资源、能源和基本生活物质资料。地质工作是经济工作中的基本组成部分，经济高质量发展离不开高质量地质工作。因此，人类必须解决好人与自然和谐发展、和平共处、和谐共生过程

中的一系列重大问题，否则地球自然系统或人类过度破坏而带来的地质灾害、显性危险和隐性风险，都会影响全人类共同生活的地球健康，从而严重制约人类自身的更好发展。

生产要素中劳动力的全球化，必然导致人才国际化，成为经济全球化核心所在，这是经济要素中人力资源发展的一种必然趋势。从现实来看，劳动力在全球范围内流动已成为普遍现象，劳动力全球流动的速度和规模在人类历史上前所未有。资料数据显示，全世界约有 1.5 亿人在本国以外的国家工作，并呈现更大的发展趋势。比如瑞士的外籍劳动力已占总人口的 17%；澳大利亚外来务工人员已超过总劳动力的 25%；法国企业雇用国外人员占本土人员的 33%，而在本土工作人员中又有 25% 在外企工作。伴随高等教育国际化的大力发展，在各个国家高校内部，他国留学生比例均呈现出大量增加趋势。

人才培养国际化既是经济全球化的客观要求和必然趋势，也是进一步推动经济全球化的必要条件，二者相辅相成，相得益彰。经济全球化趋势和一体化格局，促使国际产业分工得以不断向纵深发展，国际化人才短缺成为制约各国经济发展的重要因素。国际化人才的地位和作用不断提升，竞争愈发激烈。一些发达国家提出要把培养精通世界经济、贸易、生产和管理的复合型人才，作为国家发展战略和民族振兴的基础性工作。出台国家高等教育国际化战略规划，促使高校培养足够数量的通晓国内国际规则、在国内国际上均具有竞争力的人才，为自己国家占领科学技术制高点服务。地质学基础研究人才培养的国际化目标也不例外。为此，地质科学本身的研究与发展需要世界各国科学家步入国际化发展轨道，跨国界合作进行研究。无论是经济全球化、还是地质科学国际化，核心是更多优秀的高素质人才的国际化，为此高等教育和人才培养国际化就显得至关重要。

二、基于建设世界科技强国的战略需要

科技革命和产业变革蓬勃兴起，许多基本科学问题亟待突破。全球科技竞争不断向基础研究前移，发达国家强化基础研究战略部署，我国基础科学研究尽管整体水平和国际影响力与日俱升，但与建设世界科技强国的目标相比短板依然突出。重大原创性成果缺乏，基础研究投入不足、结构不合理，顶尖人才和团队匮乏，评价激励制度亟待完善，基础研究环境需要优化。因此，夯实建设创新型国家和世界科技强国基础，必须加强基础科学研究，提升原始创新能力，把以国际化为导向的基础科学研究作为建设世界科技强国的基石。

加强全球国际问题研究，服务国家战略。根据我国地质学学科与学术研究优势以及特色地质资源条件，结合国家战略需求，积极开展国际区域和国别问题研究，鼓励学科交叉、协同研究，使区域经济和国别研究有效融合，产出有影响力的优秀成果。这迫切需要增强地学国际学术权、国际话语权。2012 年 5 月 19 日时任国务院总理温家宝在视察中国地质大学（武汉）讲话中强调，只要有地球存在，只要有人类存在，只要人类在发展和进步，地质学就不会枯竭。地质学不是一门简单的科学，而是一门深奥和博大的科学。地质科学

要同经济、社会、环境紧密结合，主要表现在合理开发、利用、保护和节约资源，实现资源的永续利用。按照“两个一百年”奋斗目标，结合世界科技发展趋势，要把握地质科学发展的战略重点，把发展能源、水资源和环境保护技术放在优先位置，解决好制约经济社会发展的重大瓶颈问题。

一是能源在国民经济中具有特别重要的战略地位。我国目前能源供需矛盾尖锐，结构不合理；能源利用效率低；一次能源消费以煤为主，化石能的大量消费造成严重的环境污染。今后 15 年，满足持续快速增长的能源需求和能源的清洁高效利用，对能源科技发展提出重大挑战。

二是水和矿产等资源是经济和社会可持续发展的重要物质基础。我国水和矿产等资源严重紧缺；资源综合利用率低，矿山资源综合利用率、农业灌溉水利用率远低于世界先进水平；资源勘探地质条件复杂，难度不断加大。急需大力加强资源勘探、开发利用技术研究，提高资源利用率。

三是改善生态与环境是事关经济社会可持续发展和人民生活质量提高的重大问题。我国环境污染严重，生态系统退化加剧，污染物无害化处理能力低，全球环境问题已成为国际社会关注的焦点，亟待提高我国参与全球环境变化合作能力。在要求整体环境状况有所好转的前提下实现经济的持续快速增长，对环境科技创新提出重大战略需求。深刻认识地质学基础研究人才培养国际化对实现中国梦、地学强国梦的重要性和紧迫性。随着对自然界认识的深入，人类越来越多地将注意力放在跨国界、跨地区、全球性的科学问题上，如海洋学、气象气候学、环境和资源等涉及多边利益的国际化研究课题上。这必将改变关键技术依赖于人、受制于人的局面，转变发展观念、创新发展模式、提高发展质量。

三、基于“一带一路”倡议沿线国家及经济全球化发展的需要

“一带一路”沿线国家的地理位置、地质特征、环境特点、资源禀赋等均离不开地质科学支持。目前“一带一路”倡议得到各国积极响应，着力推进新亚欧大陆桥、中蒙俄、中国－中亚－西亚、中国－中南半岛、中巴、孟中印缅六大国际经济走廊建设。

《国家中长期教育改革和发展规划纲要（2010—2020 年）》明确提出“培养大批具有国际视野、通晓国际规则、能够参与国际事务和国际竞争的国际化人才”；“在全国公开选拔优秀学生进入国外高水平大学和研究机构学习”；“要扩大教育开放，开展多层次、宽领域的教育交流与合作”；“创新人才培养模式，建立国内培养和国际交流相衔接的开放式培养体系”；“加快创建世界一流大学和高水平大学的步伐，培养一批拔尖创新人才，形成一批世界一流学科，产生一批国际领先的原创性成果，为提升我国综合国力贡献力量”等。开展国际交流合作，不仅提升高校人才培养质量、人才的综合素质和学术素养，更能营造校园国际化氛围，提高学校整体国际竞争力。高等教育必须以更加宽阔的视野、更加

开放的姿态、更加执着的努力，积极吸收借鉴国际先进的教育理念和管理方式，充分利用国际资源，培养具有国际竞争力的人才，提高办学水平和国际影响力，抢占国际教育的制高点。

人类与环境、资源等全球性全人类共同利益的科学问题，逐渐成为国际科学界关注的热点和科学的前沿。在这些日益活跃的区域性和国际性科学研究领域中，双边和多边合作也正成为基础研究国际化的趋势，并通过更为普遍的科学研究方式，推动科学研究国际化向纵深发展。基于经济全球化发展基础上的教育国际化，培养具有国际视野的创新型人才是当前各国教育改革与发展的重要趋势。开展国际合作交流是顺应全球化、国际化发展的需要，是构建人类命运共同体的需要。高校作为重要的桥梁和纽带，校际合作交流越来越频繁，成为中国走向世界，世界了解中国的重要窗口和平台。现代大学作为培养具有国际视野和创新视野的高素质人才的基地，不仅需要广博的基础知识、创新的勇气和创新的能力，更需要具有培养世界性的胸怀和开展国际交流与合作的能力。这既是我国深化高等教育改革的重要内容，也是高校开展广泛国际交流与合作的重要基础，开创我国高等教育与国际接轨、教育全球化新路径，培养国际化的高素质人才的重大举措。因此顺应高等教育全球化趋势，实现我国高素质人才培养，推动我国走向世界中心，必须培养地质学基础研究人才的国际合作交流能力，提高地质学人才的国际竞争与合作意识。

四、基于地学大国迈进地学强国的需要

基础研究是科技进步和创新的先导，是原始创新的源泉，对社会生产力发展和人类文明进步具有巨大且不可估量的推动作用。没有基础和前沿领域的原始创新，科技创新就没有基础。近年来，许多国家重视并加强基础研究，推进科技进步与创新，以尽快摆脱困境和危机，抢占未来发展的制高点和先机。这同样也关系到我国作为发展中大国如何维护好国家发展权益、赢得发展主动权，持续推动科技进步与创新，实现突破与跨越。《国家中长期科技发展规划纲要（2006—2020年）》提出，我国要由目前的综合创新能力世界排名第21位上升至前18位，科技进步贡献率力争达到55%，全社会研发经费与国内生产总值的比例将由目前的1.75%提高到2.2%。伴随着社会经济发展，人类在进步过程中也面临着越来越严峻的能源、资源和自然灾害等问题。如何更好地认识与解决这些问题是我们需要迫切关注解决的。另有调查资料表明，进入20世纪90年代以来，发达国家技术进步对经济增长的贡献率已经达到70%～80%，而我国的技术进步对经济增长的贡献率2014年达52%，2015年达到55%，2017年达57.5%左右，接近世界创新国家的第一集团。2020年我国的国家综合创新能力世界排名已名列第15位，但在对外技术依存度方面，美国只有1.6%，日本为5%，而我国则在50%以上。《国家中长期科技发展规划纲要(2006—2020年)》提出，到2020年，我国科技进步贡献率达到60%以上，对外技术

依存度降低到 30% 以下。我国的结构调整和经济增长有赖于创新能力的提高，这也是实现我国全面小康社会的目标基础。根据 ESI 基本科学指标数据库①，2004 年 1 月至 2014 年 6 月我国的国际科学论文发文量仅在美国之后排到第 2 位，被引用次数在美国、德国和英国之后排在世界第 4 位。世界知识产权组织（WIPO）最新报告显示，2013 年中国超过德国成为仅次于美国和日本的全球第三大专利（PCT）申请国。根据《国家知识产权战略纲要》公布的数据，中国每万人发明专利拥有量从 2010 年底的 1.70 件上升到 2013 年底的 4.02 件，2016 年研发人员发明专利申请量要达到每万人口每年 6.30 件，2020 年达到 12 件。我国是地学大国，在地层古生物、古人类、第四纪等方面的研究水平居于国际领先地位。中国科学院兰州文献情报中心根据 Web of Science 分析，我国的地质学研究发展迅速。2004 年 1 月至 2013 年 12 月期间，我国地质学学科产出论文影响力与世界平均水平的比较，SCIE 论文数 4 445 篇，约占全部论文的 19.78%，年均增长率为 15.60%，被引用次数 32 658 次，发文量和被引用次数仅次于美国，排列世界第 2 位；发文量前 15 位的国家有美国、中国、英国、俄罗斯、德国、意大利、加拿大、法国、澳大利亚、西班牙、波兰、日本、瑞士、新西兰和巴西。同时我们注意到，我国单篇论文平均被引用次数为 7.35，低于世界单篇论文平均被引用次数 8.01。另外，根据论文作者中位于第一位置的作者数量统计，可在一定程度上反映出国家拥有地质学优秀科研人员队伍的情况。我国拥有该领域优秀人才队伍的规模仅次于美国。总的来看，从地质学领域文献计量分析来看，中国在地质学领域的发文量、总被引次数和高被引论文数指标上有较明显的优势，发文量和总被引次数在国际上所占份额整体呈上升趋势，但在篇均被引和高被引论文比例指标上与发达国家相比仍存在比较明显的差距。地质学作为我国基础研究重要领域之一，在提升国家科技实力方面还有很大潜力。高质量成果产出较少，不仅与地质学基础研究人才数量有关，更重要的是还与创新能力密切相关。要扭转这一局面，大力培养和提升地质学基础研究人才特别是青年拔尖人才的创新能力，已经成为我国走向世界地学强国的战略选择。

经济发展与人口、土地、淡水、能源、矿产资源和环境状况相互关联相互制约。其中自然资源是经济社会可持续发展的重要基础和建设保障。为了构建资源节约型和环境友好型社会，迫切需要大力推进科技创新以增强自然资源管理水平，为经济社会提供强有力的支撑，在实现自然资源工作现代化的同时，促进人与自然和谐发展。从地质学科发展、科学研究前沿和国家自然资源紧迫需求等领域均需要加强基础研究，提升地质学人才创新能力和国际化水平，促进原始创新理论成果诞生。《国务院关于加强地质工作的决定》曾指出，大力支持和加强地质学基础研究，立足国内地域优势，开阔国际视野，力争在地质学若干重大领域研究与发达国家并驾齐驱。适应地质学基础研究创新要求，围绕提高地质人才自

① ESI 基本科学指标数据库（Essential Science Indicators）是美国科技信息研究所于 2001 年发布的科研评价指标。后演变为基于“科学引文索引”（SCI）、“社会科学引文索引”（SSCI），以及 SCI 的精选版或扩展版（SCIE）的学术水平评价工具（ESI）。

主创新能力和国际竞争力，在地质学重点领域和学科，通过人才国际化培养战略，创新国际化人才培养模式、搭建国际化人才培养平台、改善国际化人才培养环境、建立国际化人才培养文化等，培养造就一批高水平高层次的国际化地学领军人才。国际化是开展地球科学研究的必然趋势。地球是一个整体，区域地质过程是在全球的背景条件下进行的，区域地质作用对全球环境有所影响。板块构造理论建立起新的全球构造观念，显示出地质学全球宏观研究的重要性。地质学研究具有全球性和地域性。许多地质问题的宏大空间尺度和漫长时间尺度要求国际地学界的广泛合作研究。随着我国国力增强和学术地位提高，中国地质科学研究成为世界地质科学研究不可或缺的重要组成部分。从 20 世纪 70 年代以来，地质学界以及整个地球科学界，通过国际化推动了大量多学科、全球性的调查与研究计划。众多的实践证明，国际化已经成为人类全面认识地球，改善全球环境的必由之路。

地学大尺度、全要素的时空观特征决定了地质科学工作者比其他专业领域的科研工作者视野更要国际化。随着经济全球化发展，在教育国际化大背景之下，培养具有国际视野的创新型人才是当前各国教育改革与发展的重要趋势。增强地质人才国际交流合作能力，是高等教育面向现代化、面向世界、面向未来的重要途径，是培养国际化人才的重要标志。坚持原创性为根基，国际化为动力，传承创新并重，调查科研结合，合作互利共赢，开展地质科学引智工程，促进国际国内人才双向交流，鼓励利用多种方式和灵活机制，从海外引进核心人才及团队，注重吸引和培养熟悉国外世界地质调查与地质科技的专门人才，使基础地质专业队伍呈现国际化人才和人才国际化的新局面。充分利用现有国际地学组织，发挥我国地质区位优势，实现我国地质学国际合作研究更深、领域更宽、层次更高。

五、基于全球市场开发与资源配置的需要

以全球视野谋划和推动创新，是建设科学强国的必然要求。党的十九大报告指出，我国当前主要矛盾是人民对生活的美好向往与发展经济不充分不平衡之间的矛盾。其中人与自然和谐共生的生态自然观折射到地学领域，就表现为经济快速发展和人口增长与资源环境约束的矛盾已经成为我国发展进程中面临的基本矛盾之一，土地、淡水、矿产能源等自然资源和生态环境状况对我国经济社会发展构成严重制约。生态优先、绿色发展，构建资源节约型和环境友好型社会，实现资源可持续利用，促进人与自然共生、和谐发展，提高自然资源管理科学水平，增强国土资源工作对经济社会的服务能力，越来越依靠科学技术的强力支撑，迫切需要科技创新。促进科学技术更加紧密地与自然资源工作相结合，促进自然资源科技创新更好地为经济社会和自然资源事业发展服务，实现自然资源工作治理体系和治理能力现代化，人才资源是第一资源，规模宏大的创新型科技人才队伍是加快我国自然资源事业进步和创新的根本保障。我国“十二五规划纲要”指出：围绕提高科技创新能力、建设创新型国家，以高层次创新型科技人才为重点，造就一批世界水平的科学家、

科技领军人才、工程师和高水平创新团队。依托国家重大科研项目和重大工程、重点学科和重点科研基地、国际学术交流合作项目，积极引进和用好海外高层次创新创业人才。以培养、引进和用好国际化人才为核心，创新培养体制机制，营造成长良好环境，造就规模宏大、结构合理、素质优良的国际化人才队伍，形成各类人才衔接有序、梯次配备的人才队伍结构，不断提升地质学基础研究人才国际化。特别要加强世界一流地质科学家、科技领军人才的培养，加大对优秀青年科技人才的发现、培养和资助力度，建立适合青年地质人才成长的用人制度。瞄准世界科技前沿和我国产业发展需求，重点支持和培养中青年地质学国际化领军人才，凝聚一批世界一流地质科学家和高水平创新团队。以此来在物质科学、生命科学、空间科学、地球科学、纳米科技等领域抢占未来科技竞争制高点，推动重大科学发现和新学科产生。

六、基于建设世界一流高等地质教育的需要

国际交流合作是新时代高等教育改革发展和高校办学治校的新任务和重要任务。习近平总书记强调，“只有培养出一流人才的高校，才能够成为世界一流大学。”党中央深化改革小组审议通过、国务院颁布实施的《统筹推进世界一流大学和一流学科建设总体方案》提出，“到2020年，中国若干所大学和一批学科进入世界一流行列，若干学科进入世界一流学科前列；到2030年，更多的大学和学科进入世界一流行列，若干所大学进入世界一流大学前列，一批学科进入世界一流学科前列，高等教育整体实力显著提升；到21世纪中叶，一流大学和一流学科的数量和实力进入世界前列，基本建成高等教育强国。”加快国际化进程、提升国际交流合作程度，建设“双一流”则是高校响应党的号召，体现教育强国梦使命，实现中国梦向世界梦延伸的有效路径。不仅是向世界贡献中国智慧中国方案、展示中国印象中国风采，更重要的是把“中国特色、世界一流”的中国教育梦转化成为高校师生的国际视野、世界胸怀与全球责任。

国际化既是大学的发展方向，也是提升大学国际竞争力的重要方法和途径。《统筹推进世界一流大学和一流学科建设总体方案》强调，要全面贯彻党的教育方针，遵循教育规律，以立德树人为根本，以中国特色为统领，以支撑创新驱动发展战略、服务经济社会为导向，推动一批高水平大学和学科进入世界一流行列或前列，提升我国高等教育综合实力和国际竞争力，培养一流人才，产出一流成果。要引导和支持高等院校优化学科结构，凝练学科发展方向，突出学科建设重点，通过体制机制改革激发高校内生动力和活力。高等地质教育作为中国高等教育的重要组成和重要学科，建设世界一流高等地质学府和一流地质学科，促进从地学大国迈进地学强国，高等地质教育国际化是关键。特别是中国地质学基础研究国际化需要国际化的中国地质学基础研究人才队伍和后备力量。面对新的发展需要，我国高等地质教育必须培养国际化的中国未来地质科学家，拓展学生的国际视野和国

际思维，让学生掌握国际文化视野和国际知识，获得进行国际交流合作的能力，做好将来参与到国际竞争中去的各种准备。

在经济全球化背景下，参与国际合作交流的规模迅速扩大，这就要求我国高校通过良好的高等教育培养出更多符合国际合作交流的优秀人才，以满足国际化过程中对人才的需求。因此，要适应当前高等教育国际化发展趋势，必须营造国际化的教学、科研氛围，并将国际化内化为师生的精神气质，成为一种主动自觉的目标追求。这要求我们进一步解放思想，树立世界眼光，不断增强开放合作意识，着力在提高自身科研水平、提高国际交流合作能力上查找差距，在观念上、行动上、制度上解决影响和束缚开展国际交流合作的突出问题，不断提高国际化办学水平。重视国际合作交流就是要鼓励并支持学生进入国际学术舞台，与国际一流学校的学生开展学习交流，让学生既能及时了解前沿知识和动态，又能掌握交流合作的要领，提升自身综合素质和创新能力。

地质学基础研究人才培养国际化离不开高等地质教育国际化。目前，我国地学相关高校国际化氛围普遍比较淡薄，地质学学生能够参加的跨文化交流活动非常有限，学生出国参加国际学术会议及中外联合培养比例较低，学生国际视野有待拓宽。由于教师和学生缺乏与国际同行的广泛交流，学生普遍缺乏出国深造所需的外语水平、与国外导师的联系渠道或参与国际就业市场竞争的能力。由于一些教师本身的国际学术参与能力较弱，或不愿意和无法投入更多精力指导学生积极参与国际交流，在一定程度上影响了人才培养的国际化水平。因此要结合我国高等地质教育实际情况，学习、交流、借鉴发达国家现代大学制度的精髓，通过国际交流合作，培养师生的国际意识、国际视野、国际交往能力和国际竞争能力，从而提升高等地质教育的国际影响力和竞争力。加强教师、学生和大学自身的国际交流合作能力建设是高校国际化的一项重要内容。学生的国际合作交流是一个不断创新的过程，需要从形式多样的短期交流开始，逐步发展为制度化的长期交流，要始终用创新思想、创新理念和创新精神做指导。经济全球化背景下，参与国际交流的规模迅速扩大，这就要求我国高校通过良好的高等教育培养出更多符合国际人才标准的优秀人才，以满足全球国际化过程中对人才的需求。推进教育培养国际化是建设世界一流大学和一流学科的必由之路，是建设人才强国和创新型国家的重大战略举措，有利于我国高等教育的改革和创新。

人才培养国际化是提升高校国际交流合作能力水平的重要途径，对世界一流大学和一流学科建设的积极作用不容忽视。只有通过对人才培养国际化进行系统性研究，才能真正把握建设世界一流大学和一流学科的脉搏，从而对建设“双一流”进行科学、合理的规划和设计。人才培养国际化是建设世界一流大学的必经路径。在高校，仅仅拥有具备国际视野的教师是远远不够的，必须要培养学生的国际视野。深入开展学生之间的短期学术、文化交流与合作，使我们的学生走向世界，才是世界一流大学建设的核心所在。高校学生智力发育、学习能力和科研水平处于一个峰值，是成长成才的黄金时期。高等教育必须在人才培养的过程中，广泛开展国际交流合作，积极主动将人才培养融入教育国际化的进程之中，让学生直接参与高等教育国际交流合作，使学生具有能够面向经济全球化、信息全球化，拥有国际化视野，主动关注世界性问题，关注人类的共同命运，了解世界不同文化的历史与特点，形成不同文化共存合理性的全球意识和综合素质。学生是高校服务的主体，他们思想活跃，求知欲、可塑性强，处于树立人生发展的重要时期。选派学生进行国际合作交流，有利于丰富其人生经历，开阔其国际视野，使其熟悉本专业国际化知识；有利于提高其外语水平和培养其跨文化交流能力，使其形成健康的心理素质，增强经受多元文化冲击的能力；有利于树立学生正确的世界观、民族观、文化观，加深与各国间的相互理解。建设世界一流大学是一个国家综合国力和科学文化水平的重要标志，是国家各项事业持续科学发展的动力源泉，在引领国家未来发展中发挥着关键作用。

第三节　研究内容

本研究主要运用定性、定量、实证分析相结合的综合研究方法，在对发达国家、“一带一路”沿线国家地质学领域人才培养国际化现状和发展趋势进行调研分析基础上，对我国现有地质学基础研究人才培养国际化现状进行调查、分析、总结。进一步探讨我国地质学基础研究人才培养的国际化路径、政策环境条件、项目资助体系，以此推进我国地质学基础研究精准实施国际化战略，统筹把握国际国内两个大局、用好国内外两个市场和两种资源，找准地质学基础研究人才国际化的科学路径，促进地质学基础研究国际化水平提升。

一、政策研究

地质学基础研究国际化是地质科技创新工作的重要组成部分，是我国从地学大国迈向地学强国的关键环节。围绕发达国家和“一带一路”沿线国家高等教育国际化政策研究，科学把握我国高等教育国际化发展特点和规律，统筹利用国内外科技政策资源，推进实质性国别区域研究，运用地学领域基础研究的国际化程度彰显我国科技实力的综合体现，有效地推进地球系统科学基础研究的进步。

二、实证研究

以我国地质学基础研究人才国际化培养现状为实例进行数据统计分析。运用定量分析与定性分析、实证分析相结合方式，对国家自然科学基金国际化项目资助、国家自然科学基金获得者国际化、国家留学基金委资助人才国际化、国际合作研究平台、地质学学术成果的国际发表和出版、地质学博士、硕士研究生和本科国际化教育等进行调查研究和访谈。

三、对策研究

本研究着重从加强地质科学领域国际问题研究，服务国家战略；加强国际地学合作研究，建立合作研究平台；加强地质学学术成果的国际发表和出版研究；加强培养国际化地质科技领军人才教育等方面的研究，提出我国地质学基础研究人才国际化的教育对策，提出我国国际化研究项目平台基地建设的对策建议；为国家自然科学基金委员会地球科学部、政府相关部门和高校地质人才培养工作提供智力支持和具体的决策参考依据，发挥智库作用。

四、理论探讨

地质学科是一门十分重要的自然科学，与数、理、化、天、地、生等并驾齐驱。然而对从事这门学科的人才及培养的自身来讲，研究得却很少。随着管理学、教育学、人才学等学科的发展，急需补上这一短板弱项。使地质学基础研究更加完整系统全面。本研究力求在地质学基础研究人才培养模式、创新能力、地球科学文化等过程研究基础上，深入探讨我国地质学基础研究人才培养国际化问题，科学设计地质学基础研究人才培养的国际化路径，不断增强地质学界服务国家战略需求和经济社会可持续发展对人才需求的服务能力。

第四节 研究方法

实践证明，要想在本研究上有新突破，取得创新性的成果或重大进展，达到预期研究目标，必定离不开科学研究方法方面的突破与创新。因此，本研究通过文献调研、问卷调查和走访专家学者，结合我国教育强国、科技强国、地学强国的战略目标，以及地球系统科学发展新态势，构思我国地质学基础研究人才培养国际化路径，提出建设性对策建议。

一、问卷调查方法

设计问卷对国家自然科学基金资助项目国际化数据、国家地质科学领域科技平台、我国地质科学领域科技成果、地质学博士研究生、硕士研究生、本科生人才培养国际化、国家留学基金委资助人才国际化等进行调研，获得大量第一手资料。本研究采用个体研究和群体研究相结合的方法。除采用问卷调查外，走访国家自然科学基金委等部门管理专家和一些著名的地质学专家学者，包括院士、国家杰出青年科学基金获得者、长江学者特聘教授、创新群体负责人、高校和科研机构专家学者等。

二、文献调研法

文献调研法旨在从文字记载中发现、总结前人所做工作基础，以保证研究工作的继承性，分析研究相关文献资料，选取有用信息，达到研究目的。本研究主要利用网络系统、图书馆查询等途径，查阅前人研究并已经形成的文献历史资料，以及国内外专家学者正在研究讨论的新观点和热点焦点难点问题。对国内外有关地质学基础研究人才培养国际化文献资料加以整理分析。不仅继承前人研究的优秀成果，又为本研究创新奠定扎实基础。对不同国家、不同层面、不同时期的地质学基础研究人才培养国际化进行比较研究分析，寻找更多国内外地质学基础研究人才培养国际化的路径和特点，通过其共性与个性研究，探讨具有中国特色和中国风格的地质学基础研究人才培养国际化思路与对策。

三、系统研究法

系统研究方法已经成为研究与人类活动相关的科学问题时被广泛接受的思维框架。当前地质科学已经发展到地球系统科学阶段，把地球整体作为一个系统进行研究，这要求有全球观、全局观、系统观，需要强调系统之间相互作用和相互关系的研究，这是地质科学发展的必然趋势。本研究从整体与部分的关系、内部因素与外部环境的关系等方面，围绕地质学基础研究人才培养国际化展开综合系统研究。通过个别访谈、自传和成果分析等方式对一些个体典型剖析，从中考察分析地质学基础研究人才培养国际化的内外部因素及其相互关系，进行比较、分析、归纳，从中发现共性规律特征。运用学科交叉思维方式，既研究地质学人才自身因素，同时探讨与之相关的政治、经济、文化、制度、体制、机制等外部因素，使提出的路径对策更加具有科学性、针对性、合理性。

四、实证研究法

实证研究可以有效地反映研究对象的现状。一些国外专家学者或教育机构对高等教育国际化现状及进程的考察多数从院校出发，采用实证研究。通过采集数据，统计、描述与分析，揭示不同国别地区、不同大学国际化的影响因素、现状问题、改革措施。本研究围绕我国地质学基础研究人才培养国际化这一核心问题，选取中国地质大学（武汉）、中国地质大学（北京）、吉林大学、长安大学等作为主要调研对象，对其他重点高校采取个别访谈方式进行，对全国地质科技平台国际化建设成果、全国地质科技论文成果等进行数据采集分析。通过实证研究，让我们的研究更加有针对性、实效性，更能对照一些发达国家和我国总体人才培养或高等教育国际化标准，找出高等地质教育人才培养国际化的短板弱项，使提出的路径措施具有创新性和可操作性。

本章小结

基于地学大国，迈进地学强国梦，本章提出全球战略眼光国际地质人才欠缺是制约我国从地学大国迈进地学强国的最大短板。从研究背景、研究意义、研究内容和研究方法等方面进行阐述，以问题为导向，以教育学、管理学、心理学、地质学等多学科理论作为支撑，通过政策研究、实证研究、对策研究、理论探讨，运用问卷调查法、文献调研法、系统分析等综合方法，围绕地质学基础研究人才培养国际化战略研究这一主线展开理论与实证研究。

第二章　地质人才培养国际化基础

本章主要介绍本研究中所包括的地质学、基础研究、国际化、人才培养等关键词的概念内涵，介绍本研究的对象、内容及思路。

第一节　地质学基础研究

一、地质学

地质科学是研究地球的物质组成、内部构造、外部特征、各圈层之间的相互作用和演变历史的知识体系，包含地质学、水文地质学、工程地质学、地热学、矿物学、古生物学、地球物理学、地球化学、动力地质学、灾害地质学等。它以地球的固体硬壳地壳或岩石圈为研究对象，研究地球的物质组成、内部构造、外部特征，以及岩石圈、水圈、生物圈、大气圈等各圈层之间的相互作用和历史演化。

地质科学作为研究地球及其演变的一门自然科学，也是一门探讨地球演化的自然哲学，还是一门研究地球健康的学问。此研究始于1450年文艺复兴时代，在工业革命时代（1750—1850）有关地球历史的古生物学、地层学提出，初步形成了有关地壳物质组成的岩石学、矿物学，以及有关地壳运动的构造地质理论所组成的地质学体系。历经几百年发展，如今的地质学已经是一个完整严密、理工科结合发展的科学体系。它促进了人类社会对能源资源、生态环境的合理需求和综合利用，指导人与自然和谐共生、和谐发展，成为地球系统科学的核心组成部分。本研究涉及地质学（主要包括矿物学、岩石学、矿床学、前寒武纪地质学与变质地质学）、沉积学（含现代沉积、沉积地球化学、有机地球化学）、古生物学、地层学（含磁性地层学）、构造地质学、大地构造学、第四纪地质学、石油地质学、煤田地质学、数学地质学、遥感地质学、工程地质学、水文地质学及环境地质学等学科专业方向。基于“地球系统科学”的发展及其之间的学脉关系，本文中有时会将其与“地球科学”互为通用。

二、地质学基础研究

基础科学研究是建设创新型国家和科技强国的基石。当前，新一轮世界科技革命和产业变革蓬勃兴起，科学探索加速演进，学科交叉融合更加紧密，一些基本科学问题孕育重大突破。世界一些主要发达国家都对基础研究作出新的战略部署，全球科技竞争正不断向基础研究前移。近年来，我国基础科学研究取得长足进步，整体研究水平显著提高，国际影响力日益提升，支撑引领经济社会发展的作用不断增强。但与建设世界科技强国要求相比，我国基础科学研究短板弱项依然突出，无论是探索未知科学问题的自由探索类基础研究，还是紧密结合经济社会发展需求的目标导向类基础研究，仍存在众多薄弱环节，缺乏重大原创性成果，基础研究投入不足、结构不尽合理，国际顶尖人才和高水平团队群体依然匮乏，评价激励制度亟待完善与创新，基础研究环境与文化需要创新优化。这是各学科领域基础研究共性问题，更加是地质学基础的突出问题。这要求进一步加强地球科学基础研究，大幅提升地球科学原始创新能力，夯实地学大国向地学强国迈进的基础。

三、地质学基础研究人才

地质学基础研究人才是指在地球科学研究领域具有较强的科学研究能力、较高的创造力、崇高的科学探索精神，能为地球科学发展和人类社会科技进步做出科学贡献的人。地质学基础研究人才基本特征表现为：具有较强科研能力和专门的地质学知识和技能、从事地质学基础应用工作或研究工作、拥有较强的创新能力和对社会做出较突出科研成果。我国地质学基础研究人才主要集中在高等院校、科研院所、自然资源国土地质勘探部门等教育科研单位和生产部门。分布在高校的，包括理、工科地质学类约 20 个专业方向从事教学科研的教师和专业技术人才，以及以博士研究生、硕士研究生为主的在校大学生。分布在科研院所的指专职从事地质学基础研究的专业技术人才。分布在自然资源国土地质勘探部门的，包括从事地质勘察、应用基础研究方面的专业技术人才。

第二节　国际化人才

一、国际化人才的内涵

关于国际化人才，国内外专家学者有不同的理解和诠释。国内专家学者普遍认为，国际化人才具有国际化意识、胸怀以及国际一流的知识结构，其视野和能力达到国际化水准，在全球化竞争中善于把握机遇并争取主动。这是目前引用较多的对国际化人才的理解。有专家学者提出，国际化人才，具有坚定的国家意识，拥有开阔的国际视野、人文内涵深厚，具有精湛的专业技能、健康的身心体魄、高超的学习能力和可持续发展的潜力。还有的专家学者提出，国际化人才，能把国家和民族利益放在首位，适应国际化战略目标与趋势，促进国际化组织整体效能，具有国际化理念、知识、能力和心理素质，有特定的思想性格行为特质和魅力，能在国际化竞争中把握规律进行原始创新研究，有一定标志性成果。

国外专家学者认为，国际化人才具备创造性思维、文字交流能力和灵活的跨文化理解、交流能力，能够将跨界文化的知识有效运用到不同的语言、文化、生活背景下的职业生涯之中去。

一些机构和论坛也就国际化人才展开讨论，如上海构筑国际化人才资源高地中的一个专项研究报告认为，国际化人才具有较高学历（本科及本科以上）、懂得国际通行规则、熟悉现代管理理念，具有丰富的专业知识、较强的创新能力以及跨文化沟通能力。2003 年，亚洲大学校长论坛提出，国际化人才能够掌握一门以上的外语，利用某种工具或途径进行跨国交流服务，在某一专业、层次、领域内具有一定的专门知识或能力，基本通晓国际行业规则。具有涉外工作所需要的知识、能力和技能，能够在参与全球化进程中做出积极贡献。

尽管国内外专家学者对国际化人才的理解有所异同，没有形成明确的、统一的定义，但是对国际化人才的本质属性和内涵却有基本界定。国际化人才应是具有国际化意识与胸怀、拥有国际一流知识结构，达到国际化水准的视野与能力，在全球化竞争中善于把握机遇并争取主动权的高水平创新人才。

二、国际化人才的综合素质

基本素质是国际化人才发挥才能的必要条件。才宇舟（2014）提出，国际化人才具有以下特征：具有国际视野或全球意识；熟练掌握一门以上国际通用的语言；在某一领域精通专业知识或具有娴熟技能；具有跨文化知识和交际能力；具有较强的实践操作能力、创新意识和团队合作能力[①]。史蒂芬（Stephens，2009）指出，国际化人才具备跨文化知识能力（包括创造性思维、书面交际能力和灵活性），并将此能力应用迁移到不同语言、学科、文化、职业和生活中[②]。还有的学者认为，国际化人才需要拥有合理的知识体系（包括专业知识、国际知识和语言知识），在具备坚定的国家意识的前提下，有较强的跨文化沟通能力，能够批判性地解读文化与价值观的多元性，能够灵活调整自身行为模式和规则，积极参与团队合作交流。此外，还具备创新能力和终身学习能力，具备深厚的人文素养、科学素养和信息素养。

总之，国际化人才基本素质主要包括：具有国际化视野和创新意识，熟悉掌握本专业基本知识基础，熟悉掌握国际化知识和国际惯例，具有较强的跨文化沟通交流能力，具有独立的国际活动能力，具有较强的运用现代技术进行信息分析处理的能力，具有健康的心理素质和较强的与人合作的能力，具备较高的政治思想素质，能在多元文化背景下承担维护本民族文化的能力、不丧失中华民族的人格和国格，具有终身学习的能力。

第三节　高等地质教育国际化与人才培养国际化

一、高等地质教育国际化

高等地质教育是高等教育的重要组成部分，在国际化进程中是同步实施的，并没有严格区分开来。不同的组织和专家对高等教育国际化的认定与认识不同。联合国教科文组织（UNESCO）下属的大学联合会 (IAU) 认为高等教育国际化是指“把跨国界和跨文化的观点及氛围与大学的教学、科学研究与社会服务等相结合的过程，这是一个无所不包的过程，既有学校内外部的变化，又有自下而上和自上而下的变化；还有学校自身的政策导向的变化。”国际教育管理者协会（AIEA）认为，高等教育国际化应反映出学习结果的变化，

① 才宇舟 . 国际化人才培养模式的构建：以中外合作办学机构为例［J］，沈阳师范大学学报（社会科学版），2014,38（3）：135-136.

② 土雪梅 . 全球化、信息化背景下国际化人才的内涵、类型与培养思路：以外语类院校为例 [J]，外语电化教学，2014（1）：67.

培养具有国际合作和竞争力潜能的优秀毕业生，使其成为未来许多领域国际化的核心。欧洲国际教育协会（EAIE）认为，高等教育国际化包括更广泛的教育活动和有关高等教育国际化的一切活动，即高等教育国际化覆盖着教育过程的整个范围，借此使高等教育变为具有更多的国际性导向，而较少的国家性导向。

高等教育国际化是一种教育理念、是国际化人才培养的过程。专家学者对高等教育国际化研究观点各有不同与侧重。有的从过程角度强调实现国际化的路径，有的从素质角度分析国际化中人的能力要素，有的立足于活动角度将国际化划分成许多不同类别和类型的活动，还有的从目的角度把国际化看作实现某种教育目的的结果。不同的专家学者或教育组织机构，以发散视角或从不同侧重点，对高等教育国际化的本质内涵做诠释。研究发现，高等教育国际化代表性观点主要有三种，一是高等教育国际化的过程论观点。代表人物是加拿大学者简·奈特（J.Knight），他认为国际化是在高等院校或国家高等教育政策的目标制定及实施过程中实现全球维度跨文化交际的一种发展过程。将国际化、跨文化、全球的维度融入整合到大学或学院的各项教育目标和功能中。表明高等教育国际化是一个动态过程，而不是一项孤立行动。另一个代表人物艾比奇（Ebuchi）与简·奈特的解释有共同之处，将高等教育国际化看作一个将教学、科研和服务的国际化跨文化功能相互兼容的过程。二是高等教育国际化结果论观点。持有该观点的学者认为，高等教育国际化是一种结果，是适应社会竞争和未来发展的大学教育模式。为使教育应对社会、经济和劳动力市场的全球化需求与挑战，而采取系统的、持续的努力。强调国家的高等教育国际化本身就是最终目标，除此之外没有其他追求。三是高等教育国际化的活动论观点。持有该观点的学者认为，高等教育国际化是指大学在招生、教学、人员聘用、资源应用等方面的跨国跨地区活动，高等教育国际化实际上是在面向国内基础上再面向世界的一种必然发展趋势。

二、地质学人才培养国际化

（一）人才与人才培养

《国家中长期人才发展规划纲要（2010—2020 年）》强调高等教育人才培养要遵循教育规律和人才成长规律，深化教育教学改革、创新教学方法，探索多种培养模式、形成各类人才辈出、拔尖创新人才不断涌现的局面。人才，是指具有一定的专业知识或专门技能，进行创造性劳动并对社会作出贡献的人，是人力资源中能力和素质较高的劳动者。人才培养包含培养理念、培养主客体、培养目标、培养途径、培养模式、培养制度等要素。

（二）国际化人才及其培养

国际化人才指具有国际视野、通晓国际规则、能够参与国际事务和国际竞争的人才。

《国家中长期改革和发展规划纲要（2010—2020年）》指出，要加强国际交流合作，适应国家经济社会对外开放的要求，培养大批具有国际视野，通晓国际规则、能够参与国际事务与国际竞争的国际化人才。人才培养国际化活动是高校根据国际化教育目的，通过国际化教育过程，有目的地对大学生这一培养对象施加影响，让他们在主动学习中掌握符合国际要求的专业知识和专业技能。

三、地质学国际化人才及其培养

地质学作为国民经济建设公益性很强的学科，其人才培养应纳入国家人才培养国际化战略。地质学基础研究人才培养国际化就包含了国际化培养理念、培养体系、教材选用、课程设置、师资体系、交往模式、激励手段、保障体系等。

本研究认为，地质学基础研究人才培养国际化实质上是人才培养单位如高校，利用其优势教育资源，紧紧围绕人类命运共同体、经济社会发展共同需求，适应世界经济发展潮流，满足地球科学事业和人类社会发展需要，以促进人与自然和谐共生这一目标宗旨，培养教育人的过程，它也是一个创新型人才成长成才的历程。国际化人才不仅要求掌握外国语言工具，还应具备相应学科知识、专业能力、科学素质和研究发现创新的方法与技能。因此，地质学基础研究人才培养国际化能力素质要求，包括具备较高的政治思想素质和健康心理素质，熟悉掌握本领域国际化知识，具有宽广的国际化视野，熟悉掌握国际惯例，较强的跨文化沟通能力，独立的国际交流活动能力，较强的运用和处理信息的能力，较强的国际合作研究能力，跨国界跨学科的综合分析能力，跨国别跨文化的沟通交流理解能力，强烈的学科兴趣和创新意识，以及较高的汉语水平。只有这样，才能成为国家和世界需要的地质学基础研究国际化人才。

总之，地质学基础研究领域的国际化人才，不仅要具有扎实的地质学知识、高超的地质学基础研究创新能力、良好的外文运用能力和国际合作交往能力，更为重要的是能够在国际合作交流中深入理解他国文化、摒弃偏见，同时具有高尚的家国情怀、民族荣誉感和民族危机意识，站在世界人类命运共同体的角度知行合一，做出实实在在的业绩和贡献。

第四节 人才培养国际化研究综述

改革开放，可谓是拉开了我国教育国际化的序幕。1978年的党的十一届三中全会提出了改革开放政策方针，中国开始向富起来的目标奋进。1984年邓小平提出教育要面向现代化、面向世界、面向未来的“三个面向”之后，我国真正开始走向教育国际化之路，高等教育国际化成了高等教育研究的热点。

一、我国高等教育国际化

高等教育国际化，大多反映高校的国际化战略、组织与管理，包括教师、学生、课程、教学、科研，以及中外合作办学、境外办学、国际交流合作等内容。中国教育国际交流协会2017年发布的《2016高等教育国际化发展状况调查报告》数据显示，国际化在高校发展中占有重要地位，75%以上的高校将国际化纳入自身战略规划，并制订了实施方案。但这些战略规划和实施方案的具体落实有待加强，高校建立专门国际化组织部门和工作机制的比例相对较低。不同类型高校在国际化方面处于不同发展水平。就隶属关系而言，部属高校无论是在相关的制度建设、资源投入和绝大多数指标上，较地方高校均处于领先地位，“名牌效应”明显。就地区而言，东部地区高校国际化水平较中西部地区高校要高。就专业而言，综合类高校在大多数指标上的表现优于专业类高校；理工类高校在专业类高校中走在国际化办学前列；师范、农业和外语类高校在语言教学上体现出一定优势；财经、医药、政法、艺术、民族、林业和体育类高校则在国际化发展中体现出不容小觑的学科专业特色，说明不同专业高校国际化特征不同。同时说明，高校可以根据自身办学特色、专业特点，走出不一样的国际化办学之路。高校专任教师出国交流力度普遍加大，但是引进海外高端人才比例却不高。教师“单向”流动特征较明显，外方教师来我国高校交流人数远少于我国教师出国交流人数。其中语言是推进我国高等教育国际化的关键之一。我国需大力开展全外语授课专业和课程建设，吸引更多外国学生和教师来华学习、教学或从事研究工作。另外，来华留学生占在校生总数比例远低于世界主要留学生接收国，高校国际影响力和吸引力依然有限。我国高校无论是部属高校还是东部地方高校其国际影响力表现不如所愿，亟待提升。而主持重大国际会议、获得海外高校名誉头衔和外籍院士称号等彰显中国高等教育国际影响力的指标并不高，高校推动国际化的办学目标与政府目标存在不完全一致现象。高校关注学生国际市场需求和自身质量保障更多些，政府更关注高等教育对外开放制度改革和国家外交政策实现。如何实现国家与高校目标匹配与共赢，鼓励更多高校参与教育对外开放的新格局，是今后需要重点解决的问题，特别是高校不能光站在自身位置上思考问题、算“小账”，而应该从“四个服务”方面更好地服务国家战略如“一带一路”倡议。我国大陆地区与港澳台地区高等教育合作规模极小，未来须大力加强两岸高校交流合作，最大化地实现“一国两制”制度下的国家团结与繁荣富强。

地质科学研究，大到高山大海的勘测研究，小到一块化石、一个细胞的研究。所以地质学的科技成果应用关系到地球健康和人类发展的方方面面，是经济社会发展重要的先行性、基础性工作，服务于经济社会的各领域。改革开放40多年来，我国一直在为地质学国际化人才培养而不懈努力。1978 年到 1983 年是恢复留学生公派阶段，1978 年教育部发布《关于增选出国留学生的通知》，大幅度增加了留学生人数，也聘请了大量国外地质学专家学者来我国教学。1983 年邓小平提出“教育要面向现代化、面向世界、面向未来”，根据这一教育方针，我国高校积极开展国际交流合作，国际化程度日益加深。1995 年，国家教育委员会公布《中外合作办学暂行规定》，首次把中外合作办学纳入依法办学、依法管理的轨道上。地质学在这一时期引入大量优秀外籍师资，制定互换交流项目，大力开展外语教学，努力提高地质学学生理解境外文献能力。同时，大力引进国外先进研究方法，积极展开野外实践教学。2001 年 12 月，中国正式加入 WTO，我国对外开放迈入了一个崭新的阶段，人才被视为各国竞争首要因素，国际化人才培养被纳入经济发展范畴。2008 年，我国与世界 22 个国家和地区签署相互认证学历学位协定，进一步推进了我国国际化人才的培养进程[①]。2016 年，中共中央办公厅、国务院办公厅印发《关于做好新时期教育对外开放工作的若干意见》提出，到 2020 年，我国出国留学服务体系基本健全，来华留学质量显著提高，涉外办学效益明显提升，双边多边教育合作广度深度有效拓展，参与教育领域国际规则制定能力大幅提升，教育对外开放规范化、法治化水平显著提高，更好满足人民群众多样化、高质量教育需求，更好服务经济社会发展全局。与时俱进的教育开放方针和不同时期的国际化政策措施，为地质学基础研究人才培养国际化创造了良好政策、环境和条件。极大且有效推进了我国地质学教育和国际地质学教育。

地质学基础研究人才培养国际化十分必要。进入 21 世纪，资源环境对经济发展制约作用明显增强，中国当前现状是矿产资源接替跟不上，特别是战略性能源短缺。正如大家所知，现在我国煤炭可采储量不多，石油产量不足，每年所消耗 3 亿吨以上的铁矿石大部分来源于进口，而 1 ∶ 5 万区域地质调查仅完成全国面积的 20%，矿产勘查程度总体仍然偏低于世界水平，主要矿产资源总体勘查程度仅在 1/3 左右。现在国内主要矿产资源储量增长赶不上产量增长，矿产资源保障程度不断下降。海洋基础地质调查程度比较低，1 ∶ 100 万海洋地质调查几乎空白，等等。过去不常提的地质灾害研究、地下水开采利用管理、地面沉降等生态环境建设也日益受到关注。这些问题之所以难以解决，很大程度上都是因为我国勘探技术、资源利用技术起步较晚，落后世界发达国家国际先进水平。只有全面加强地质工作与国际接轨，特别是高等地质教育与国际地质学发展接轨，建设一批能够提升野外观测研究示范能力、体现国际水准的国家野外科学观测研究站，造就具有国际水平的战略科技人才和科技领军人才，培养一批具有前瞻性和国际眼光的战略科学家群体，培养一批既具有国际发展意识又具有能源勘探利用技术的国际地质学人才，才是缓解资源约束、保障经济高质量发展、注重多方面资源合理运用的关键。地质学作为一门实践性很强的学科，在国际化进程中要走在时代的前列，需要在理念确定、课程设置、师资选择等

① 教育部 . 中国签订的国家间相互承认学位、学历和文凭的双边协议清单 [EB/OL]. (2009-06-29) [2020-01-20]. http://www.moe.gov.cn/s78/A20/gjs_Qeft./moe_857/tnull_8732.html.

多方面与国际接轨，用国际化人才培养标准规范要求自己，造就理论和实际相密切联系的国际化人才。当前阶段人类面临着全球大气变暖、地质灾害、地震、环境污染等层出不穷的新生存威胁，给地球可持续发展造成的新挑战，这些都更加需要具有国际化视野的地质科技领军人才协同国际友人共同合作完成。

二、国内研究现状综述

（一）关于地质学人才培养研究

一些专家学者主要从地质学人才队伍现状，地质人才的培养目标、培养模式、培养机制等方面展开研究。

王焰新（2008）研究团队认为，参与国际交流合作与竞争是地质学基地研究的重要特征之一。当今世界，人口、资源、环境问题日益突出，需要世界各国地质科学家携手共同关注、解决这一与全人类可持续发展息息相关的问题。拔尖人才不仅应具有民族的、国家的眼光，还应具有世界眼光；不仅生活在民族中、国家中，还应生活在世界中；不仅面对民族的、国家的问题，还应面对世界性的问题；不仅应该具有民族自豪感、自尊心，还应该有放眼世界的胸襟和气度；为保护整个地球环境，保护人类的家园，地质学拔尖人才理当参加全球变化研究，通过现代地质过程研究及人类活动对全球变化影响的研究，直接了解全球变化。这就要求地质学拔尖人才必须具备全球化的视野、思维方式，驾驭不断变化的世界的能力，提出问题、思考问题、解决问题。

王焰新研究团队（2015）在我国地质学青年拔尖人才培育模式和创新能力专项研究成果中，对我国地质学基础研究领域人才队伍的现状进行了调研，同时对该领域国家杰出青年科学基金项目获得者和青年基金项目负责人开展问卷调查，运用定量分析与定性分析相结合的方法，探讨我国地质学领域人才队伍建设的突出问题，创新地提出了一些战略对策。他们认为，国际合作交流是地质学基础研究人才最重要的素养和能力。国际合作交流能力是一种跨文化知识、技能和态度的能力，其主要体现在能准确向合作方表达自己的观点，能思考别人的意见，改进自己的研究方案，在科学探究合作中做到既坚持原则又尊重他人的团队合作能力。伴随着现代科学复杂化和综合化的发展趋势，许多重大科学成就更多来自学科交叉和边缘学科，以国家之间的科技交流合作为特征的科学家群体是当今科学研究的主导力量。这要求部门与部门之间、研究所与大学之间、研究室与研究室之间、研究室内部不同科学家之间、课题组与课题组之间有更多更深入的跨领域、跨学科、跨国界学术交流合作。

柴虹、李慧勤（2012）通过研究人才培养质量在规划中的体现以及我国高等教育史中关于地质人才素质、人才质量的做法和政策，总结目前地质人才培养质量的制约因素，进而提出提高地质人才素质培养的措施。

陶潜毅、孙中义（2006）认为，振兴地质工作，关键靠人才。从地质人才队伍现状和勘探单位人才需求出发，必须采取制定招生培养优惠政策，建立分层次人才培养基地，提高工资待遇，建立人才激励机制等方面的措施，大力发展地质教育，培养和留住地质人才，以解决当前地质人才青黄不接的困难。

潘懋、张立飞等（2004）认为，通过制订新的培养方案，改革教学内容、教学方法，将创新教育和素质教育贯穿人才培养全过程，协调统一本科生和研究生教育，构建地质学人才终身培养和教育体系。

李国彪（2009）认为，培养能够满足新时期地质勘探工作需要的德才兼备、具有敬业精神与创新意识的青年地质人才，是地质教育部门、各级地质勘探单位所面临的亟待解决的问题与义不容辞的责任。

高鹏、钱玉好等（2005）对21世纪地质科学人才培养、我国地质科学人才成长的历史和现状、21世纪对地质科学发展的影响等做了较为详细论述。涉及人才需求结构科学、综合型地球科学人才培养、人才品德及创造人才辈出的环境和机制建设。

王君恒、范振林（2009）认为，高水平地学人才知识广博、视野宏大，躬行艰苦奋斗精神，具有基础厚实、专业精深的业务素质，富有科学思维与创新精神，实践能力强，能驾驭经济社会发展全局，按照科学发展观要求来推进地学事业建设。要从专业教育、科研训练、实习实践等方面加强高水平地学人才培养。

马昌前（2018）认为，培养新时代国际化创新型地学人才，要凸显“一德四能”，即立德树人、学习能力、合作能力、交流能力、创新能力，并针对本科提出了教学、课程体系、探究式教学、实践创新能力和教育国际合作等“五位一体”的教学体系。

（二）关于国际化人才培养研究

一些专家和学者从国际化人才所具备的素质、能力以及培养国际化人才途径等方面展开研究。

1. 基于人才培养国际化重要价值视角

刘延国（2013）认为，开发国际化人才，是经济全球化条件下，我国参与国际合作与竞争的客观要求，是在新形势下我们坚持科学发展观、实施人才强国的必然选择，是提高应对国际局势和处理国际事务的能力，为我国和平发展创造良好国际环境、参与国际经济技术合作、促进和谐世界发展的重要举措。

2. 基于国际化人才内涵视角

王通讯（2006）认为，国际化人才是一种素质表现，不能简单地将有留学经历的人和有国外工作经验的人等同于国际化人才。李昆明（2009）认为，国际化人才是指具有全球视野和多元文化沟通交流能力、具有国际知识背景和专业交流能力、具有参与国际事务和世界市场竞争能力的各种人才。

3. 基于国际化人才素质视角

大多学者在定义国际化人才基础上，提出国际化人才素质理念，诸如全球视野、国际意识、国际活动能力、国际知识等具体素质。2003 年亚洲大学校长论坛提出，国际化人才应该掌握一门以上外语，是能够利用某种工具或途径进行跨国交流与服务，并且在某一专业、层次、领域内具有一定专门知识或能力，基本通晓国际行业规则的人才。有专家认为，国际化人才应具备世界眼光和全球视野、国际前沿的知识结构、参与国际性工作的综合能力。

庄少绒（2001）认为，国际化人才需具备厚实的国际人文素养、较强的外语应用能力和跨文化交流能力、国际化的视野、国际化的知识和市场观念、良好的创新意识和较强的创新能力，具有能够运用现代技术进行信息处理、分析、设计的较强的信息能力，具有民族责任感、良好的心理状态和与人合作沟通的能力。

田伯平（2008）认为，国际化人才是对能力的认定，而不是对身份的认定，国际化人才不在于是不是外国留学人员，关键在于是否具有超越狭隘眼界，具备广阔的国际视野、胸怀，具备先进的知识结构和跨文化的沟通能力。

张华英（2003）认为，国际化人才应具备宽广的国际化视野和强烈的创新意识、熟悉掌握本专业的国际化知识、熟悉掌握国际惯例、有较强的跨文化沟通能力、有独立的国际活动能力、有较强的运用和处理信息的能力、且必须具备较高的政治思想素质和健康的心理素质，能经受多元文化的冲击，在做国际人的同时不至于丧失中华民族的人格和国格等。

4. 基于人才培养国际化路径视角

钱铮（2010）认为，培养国际化人才是非常复杂的系统工程，不仅要熟悉国际政治经济事务中的工作规则、工作秩序和相关法律、规定，而且国际化人才还具有很强的针对性，要了解外国文化背景。

王辉耀、郑巧英等（2016）提出，提升中国国际化人才培养能力的途径主要有：推动外资进入教育领域，促进教育改革；大力发展中外合作办学；积极落实《留学中国计划》，实施国际化教育示范工程；完善来华留学生奖金及就业相关政策；制定相关条例规范留学市场；完善留学政策公开制度，加强宣传推介等。

无论是素质、还是能力，应该是综合要求，不可偏废，片面理解。但是需要强调的是，大家始终存在一定的共识，那就是坚实的人文素质是支撑人的灵魂的强大力量和高尚美德。它是无国界的，是最宝贵的精神内核和价值所在。具有这样的人文素质，国际人才容易具有国际视野和国际意识，能够从全球视角看待文化差异从而理解和尊重各种不同文化，具备跨文化交流能力、关注解决全人类共性问题。

地质学是一门以定性描述为主线的综合研究学科，需要专项基金来培养野外和室内实践动手能力，分析问题的综合能力以及良好的文字、口头表达能力，需要加强地质学类精品教材和教案编写、强化导师教书育人意识、反对浮躁浮夸肤浅学风，不断加强地质学国际化人才综合素质培养。

三、国外研究现状综述

（一）关于人才培养国际化动因研究

国外学者多从认知角度和教育、经济、政策因素来研究分析高等教育和人才培养国际化的动因。德维特和简·奈特（1999）的研究认为，高等教育国际化的主要原因和根源是追求利益、提供满足高等教育需求的教育机会和跨国高等教育不断发展。英国教育顾问卡罗琳·麦克雷迪（Caroline MacReady）和克莱夫·塔克（Clive Tucker）认为，学生国际间流动的驱动因素是在国内缺乏合适的学习机会、希望体验其他国家的文化生活，为下一阶段学习或未来就业寻求更好的定位。

我国学者将高等教育国际化的动因大多归纳为政治、社会、经济、其他因素。常永胜（2008）认为，大学国际化的动因概括为政治动因、经济因素、学术动因和“榜样”的力量。孟兆海（2009）认为有学术动因（知识普遍主义）、科学动因（理性主义和实证主义）、政治动因（争霸和文化渗透）和经济动因（全球市场和自由主义）。刘巍（2010）认为，大学国际化是自身发展规律的必然要求，政治范畴是推动高等教育国际化的关键因素，全球经济一体化要求加强高等教育国际化，科技信息化为高等教育国际化奠定物质基础，文化交流和完善的留学保障措施促进高等教育国际化。苏芳菱（2010）认为，经济全球化的推动、文化交流的需要、经济利益的驱动、高等教育自身发展的需要和现代信息技术的推动是高等教育国际化的动力。陈学飞（2002）认为，追求世界和平是高等教育国际化动因之一。王英杰、高益民（2000）认为，国际组织的推动和影响也是高等教育国际化的动因之一。全球经济一体化进程加快、网络技术与信息社会发展、信息传播全球化、国际教育组织或社会联盟机构、高等教育发展和学科专业自身发展的需要等，这些人才、组织、物质资源、教育观念或意识，均是人才培养国际化的动因要素。高等教育国际化与经济发展紧密相关，是政治、经济、科技、文化等各种因素共同作用的综合结果，政府政策导向对高等教育国际化起关键作用。

（二）关于地质学人才培养的研究

英国堪称世界高等地质教育的发源地，也是现代地质学诞生地。自 1986 年以来，英国高等地质教育进行了两次较大规模的调整，一次是“布局调整”，一次是“学院升格”。研究小组对英国地球科学教育进行了一次较为全面的评估，其评估报告《加强大学地球科学教育》1987 年被英国大学资助委员会提请地学界讨论。其中主要建议中包括加强本科生地球科学训练、加大对地球科学资助等。报告成为全英国进行地球科学系科调整的行动纲领。

20 世纪以来，美国把学校教学宗旨定位为国家培养高水平专业技术人员。20 世纪 40 年代，美国政府加大了对地质科学发展的重视以及地质人才培养。近些年来，他们主要针对矿产资源勘探、外太空资源利用等方面进行扩展，从而间接鼓励地质矿产实验室研究工作，推动人才更新和培养。学生地质协会在高校地质教育中扮演着鼓励独立探究和发展职业态度、能力和自信等重要角色并起着重要作用。为了能够让学生更好地理解基本概念，野外教学实习为刚刚接触地学的学生提供范式和案例。提出地质学专业定向项目活动，活动内容包括让学生到野外矿区、洞穴、路间休息站等，通过模拟野外地质工作，能力得到锻炼。以培养地质研究兴趣，丰富地质考察经验，提早为未来工作方向辨明思路。成立学生地质学家联合会，进行地质科学知识传播，通过各种各样的活动培养学生学习兴趣。加强学生对地质学态度的调查和评价，在开设新一门课程前后都要进行兴趣、态度和困难程度的调查。

俄罗斯 1997 年发布报告《俄罗斯地质教育概论》，该报告显示，地质勘探工作量呈减少趋势，采掘主要集中在之前已经过勘探，有一定研究基础的地域，国内对地质人才需求量逐渐减少，必不可少地导致地质科技人才减少。后来在国内需要加强地质工作时才发现地质人才已经供不应求，随即引起了俄罗斯有关部门高度重视，逐步加大了地质科技人才培养力度。

德国一直强调高等教育对经济生产的适应性和实用性。各地高校通过加强专业工程人才培养和与企业部门的横向结合，使高校培养的人才适应社会需求，提高高等教育的社会服务功能。德国是拥有数百年采矿历史的国家，矿产资源相对贫乏，对地质研究的高端人才需求相对较小。

总之，国外有关地质学人才培养主要是随着社会需要的变化而变化，大学拥有足够的学术自由和行政自由，政府很少干预大学发展。

（三）关于国际化人才培养研究

简 • 奈特（Jane Knight，2003）认为，培养国际化人才要有国际化教育观念，他从学校层面将国际化定义为将“国际的维度”整合到高等学校教学、研究和服务等诸项功能过程。

乌尔里希 • 泰希勒（Ulrich Teichler，2004）认为，国际化强调增加跨境活动，同时或多或少地保留高等教育的国家系统，且多用于讨论物质方面的流动、学术合作、知识传递和国际教育。

德里克范达美（Drik Van Damme，2001）认为，国际化主要形式归纳为学生流动、教师流动、课程国际化、海外校区、高等教育机构合作协定及体系、互认协定、跨国大学体系、跨国虚拟高等教育等。

阿特巴赫（Philip G. Altbach，2009）从全然不同的角度归纳高等教育国际化主要包括出国留学、跨国高等教育、信息技术以及国际组织的政策与活动等要素。他认为培养国际化人才需要有国际化教育，强调发展本土高等教育国际化，如在课程中增加关于全球化和比较教育课题研究内容，招收海外学生、学者到本地院校就读、任教等。

1946年，美国通过的《富布赖特法》规定海外剩余财产用于资助美国师生的国际交流，“使美国人了解世界，并使来自世界各国的学生和学者知道美国的真实状况”。20世纪中后期，高校制定了国际化人才培养目标。

《美国2000年教育目标法》提出，通过国际交流，提高学生的全球意识、国际化观念；鼓励学生到国外学习；支持各级教师、学者和其他人的交流活动；扩大和加强外语教学，提高教学质量，加强美国人对外国文化的深刻了解。

1966年日本中央教育审议会在《理想的人》咨询报告指出：只有做一个出色的国际人，才能做一个出色的日本人。1984—1998年提出要把高等教育适应国际化的需要列为重要课题之一。

韩国提出在国际理解教育中培养国际化人才。印度把跨国就业作为培养国际化人才的重要渠道，允许跨国就业。新加坡设立有国际人力资源小组，专门负责吸收国外高层次专业人才，包括严格控制人才外流。英国政府和一些学术团体设立各种奖学金来资助留学生，作为吸引国际专业人才的重要来源。

可以看出，各国加强对国际化人才培养，多为政府主导、贯彻落实国际化人才战略。

四、国内外研究存在不足与发展趋势

从现有研究来看，对地质学国际化人才培养已经引起了国家和各级政府的高度重视，以及地质学界专家学者的密切关注，研究工作取得了一定成绩，对于我国地质学基础研究人才培养国际化提供了一些有益探索指导。但仍然存在一些短板，如研究内容单一，这些研究大多数都侧重于对地质学人才培养目标、培养模式、培养机制等探讨，缺乏系统论述和研究，尤其是对地质学基础研究国际化人才培养没有系统性研究论述。再者实证研究深度不足，从目前收集的文献资料看，定性研究表述相对较多，运用问卷、访谈等实证研究和定量分析研究相对很少，对我国地质学基础研究人才培养国际化尚缺乏科学系统、全面完整、针对有效、高质量国际化培养教育体系和相应的治理体系、治理能力、对策等方面的建议。

从人类社会发展需求和地质科学自身发展趋势来看，要从片面向全面、零散向整体、无序向有序、单一向综合的方式转变。一要由重视传统地质人才培养转向重视现代地质人才国际化培养，完善地质学国际化本科生与研究生培养体制，形成地质学基础研究人才培养国际化的系统性论述。二要充分认识到地质学基础研究人才培养国际化的复杂性、艰巨性，它是一个复杂漫长的过程和科学系统工程，需要用多学科知识和技术方法进行综合性研究，特别需要引入管理学、教育学、心理学、人才学等学科知识，与地球系统科学未来发展趋势有机结合起来。三要针对地质学基础研究人才培养国际化内涵、特征开展研究，全面系统完整地对地质学基础研究人才培养国际化治理体系和对策建议进行深入研究，不仅仅局限于表层的理论方法研究，也要对地质学国际化人才的未来发展方向，形成高质量的地质学基础研究人才培养国际化战略发展研究成果，能够为国家相关部门决策提供依据支持，对高等地质教育、高校地质人才培养、科研院所用人单位提供战略布局上的借鉴参考。

本章小结

地质学基础研究人才培养国际化已经成为专家学者关注和讨论的热点话题。本章在中外学者研究基础之上阐释地质学基础研究、国际化人才、高等教育国际化等内涵，对地质学基础研究人才培养国际化内涵进行了厘定，提出了地质学人才培养国际化具有开放、交流、跨界、融合、合作、平等等鲜明特征。在分析我国高等教育人才培养国际化基础上，通过对国内外不同时期、不同学者研究重点如地质学人才培养、国际化人才培养、地质学研究生培养等问题进行了观点梳理，尽管前人研究存在研究内容单一、实证研究不足、研究深度不够之欠缺，但对做好本研究仍有很多启发和借鉴价值。

第三章　国外人才培养国际化进展研究

他山之石，可以攻玉。国际交流合作日益成为高等教育国际化过程中最活跃的要素。在国际竞争日趋激烈的今天，越来越多的国家以人才立国、人才强国为基本国策，把国际交流合作上升为国家战略，作为高等教育主攻方向、列为高校主要办学功能。尤其发达国家的成功经验值得借鉴。本章对国际化比较成熟和典型的一些发达国家或地区进行研究分析，简要介绍其人才培养国际化政策、做法、特点与经验，进而为我国地质学基础研究人才培养国际化提供点滴借鉴。

第一节　发达国家人才培养国际化

一、美国

随着经济全球化时代的到来，国际教育市场开放程度不断提高。美国高等教育国际化规模多年来持续扩大。美国是世界上高等教育发达国家之一，也是教育国际化的主要倡导者和最大受益者。通过制定符合美国国情人才培养的国际化政策，以及在学生留学、教师交流、课程制定、跨国教育和外国语教学等方面的一系列工作，极大地提升了其人才培养国际化发展速度，获得了显著成效。

（一）国际化概况

第二次世界大战后，美国政府启动了大量的教育国际合作计划，通过走出去、请进来，不仅帮助美国公民获取欧洲大学等先进管理经验、科学技术，也将美国价值观推向世界各地。这一期间，美国大学在吸收借鉴欧洲大学经验基础上，逐渐形成一套世界高水平的教育体系，其声誉吸引了来自世界各地的留学生。教育国际化不仅为美国培养了大批认可美国价值体系的优秀人才，增加了其国际社会的政治话语权，同时也给它带来巨大经济利益。前总统克林顿曾在关于美国国际教育政策讲话中明确指出，教育国际化对于美国的重要意义是在全球竞争中维护了其作为世界领袖的地位。一流教育水准既吸引了世界各国未来的领袖，也让美国公民在全球化的竞争中做好了充足的准备。为此，美国利用其庞大优质高等教育系统声誉和名目繁多的奖学金项目，努力创造鼓励世界各地学生踊跃到美国学习的环境和条件，始终保持居于世界上吸收外国留学人才最多的国家地位。

美国政府 1946 年设立“富布赖特计划”，确立美国学生和学者对外交流的基本方针，推进美国高等教育国际化形成有组织、有计划的格局。20 世纪 80 年代后期美国成立教育委员会，其中一项重要使命就是执行“富布赖特计划”。1966 年，美国国会通过《国际教育法》，把国际教育交流与合作列入美国法律，上升为国家意志。设立推动留学生教育的国际教育政策机构，鼓励外国学生到美国学习。美国政府将留学生教育看作国家发展战略和国策最终目的，设法让留学生成为美国的朋友，将美国的思想和价值观带回自己的国家，让世界更多的人了解美国。美国政府从资金等多方面支持美国大学和学院招收留学生，为其提供众多奖学金和助学金。美政府积极鼓励本国学生赴海外学习，推动教育国际化。国家用法律形式赋予学校办学自主权，鼓励其拓宽思路，采取开放的办学理念和模式，以更加灵活的教学方式传输教学内容。美国学生派出渠道主要是通过各大学国外留学项目、交际交流项目，注重在学校内部建立国际合作项目计划。美国国务院教育和文化事务局以教育文化交流等形式建立交流和合作项目，以及在民间机构建立交流平台等方式，帮助美国公民学习外语、了解异域文化，培训教师并支持他们讲授外国文化，增进彼此间了解。

美国学生主要留学目的国是英国、意大利、西班牙、法国、中国、澳大利亚、德国、墨西哥、爱尔兰等。据有关统计，早在 2008 学年至 2009 学年，共有 54.5% 美国学生到欧洲留学；有 11.4% 美国学生到亚洲留学，比 10 年前的 6.2% 上升了 5.2%；到非洲留学人数从 10 年前 2.8% 上升到 5.3%。美国学生赴亚非拉美地区国家留学人数持续增长的原因主要在于双方合作领域扩大、国际交流合作项目增多及时间延长，很大程度上满足了美国学生赴海外留学需要。美国学生主要留学专业大多为人文社科类，其中社会科学专业占20.7%，商业和管理专业占19.5%，人文科学专业占12.3%。

美国注重国与国之间的人文交流，认为国际教育是美国经济和战略上的迫切需要。美国国际教育协会与海外教育论坛调查显示，赴海外留学能够帮助美国学生为经济全球化竞争做好准备。越来越多的美国学生希望将海外工作或实习作为海外留学的一部分。全美大学生积极申请富布赖特计划、本杰明•吉尔曼国际奖学金计划等项目出国留学，推动美国和其他国家人员交流。据国际教育协会统计，过去十多年美国赴海外学习的学生人数以平均每年9%的速度稳定增长。学生主要以留学项目（study abroad program）和海外实习项目（international internship program）形式出国交流。学生通过学校与国外大学或机构建立的留学项目和交流项目，或参与其他学校或机构组织的国外留学项目，赴国外短期留学。这些项目由美国政府、专门协会以及各大学设立。政府项目中较为著名的如国务院富布赖特奖学金（Fulbright Program）、本杰明•吉尔曼本科生奖学金计划(Gilman Scholarships for Undergraduates with Financial Need)、国防部“国家安全语言计划”等。大学留学联合会（University Studies Abroad Consortium，USAC）提供覆盖25个国家的学期、学年交换及暑期项目。本科生是美国赴海外学习学生的主体。2008—2009学年度美国在海外学习学生人数超过26万人，其中短期（暑期班、冬季班、2至8周短期培训）占54.6%，中期（1或2个四分之一学期、1个学期）占41.1%，长期（1学年及以上）占4.3%。2008—2009学年度，在海外学习的美国学生中本科生占83.6%，其中大一学生占36.8%，大二学生占21.6%，大三学生占13.9%，本科其他年级学生占11.3%；硕士生占6.6%，其他占9.7%。本杰明•吉尔曼本科生奖学金计划，由美国国务院教育和文化事务局提供资助，由国际教育协会（The Institute of International Education）实施管理，专门用于资助美国大学（含2年、4年制公立和私立大学和学院）学生赴国外留学。该奖学金计划要求申请人是美国公民、大学本科、成绩优良，且在留学期间须获得联邦佩尔助学金（Federal Pell Grant），所选留学项目属学校认可的学分项目，留学期限至少4周。根据留学期限及申请人需求，该计划每年提供2 000多名美国学生，人均资助金额4 000美元，最高达5 000美元。

在选派方式和派出渠道方面，美国高校鼓励二年级下学期，三年级及四年级上学期的学生参加国外留学项目。学生可自选留学一个学期、一年，或在暑期到国外交流学习。在国外留学学生一般对交流国语言和文化感兴趣，拓宽自己视野。学生主要通过学校与国外大学及机构建立的留学项目和交流项目（也有学生参加校外的国外游学项目），赴国外短期留学。

在经费来源方面，包括学生家庭、政府奖学金、政府助学金、可供学生申请去国外交流学习的全国性奖学金。其中本科生国外学习计划的资助渠道主要来自学校助学金、学生家庭、学生申请政府奖学金、助学金、全国性可供申请赴国外交流学习的奖学金、州政府设立的奖学金，以及大学奖学金、助学金和贷款。允许学生用获得的奖学金或助学金支付国外学习费用。

（二）国际化措施

1. 制定国际化战略，培育学生全球化能力

美国一流大学大多围绕教师和学生两个群体制定了各具特色的国际化教育发展战略。在提升教师国际化水平方面，积极鼓励学校教师及职员参与国际研究、国际会议、国际化培训。在培育学生全球能力方面，普遍把培养未来领导者作为人才培养目标，注重培养学生全球化能力，指导学生运用知识和技能开展研究并服务于世界。耶鲁大学提出，成为一所全球性大学，为整个世界培养领袖，推动知识前进，要求所有本科生毕业前都有国际阅历，至少学习一门外语课程。哥伦比亚大学强调，扩大来校留学生规模，使学生在大都市接触多样化国际群体。华盛顿大学麦道学院已与 20 多个国家的 30 余所顶尖大学建立教学研究合作关系，通过招收博士生和硕士生培养高层次研究型人才。“提高学生成为世界公民的能力”成为杜克大学质量提高计划的主题，实施“冬季论坛”“全球海外学期”“全球咨询项目”三大计划，确保教育全球化目标实现。美国南加州大学和斯坦福大学地质与环境科学系，通过课程设置和野外实践来培养学生的分析问题和解决问题的能力。美国加州大学伯克利分校采用专家治校方式，注重研究生能力培养，重视人才，培养适应社会发展的地学人才。美国政府资金资助有影响力的地质学家，与他们合作建立地质学组织，成立地质学办公室，致力于地质学专业化推广，培养地质人才。

2. 积极促进学生国际交流

学生国际交流包括世界各国学生到美国学习和美国学生到国外留学。美国人才培养系统较其他国家存在资金投入量、学校类型和层次的多样性，以及教学质量、以世界性语言英语为母语等诸多优势。

（1）积极主动接受外国留学生

美国采取持续稳定的留学政策，吸引外国学生赴美留学。1930 年在美国学习的国际学生为 9 643 人；1953 年人数增加到 33 647 人；1969 年达 121 362 人；1976 年增加到 216 000 人；1988 年为 360 000 人；到 1990—1991 学年，国际学生总数达 407 529 人，占美国高校在校学生总数的 2.9%，占同年世界留学生总数（1 127 387 人）的 35%。据大学董事会年度调查（College Board Annual Survey）资料统计，1998—1999 学年，在美留学生有 490 933 人，占美国的四年制本科生的 3%，占研究生的 11%，约 43% 的留学生为研究生水平，大多数在研究院校。美国的外国留学生数量为世界之最，占美国总注册学生人数的 4%。

（2）为学生留美提供便利条件

美国为高科技人员提供丰厚薪水以及签证便利，使优秀留美学生在完成学业以后继续

选择留美工作。据统计，早在2000年时西雅图高科技人员的平均收入高达13万美元，圣何赛地区8.5万美元，圣弗朗西斯科（旧金山）地区7.8万美元，他们的工资是当时发展中国家科技人员年收入的几十倍。美国在2001—2003年间增加了H-1B签证数量，从每年的11万个提到20万个。该签证是一种签发给受美国公司雇佣的外国人的工作签证，属于美国工作签证中运用范围最广的一种。

（3）设立专门科研奖学金

名目繁多的奖学金、种类繁复的留学项目都为外国学生来美留学提供了物质保障和畅通的渠道，同时，通过高额奖学金也刺激了学生的学习动力，提高了教学质量。据美国科学基金会调查，1999年有75%攻读博士学位的外国留学生以“研究助理”身份获得大学生全额奖学金。如麻省理工学院约有1 400名科研人员，其中50%以上是外国人，他们不同程度地享受美方资助。

（4）提供良好科研环境

美国科研经费不断增长并达到国民生产总值的2.52%。优越的科研环境致使外籍科研人员申请“绿卡”人数逐年上升，其中包括不少中国留学生。有数据显示，1994年我国共有2 779名留学生获得美国自然、工程专业博士学位，其中有88%滞留不归，人数比率居全世界留美学生派遣国首位。

（5）鼓励创造发明

美国科学基金会设立了各类奖励，如青年科学家奖、工程创造奖、国家技术奖等鼓励创造发明。美国科学基金会规定，只有持美国“绿卡”或美国护照者，才有资格获得上述奖励。每年外籍青年科学家获奖者最终大多被美国所用。如果获奖者是外国人，美国政府会主动为其办理“绿卡”或者入籍手续，劝说获奖者继续留美工作。

3. 鼓励本国学生到海外学习

美国政府为促进学生国际交流做出诸多努力。制定新法案支持和鼓励学生出国，并对学生在海外获得的学历证明计入教育学分，予以承认。制订国际教育计划，通过与国外学校签订学生交流计划拓展校际国际交流与合作，促进学生出国留学。如2010年5月，美国国务卿希拉里在北京正式提出“十万强计划”①，同时签订相关协议，加大美国向中国高校输送短期访问学生的力度。

美国一流大学通过扩大国际学生比例和开设国际课程等方式，引领教育国际化发展。2011—2012学年，耶鲁大学的国际留学生达到2 135人，占其全日制学生的18%；开设有国际性内容课程1 600多种。麻省理工学院国际化行动报告中称其研究生和博士后中国际人员比例已分别占到40%和70%以上。尽量在本科阶段开设国际课程，有条件的可通过推进中外合作办学，实现“不出国的留学”，让更多学生获得国际阅历；同时探索包容

① 十万强计划：美国政府计划用4年时间，将来华留学人数提高到10万人；为乡村、少数族裔、低收入家庭的留学生提供更多的机会。

化教学与管理，使更多学生接触多样化的国际群体，培养学生的全球化意识。积极与顶尖大学、研究机构建立合作关系，增加研究生和博士后中国际人员数量，将国外优质教育资源有效融合到教学科研全过程，促进一流人才培养和引进。

4. 支持教师国际交流

美国大学支持教师海外研究的比例从 2002 年的 46% 上升到 2006 年的 58%；美国有资金供教师出国学习和研究的学院和大学的数量从 2001 年的 27% 增加到 5 年后的 39%。支持力度提升是基于美国高等教育的支持政策，建立政府基金项目。如富布赖特计划主要资助对象是美国教师或学者在国外讲学或从事合作研究的，吸引外国人才到美国讲学或从事博士后研究工作或进行其他国际学术交流活动。制定吸引人才政策，通过提供良好的待遇和创造良好的研究环境，吸引国际知名科学家到美国大学从事教学和研究工作。资助教师出国研修，鼓励教师出国进行科学研究或学术交流。如密歇根州立大学设立出国研修基金资助教师、专家和学者参加国际会议，并允许教师参与国际问题研究。允许学校聘请更多有国际交流经验的教师。超过半数的美国四年制学院和大学都聘请了具有国际交流经验的新教师。

5. 注重课程教学国际化

（1）开发国际化课程

国际化课程通常由不同学科的教师共同承担，整合国际化课程教学内容，拓宽学生国际视野。如密歇根大学开发课程“全球依赖”，内容包含国际贸易史、管理关系、文化竞争和世界意义四个部分，由十余位老师负责讲授，配备相应课后讨论，培养学生用国际化视野去理解贸易，重视将国际化目标融入专业教育。

（2）创新设计国际课程

教师根据学校情况和国际培训目标设计新课程。一些国际化课程由工作和服务两部分组成，在完成 6 个月必修课程后，教师指导完成 2 至 4 个月的设计课程，教师和学生在当地可以从事特定工作或提供专业技术服务。

（3）充分利用信息技术建设国际课程

如夏威夷大学与北京大学等高校合作，通过互联网和交互式网络电视开设远程汉语课程，促进美国学生对汉语和中国文化的学习。

（4）重视外语教学

由于英语是美国的母语，又是世界通用语言，美国的教育对非英语教学不太重视。但“9・11”事件使人们意识到外语在情报交流和国家安全中的重要性。2006 年初，美国宣布了国家语言安全行动计划。主要目的是确定和实施扩大“富布赖特外语教学援助计划”，允许说“关键语言”的外国人在美国高校从事语言教学。每年学生增长 150 人左右，增加了学习语言的海外学生人数。本杰明・吉尔曼奖学金计划为学习“关键语言”提供资助，捐助的本科生人数增至 200 人。此外，为了促进和鼓励学生学好一门外语，美国高校为学生提供与学分相关的实用语言学习课程。学生在国外学习一门语言课程的 1 个学分相当于用英语学习课程的 3 个学分。

6. 积极开展国际合作项目

美国高校非常重视学生国际视野培养。大多数美国四年制学院和大学都设有“海外学习办公室”，统筹规划和实施各类海外学习项目。美国为了控制跨国教育质量，有选择性地推进跨国教育。通过认证国际大学资格和能力，维护美国高等教育品牌。为了实现这一目标，美国高等教育认证委员会强调外国大学与美国合作的跨国高等教育必须达到或超过当地高等教育水平。合作项目分为：设计和实施的双向交流项目，主要为学生互换和师资交流，少数项目也包括学分互认；美国高校主导、他国高校或教育服务公司承办，以短期语言学习或实习为重点的项目，美国高校承认其学分；完全由美国高校独立设计实施的合作项目等。

二、英国

（一）国际化概况

20 世纪 80 年代末以来，英国重视高等教育国际化发展，采取了一系列政策措施，取得了很大成效，对世界高等教育产生了巨大影响。英国把高等教育视为树立全球国际形象的有效途径，视其为英国全球化战略的重要组成部分。

英国非常重视学生的国际交流，鼓励学生前往欧洲大陆学习欧洲史、地理和文化等，开阔眼界、增长学习经验。英国政府鼓励英国民众参与师生流动和合作教育计划，组织实施一些示范项目，提供资金支持高校开展多种形式的国际流动项目，参与见习（placement）、留学、访学等活动，达到拓宽视野、增长阅历、丰富知识等目的。推广暑期到国外参加夏令营的示范项目，在英国高校中较有影响的项目是“赴华学习项目”（The Study China Programme）。项目鼓励英国学生在全球经济发展的时代，出国学习提高技能知识。项目资金来源于当时的英国创新大学技能部，学生只负担机票、签证、保险等费用。

英国鼓励国际流动，高校开展学生国际流动的主要形式有见习和校际交流。见习强调的是基础工作实习，让学生在企业或政府机构中进行与所学专业相关的实习或参与项目，有时到科研院所或大学中承担科研项目。校际交流主要是去合作院校进行交流和互换学习。英国政府鼓励高校同国外的大学建立学生国际流动项目，高校在每年招生简章中明确列出四年中有一年是在海外学习，其海外的学习经历将有助于毕业后的就业，或者攻读高一级学位。

英国高等教育质量保证学会规定，英国高校的见习一般分为一个学年和短期（一个学期、一个月、暑假等）两种，取决于与合作方签订的协议规定。见习可以在英国国内或国外公司、机构进行。很多英国大学都会有自己比较固定的公司或政府机构合作伙伴，为学生提供岗位，鼓励学生通过各种合作关系和渠道寻找岗位。英国大学就业办公室承担这项工作，包括学生前期报名、转换学制、见习期间与学校保持联系、定期访问学生等。英国大学学院有很大自主权和社会资源，这项工作可以由二级学院直接组织开展。提供见习的机构资助学生生活交通费用，学校很少对学生见习提供经费支持。学生见习一般在第3学年进行。学生在第2学年开始时提出见习申请，调整修学计划或休学时间。在这一年，学校为学生提供尽可能的方便和服务，如保留学生卡、各种与学生身份相关的福利、医疗和社会保险、各种银行贷款的偿还等，学生完成见习要写出相关报告和论文，作为对这一年学习成果的检验。短期见习可利用一个暑假或者寒假完成，不需要调整学制和学生身份。

（二）国际化措施

1. 重视国际交流合作

（1）灵活的合作办学

英国政府重视校际合作办学，关注与境外政府及企业合作办学。英国合作办学模式主要有两种，一是英国某大学和国外某大学共同新建一所大学，共同合作开展教学科研；另一种是英国某所高校与境外某所大学联合培养学生。积极参与欧盟教育项目，英国的科学和研究机构曾是欧盟基金最主要的受益者。1987年至1994年期间，英国学生有近万人参与伊拉斯谟计划（Erasmus Programms）的“校际合作计划”。1998年法国、德国和意大利召开会议，强调欧洲高校加强联手，建立大学间交流通道，推动欧洲各国学生交流。

（2）重视欧盟外的国际交流合作

英国的文化部、教育部、国际发展部和科学部以及大学等机构，设有上万个针对欧盟以外其他国家的高等教育交流合作项目。注重邀请欧盟以外的国家专家、学者到英国进行访问、交流、学术讨论等国际交流活动。

2. 建设国际化课程

（1）课程国际化

开设专门国际教育课程，在现有课程中加入国际性内容，密切关注国际上本学科最新动向；开设国际主题新课程，在课程中加入国际化最新内容，如曼彻斯特商学院开设以地区、国别、欧洲研究为主题的课程。

（2）加强质量监控

英国政府和社会对高等教育质量监控从20世纪初开始实施，80年代后陆续制定了一系列政策法律和制度文件，如《教育改革法》《高等教育：新框架》《继续和高等教育法》等。

（3）重视远程网络教学

随着计算机网络技术发展和迅速普及，英国在第二次世界大战后开始重视网上教学，开展远程教育教学，形成了规模宏大、数量庞大、范围很广的教育机构群体，如“英联邦公开学院”等。

（4）互认学分学历

英国重视开展国际校际合作研究，合作项目十分广泛。为激励学生积极参与合作项目，英国主动与国外高校签订证书互认协议，完善国际交流与合作制度，积极解决师生开展国际交流中的后顾之忧。

3. 精细化服务

（1）设立境外教育机构，加强国际教育宣传

英国文化委员会在110多个国家设有派驻机构；设立奖学金吸引留学生，专门设立“海外研究学生奖励计划”，支持总额超过100万英镑的研究生奖学金，以资助优秀学生在英学习。

（2）简化出国留学手续，实行宽松工作政策

在他国开设签证申请中心，简化签证手续，缩短签证时间，支持在英学生有更多的打工时间。

（3）课程设计精细，授课灵活，评价客观

老师总是选择最新的、企业最需要的内容来教；教学重点培养学生的专业技能，课程实用性非常强，注重学生动手能力和综合素质培养，学生毕业成绩由校外考官根据课程记录、论文质量和面试结果统一评定。1986年10月22日由欧格斯伯（Oxburgh）教授为首的小组开始对英国地球科学教育进行了全面的评估，其结果体现在欧格斯伯报告《加强大学地球科学教育》中，该报告在1987年5月由英国大学资助委员会提请地学界讨论。1989年以欧哈拉为主席的另一个评估小组向全英大学资助委员会提交了第二份有关英国高等地质教育的评估报告，对欧格斯伯报告进行了修正补充。使该报告实际上成为全英地球科学系科调整的行动纲领。由于该报告提供了不少有关地球科学系科结构调整的指导原则，致使英国高校的系科结构调整实际上从1988年7月开始。同时该报告还对调整后的英国高等地质教育系科布局、层次进行了总结。评估内容包括：课程设置、教师学术水平、职工队伍、实验室条件、图书资料、陈列室（或博物馆）、合作关系、当前研究领域、出版物及引用情况、研究项目、主持召开国际会议情况、学生补助、入学分数线及申请人数、获学位人数、学生毕业去向、每年全系开支等。

三、日本

（一）国际化概况

日本十分重视人才培养国际化。其《国家中长期教育改革与发展规划纲要（2010—2020年）》中明确提出，适应国家经济社会对外开放要求，培养大批具有国际视野、通晓国际规则、能够参与国际事务和国际竞争的国际化人才。发展高等教育国际化作为国家

外交政策的重要一环，增加世界各国知日派中上层领导力量，最大限度地发挥日本海外网络事业。采取了一系列措施推动日本高等教育国际化发展。

为适应世界经济一体化对国际化人才的需求，提高高等教育质量，强化政策措施，支持高等教育国际化，推动和国外大学之间学分互认，增加日本学生海外经验，日本于2010年6月18日通过《新成长战略》。加大财力用于日本学生和外国学生之间的交流。实施“亚洲校园”项目，通过各种形式的大学交流项目促进中日韩大学合作及学生交流，增强大学竞争力、培养亚洲下一代杰出人才。大学间互换本科生和硕士、博士研究生，学生交流期限以1年为主，最短不低于3个月。扶持与欧美国家开展合作教育项目，建立涵盖本科、硕士阶段学分互认、学位授予等高水平教育合作项目，提高日本大学教学研究水平和国际竞争力。数据资料显示，2010年出国留学的日本人约7.5万名，其中赴北美留学人数为35 585人、赴亚洲为23 002人、赴欧洲为12 345人、赴大洋洲为4 207人，赴欧美国家留学人数约占总人数的64%。赴美留学学生中，本科生占61.3%，硕士、博士研究生占20.2%。

（二）国际化措施

日本把留学生政策摆到文教和对外政策的中心地位。提出了21世纪留学生的概念。以大学改革为中心，科学规划大学，推动结构改革，积极追求强化大学国际竞争力，督促国内大学积极参与亚太大学交流机构(UMAP)活动，推进与海外大学交流，构筑向世界开放的留学制度，消除日本留学障碍，实行官民一体化留学体制机制和政策制度。

1. 强有力的赴海外学习经济扶持

在20世纪80年代日本就提出“要培养世界通用的日本人”。日本对海外学习的重视，体现在对赴海外学习强有力的经济扶持。日本官方对学生各项资助统一由独立行政法人日本学生支援机构(JASSO)负责，该机构通过各大学将各项资助分配给学生本人。在该机构负责发放的多项奖学金中有一项以该机构命名的奖学金即“日本学生支援机构奖学金”，这一奖学金分为无偿奖学金和有偿贷款。无偿奖学金专门用于资助赴海外大学短期交换的日本高校在校生，时间为3至12个月，每月资助80 000日元，每年资助约730人。有偿贷款则面向赴海外攻读学位和进行短期深造的学生。对于赴海外进行短期深造的学生，按照本科生或研究生的身份不同，可以申请每月从30 000至120 000日元不等和50 000至15 000不等的奖学金，入学时也可以申请300 000日元的特别贷款，此类贷款每年资助1 400人。日本本土依靠政府奖学金留学国外达3个月以上的本科生数量相当少。20世纪90年代初有5 000人，仅为本科生总数的0.2%。91%的留学生专业是人文、社会科学和教育。

2. 出台学生交流支援制度计划

日本文部科学省先后实施亚洲国家留学生派遣制度“长期海外留学支援”等计划。文部科学省整合各方资源，2004年4月1日成立日本学生支援机构(JASSO)，其中设立的“国际学术交流活动奖励费”，鼓励学生参与校际交流项目。日本主要大学的学生出国留学的占在校生总数的1.1%，其中占在校本科生总数的0.3%，其留学主要目的地为美国、中国、法国、英国和加拿大。日本面向本科生校际交流的主要方式为短期修学或夏季进修，时间一般在1周至1年不等。由于受语言、专业限制，日本学生大多不会在本科阶段长期出国留学，仅有少部分本科生利用校际交流项目赴国外短期进修或游学。理工类专业学生一般不会在本科阶段出国留学，申请短期休学赴国外交流多为文科类专业学生，一般不超过1年。JASSO负责国家层面支持本科生国际流动的奖学金项目有“短期派遣”和“短期访问”，资助时间为1个月至12个月。

四、德国

（一）国际化概况

德国是世界高等教育发达国家，在高等教育国际化方面有着优良传统。随着经济全球化和高等教育国际化迅速发展，德国步入了新的国际化进程。德国处于全球化竞争之中，人才是其中的关键。德国是《博洛尼亚宣言》首批签署国，也是“博洛尼亚进程”倡议国和积极推动者。之后，德国大力实施高等教育改革，迅速实现与国际接轨，高等教育国际化水平与国际影响力快速提升。

德国对外教育交流与合作分为与欧盟国家的交流合作、与世界其他国家的交流合作。为推动欧盟国家在教学研究领域的交流合作，德国积极参与伊拉斯谟（ERASMUS）、灵格（LINGUA）、康曼特（COMETT）、坦帕斯（TEMPUS）等计划[①]，通过最主要的国际学术交流与促进组织即德国学术交流中心(DAAD)设立DAAD继续性课程计划、外国留学生赴德就读计划、DAAD出国一体化学习计划。面对国际教育市场的激烈竞争，德国一方面鼓励本国大学生到国外留学，另一方面参照英美学士、硕士学位制度制订高等教育改革方案。建立与外国接轨的学位体系，向有学士学位的外国留学生开设硕士研究生或博士研究生课程。

德国鼓励学生到国外更优秀的高校深化专业知识学习，提高外语水平，了解他国及其文化，完成国外留学经历，获取另一个毕业文凭学位。留学类别包括大学学习、实习和语言班。在经费资助来源方面，健全学生国际流动资助体系，设立国外留学贷学金、奖学金

① 伊拉斯谟计划（Erasmus Programms），欧盟决定自2004年起5年内为100个跨大学的硕士点提供上万个奖学金和访问学者名额，以吸引欧盟内外的留学生前来就读。灵格计划（Lingua Programms），是欧共体于1989年起实施的一项旨在通过对公民外语能力的培养，保持欧洲语言多样性的计划。康曼特计划（Comett Programms），是欧共体于1987年实施的技术教育与培训计划，旨在加强和促进大学与企业间加强技术培训合作。坦帕斯计划（Tempus Programms），是欧盟于1990年起实施的面向巴尔干地区国家、东欧国家、中亚国家的高等教育发展计划。旨在帮助和支持这些国家的高等教育能及时适应市场经济发展的需要。

和教育贷款，资助时间通常为6至12个月。其中贷学金一半为无偿发放、一半为无息贷款；奖学金资助德国大学生派送到国外大学学习。后改称“促进德国大学生流动计划”，促进德国学生的国际流动能力、扩大留学生规模。德国学生到国外留学大多属混合型资助模式。调查显示，留学生中四分之三有父母资助、60%的人有奖学金，30%的人能获联邦教育贷学金，一半以上学生通过打工收入补充留学费用。

德国学生选择到国外留学，其比例远远超过同等工业国家的学生。通过三大资助体系的支持，2000—2009年，德国学生出国交流的人数从52 200人增加到102 800人。德国高校自实施博洛尼进程改革以后实行学士和硕士分级学制，本科生留学比例较低，约7%。调查显示，高年级（第5—6学期）学士生中16%有留学经历（其中大学学习为9%、实习为6%，语言班为3%，其他为2%），30%的人有留学计划（表示可能的17%、确定的7%、已准备好的6%）。德国学生到国外学习或实习一般为一到两个学期，在国外留学至毕业者较少。数据显示，15%的学生有国外留学经历，其中德国大学在国外的留学生比例为17.3%；德国应用技术大学在国外的留学生比例为10.5%，留学生的比例随着年级的升高而同步增长。德国高校在国外留学生主要集中在高年级9—15学期，比例达到30%左右。

在学科专业方面，德国学生留学专业领域主要集中在工程科学（占3% ~ 4%）、语言和文化专业（占12%）、数学和自然科学专业（占5%）、医学和卫生专业（占5% ~ 7%）、法学和经济学专业（占8% ~ 9%）、社会科学（包括教育学和心理学专业，占5% ~ 8%），其中语言和文化、法学、经济学专业的留学生比例最高。医学和卫生专业的人数逐年下降，而法学、经济学、社会科学（包括教育学和心理学）专业的人数逐年递增。在国外留学时间，学习6个月的为63%，6至12个月为34%；实习6个月为89%，6至12个月的为10%；语言班6个月的为92%，6至12个月的为7%。

在留学国家或区域方面，德国大学生最热衷的留学目的国是西班牙、法国和英国，而实习则大多选择到美国、英国和法国。在德国大学生到国外大学学习的留学生中，欧洲占74%（其中欧盟国占67%）、美洲占12%、亚洲占7%、澳大利亚（大洋洲）占5%、非洲占1%；在国外实习的留学生中，欧洲占53%（其中欧盟国43%）、美洲23%、亚洲12%、大洋洲5%、非洲7%。

（二）国际化措施

1. 开展教育改革

以博洛尼亚进程为契机，开展学位、学制、学分等系列改革。废除原有的学士、硕士学位制度，建立国际公认的学士、硕士、博士学位制度。实施三年本科、两年硕士、三年至五年博士国际标准的新学制。引进欧洲学分转换系统，新的学分制为学生参与国际化教育提供便利、稳定的保障。

2. 打造国际化大平台

设立德国学术交流服务中心(DAAD)，为高等教育国际化战略服务，负责向学生提供奖学金，提供实习项目，提供参加国际会议机会，为对外合作提供经费资助。

3. 高校国际化及时跟进

重视师资国际化，大学教授多在全球范围内招聘，项目团队建设中教授们积极吸纳国内外人员参与。促进学生国际化，通过各种渠道促进国内学生在欧洲和世界各地流动，扩大留学生招生规模。推动国际交流合作，重视各种形式、各种渠道的国际交流合作，与世界各国各地的大学建立合作伙伴关系。推动网络技术在教育教学中的广泛应用，为网络教学实施搭建数字平台，利用现代技术手段扩展国际化教育教学空间、提升国际化教育教学能力。

五、法国

法国实行全民教育与精英教育并重政策。在欧盟市场一体化和国际教育市场竞争推动下，法国政府积极实施高等教育国际化，使之成为法国高等教育改革的核心任务。法国政府认为，作为国家重要发展战略之一，高等教育国际化有助于提高法国高等教育的吸引力和竞争力，提高高等教育质量和国家创新能力。为了提高国际教育水平和人才培养质量，历任政府都颁布或修订高等教育法律法规。

（一）国际化概况

1. 更新理念主动适应国际化

法国高等教育理念转变升级是与时俱进的发展历程，考虑法国高等教育的历史现状，不断提出深化法国高等教育现行体制和模式的改革，不断推进建立全面实施欧盟一体化所必需的欧洲教育模式。1996 年 5 月，法国提出加强与欧盟国家和其他国家国际交流合作。1996 年 6 月，法国提出促进教育现代化报告。1997 年 4 月，法国颁布《大学教育改革法》。1998 年 5 月，国家高等教育委员会向政府提交高等教育改革报告《建立欧洲高等教育模式》。新理念认为，向外国学生敞开进入法国的大门，尤其对攻读硕士、博士学位的留学生，在法国培养外国精英是扩大法国影响力的长期途径。加强法国对年轻一代的吸引力，不仅确立法国对未来精英的影响力，也保证文化和语言的多样性，从而保证国际关系的稳定与平衡。

2. 实施统一协调的国际发展战略

法国政府支持巴黎高科教育集团、中央理工大学集团等教育集团建设。在对外国际交流合作方面，其成员坚持相同的教育理念、实施共同的国际发展战略、保持自己的风格和特色。自 2007 年起，法国政府开始推动大学科研合作项目，设立“高等研究学院”(PRES)。

PRES 由综合性公立大学、专业学院、大学和医学研究中心组成。成员学校实施统一的国际发展战略，以联合体名义发布集群内所有成员院校的科研成果，提高集群国际声誉。2013 年为进一步推动大学重组，法国政府在集群基础上建立高等教育和研究机构共同体，改变大学数量多、规模小的局面，整合大学资源，增强国际影响力，提高吸引力、竞争力。

3. 加强高等教育国际交流合作

法国政府高度重视与世界著名大学建立合作伙伴关系，积极鼓励大学“走出去”与国外大学开展合作。如巴黎第一大学、巴黎综合理工学院、巴黎政治学院和美国哥伦比亚大学共同实施“联盟计划”，培养双文凭人才，每年举办 40 余次国际学术会议。法国在中国、匈牙利、越南等建立工程师联合培训学校，推广法国工程师培训模式。在非洲、西亚、东欧、东南亚等地的国家建立商学院，联合培养国际商业精英人才。

4. 推动高等教育走向世界

高等教育国际交流合作是法国外交的重要组成部分，重在培养亲法外国精英，扩大法国在世界上的影响力。法国外交部统筹国家人文交流战略和重大项目，实施高等教育国际化战略和新政策措施。如设立麻省理工学院、芝加哥大学、斯坦福大学和加州大学的法国基金会，为美国学生提供夏多布里昂 (Chateaubriand) 博士奖学金。设立“优先联系特别基金”，向老挝、柬埔寨等国派遣技术专家，为高等教育、医药卫生等建设提供国际援助。为促进法国高等教育在世界范围内的发展，成立法国国际教育服务中心 (French Center for International Education Services)，负责外国学生在法国的留学事务、实施法国与外国的教育交流合作、向世界各国介绍法国高等教育、遴选到法国的留学学生。在全球范围内促进法国高等职业教育是法国高等教育国际化的重要特征之一。在经济全球化进程中，资产和技术出口已成为不可阻挡的趋势。政府动员商学院、技术大学、高级技工班等机构参与法国在世界各地的职业教育培训。如雪铁龙、空客、施耐德等大型集团在国外开设培训中心，促进新兴市场国家和发展中国家的相关职业培训。

（二）高等教育国际化措施

1. 实施积极留学政策，吸引外国人才

为吸引更多优秀国际学生赴法国留学，法国实施“一视同仁”政策。在学费和住房等生活学习方面，外国学生与国内学生享受同等待遇。在高校招生上，参加高考学生来自世界各地且表现非常出色。在质量和数量上，加强政府奖学金项目和企业奖学金项目，为各领域的优秀外国青年人才提供资助。

2. 鼓励外语教学，弘扬本国语言和文化

法国注重弘扬自己文化和语言，加强外语教学，在多国设立法语培训机构，派遣志愿教师到国外教授法语。要求学生掌握一门通用的外语，并对教师和学生进行外语培训。鼓励大学教师和学生积极参与促进欧盟“灵格项目（Lingua Programms）”，设立教师外语提高课程、学生出国实习外语、企业外语课程。

3. 提高留学吸引力，增进人员国际交流

成立法兰西教育署(E-DUFRANCE)，促进法国海外教育，服务国际学生，提供优惠学费或免费教育，大学和其他高等教育培训机构收取与国内学生相同的学费。注重发展海外教育市场，开展多层次多形式的联合办学、校际交流等合作项目，输出国内教育资源，吸引海外留学生。法国为本国学生国际流动提供奖学金，主要有政府互换奖学金、农林渔农村和土地规划发展部提供的奖学金或补助金、欧盟 ERASMUS 项目奖学金等。本科阶段学生到国外学习以短期学习、实习为主，不要求到国外获取文凭，重在国际化、开放性办学需要，让学生开阔眼界、提高语言水平、加强交流能力和丰富人生经历。法国学生流动目的国主要为英国（约占 24.6%），其次为西班牙和德国。欧洲以外的国家主要是美国，占总数的 7.6%。去欧美以外地区的人数占 11.3%。法国学生在外留学期限平均为 5 个月。按学习性质分，到国外进行专业学习的为 9 个月，进行职业实习或培训的为 5 个月，其他目的为 3 个月。大学期间从未去国外学习的学生人数中 47% 是因经济原因，33% 是因为学业关联性不强。

4. 扩大对外开放，推进高等教育跨国发展

校际合作交流是法国高等教育发展的重要渠道。校际国际合作交流内容丰富、形式多样。最常见的形式是“法语系列”，一个或多个法国大学与当地大学合作，培养学生进入大学的第二阶段(或硕士阶段)。在国外建立合资大学，按照法国大学的标准和教学方法，颁发法国和当地承认的双重文凭。如埃里温的亚美尼亚大学和开罗的埃及大学。在国外设立分支机构。如索邦大学阿联酋分校、法国巴黎理工学院与北京航空航天大学成立中法学院。据法高教科研部统计，2010 年大学注册学生中有 16% 的人至少有一次到国外学习的经历，其中 39% 是到国外进行专业学习、33% 到国外实习，其他是到国外学习语言、参加暑期学校等。到国外学习的学生中，本科生占 12%、硕士研究生占 27%、博士研究生占 39%。35% 的学生流动纳入国际交换项目。

六、澳大利亚

（一）国际化概况

澳大利亚是世界上高等教育高度国际化的国家。自 20 世纪 80 年代中后期以来，高等教育被视为澳大利亚出口产业，国际化进程保持着快速发展势头。澳大利亚每年从外国留学生那里获得外汇，吸引大批优秀人才，为科学技术和经济发展做出了巨大贡献。政府设立专门机构，统筹高等教育国际化发展。如 1994 年成立澳大利亚高等院校国际发展计划 (IDP)、国际教育基金会 (AIEF) 等，制定相关政策，进行比较教育研究战略分析，为国

外教育展会组织、培训、合作项目管理等提供服务。澳大利亚解放思想、开放高等教育和培训体系，把高等教育作为支柱产业，积极吸引外国留学生，特别是来自亚太国家的留学生。澳大利亚成为世界上国际高等教育发展最快的国家之一。

（二）国际化措施

1. 制定国际教育发展政策和指导方针

自 1992 年 9 月起澳大利亚开始关注教育国际化，政府拨出专项资金支持学生和教师相互交流，与亚洲国家的大学加强教学、研究领域合作。成立国际教育基金会，颁布《高等教育经费法》，公布“创新计划”确立大学国际化的重要地位。

2. 加强国际交流合作

为扩大国际影响力，加大对外合作办学力度，澳大利亚的大学积极参与国际组织，开展国际合作办学项目，支持师生在国外接受教育、在澳大利亚的大学或在第三国的澳大利亚分校接受教育。注重教师国际化，提高教学内容和质量，安排教师海外实习或教学考察，使课程和教学方法更具国际竞争力。建立开展学术和行政人员国际交流特别方案。

3. 增设国际教育课程

澳大利亚大学与国外大学联合开设学位课程，成为国际合作的重要形式之一。开办联合学位课程，与国际研究有关的职业或语言课程。在课程中增加国际内容，进行比较和跨文化研究、语言和区域研究，到海外大学学习或进行国际研究旅行，聘请海外访问学者授课。

4. 寻求国际科研合作

澳大利亚大学注重扩大国际交流合作，与国外大学签订校际协议，为教师学生交流、学术合作、共同研究、合资办企业创造条件。通过签署协定促进合作，协定、协议包括国家间、学校间和部门间等。如澳大利亚科研理事会 (Australia Research Council) 负责国家研究政策和资金的机构，成为研究人员和外国合作者之间的代理人，与海外研究机构联合签署了一系列谅解备忘录。

七、加拿大

加拿大的高等教育有三百多年的发展历史，其发达程度在世界教育领域处于领先，其高等教育发展过程中的国际化程度也处于世界前沿位置，积累了重要而丰富的实战经验。

（一）国际化概况

加拿大教育立法权和管辖权归各省（区）所有，由各省（区）依据自身实际情况制定各自的《教育法案》和法规，形成相对独立的教育体系。加拿大有 90 多所大学，绝大多数为公立大学，虽然教育体系各自独立，但在管理运行体系上基本相同。各省（区）

教育国际化和师生国际流动的形式、内容基本类似。经费资助方式包括国家或省政府设立专项资金，全部或部分支持本科生参与国际交流；与国外大学签订校际学生交流合作协议，在学习期间，为学生提供一学期或一学年的国外流动学习机会，结束后返回学校继续完成学业。有些学校专门设置专项资金，为学生提供部分资助，如国际旅费；一些企业为支持大学发展，专门给大学捐资设立各种科研或学术活动资金，支持学生参与国际流动。

（二）国际化措施

1. 办学思想理念国际化

注重培养学生第二种语言学习能力，采用双语教学，英语、法语都是加拿大的官方语言；把外语与专业课程学习有机结合，增加课程国际性内容，如皇家大学 MBA 课程按照国际管理联合会标准设置。加强与国外机构合作，实现多样化融合；选送学生到国外 3 个月短期实习，扩大文化、知识视野；吸引外国留学生到加拿大学习，提高国际影响力，并给予一定经济补贴。

2. 采取多种方式方法开展国际交流

教育国际交流大多向国外输出学历教育和职业培训项目，派学生到国外学习、实训，招收国际学生到加拿大留学，校园文化呈现出国际教育多元化，学生能在校园里受到不同文化熏陶。

3. 课程内容国际化

每个专业开设有国际化课程，外语列为专业必修课，提供远程教育课程，把国际关系研究或地区性研究作为专业辅修课，通过范例、项目、论文、辅助读物等促进课程国际化。依托在校的外国学生和教师开设适当课程，为国内学生与国外学生交往提供更方便的沟通交流与联系。

4. 严格教育过程管理

对学生要求非常严格，入学的条件界定严格，成绩优秀是唯一的入学条件，这也是加拿大教育优秀之所在。引进国际认可的结业文凭，简化学位和成绩的承认。大学学院为学生提供选择，学生可选择以学术学习为主的大学学位课程，可选择以实用为目的文凭或证书课程，提供学位文凭联合课程和大学学分转移课程。

5. 宽松进出政策

在签证方面，加拿大签证政策宽松，签署了欧洲地区国家相互认可高等教育学位证书的协议，协议成员国之间相互承认学历，可吸引大量留学生到加拿大深造。在奖学金方面，加拿大大学和社区学院为高校学生设有奖学金，让学生专心科研，不必担心费用。同时也给一些家庭困难留学生提供政策性支持。

八、芬兰

芬兰是一个国际化意识十分强烈的国家。芬兰可持续发展的主要目标是将知识与创新相结合。芬兰之所以取得今天的优异成绩，很大程度上得益于实施科教兴国战略和积极推进高等教育国际化，教育已经成为芬兰的国际竞争力。

（一）国际化概况

自20世纪80年代以来，保持芬兰高等教育体系的开放性一直是芬兰教育政策的中心问题。芬兰自1995年加入欧盟以来，高校国际学生交流活动迅速发展，国际交流学生人数不断增加。21世纪初，芬兰政府提出了教育具体发展规划，积极推动高等教育国际交流与合作。积极参与欧洲高等教育区域联盟。

（二）国际化措施

1. 高校大力发展英语课程和课程计划

英语教学使外国交换生到芬兰学习成为更大可能，芬兰的大学和理工学院提供丰富多彩、各种各样的英语课程教学。采取措施提高英语或其他外语的教学比例。

2. 促进大学与跨国公司合作

高校与跨国公司战略合作是其重要表现形式。芬兰政府利用政策宏观调控大学与跨国公司合作，重视发挥市场机制作用，促进大学国际化发展，使国际交流合作成为可能。如诺基亚在芬兰一所大学附近开设新研究机构，教育部则批准一个新的教学研究大楼的建设，为诺基亚和省级大学建立公共伙伴关系创造条件。

3. 重视信息技术在高等教育国际化中的应用

芬兰在全球信息技术指数中排名靠前。芬兰利用其信息产业优势，推动社会信息化和网络技术水平，大力推动信息技术在教育科研领域的应用，推进终身职业教育，培养人们掌握使用信息技术的技能。芬兰加入欧洲联盟后，大力推进信息技术国家战略行动计划，其信息规划战略行动被纳入欧洲联盟的欧洲和全球信息社会方案中。

4. 保持民族特色

芬兰高等教育的体制和潜力为全球经济增长和社会变革作出了贡献。芬兰高等教育国家化使人们从文化角度认识到，大学逐渐成为参与国际竞争的重要力量。无论在历史上还是今天，芬兰的高等教育始终保持着民族传统，高等教育在国家和民族的发展中起着重要作用。实现国际化、民族化和本土化相互依存、相互关联。

九、瑞典

（一）国际化概况

瑞典高等教育已有五百多年的历史。20 世纪 90 年代以来，高等教育国际化发展迅速，这与瑞典对教育的重视是分不开的。瑞典是教育投资最多的国家之一。瑞典的高等教育是免费的，瑞典是世界上少数几个高等教育免费的国家之一。加入欧盟后，瑞典的大学更加重视国际化发展，采取了一系列政策措施，形成了自身鲜明的特色。长期以来，瑞典各大学一直将伊拉斯谟计划视为其国际化教育战略的基石。

（二）国际化措施

1. 积极参与欧盟国际高等教育项目

自 1990 年以来，瑞典一直积极参与欧洲联盟的国际高等教育方案，包括博洛尼亚和伊拉斯谟计划。这两个项目极大促进并提高了瑞典高等教育和大学的国际化水平。瑞典政府从 2007 年开始改革学位结构，引入三层学位结构，实施新学位制度。采用欧洲学分转换系统学分标准，加强和方便瑞典学生与其他欧洲国家学生交流。1987 年，欧盟开始在成员国之间实施伊拉斯谟计划，增加成员国之间的学生交流，实施学生交流项目，资助交换学生。

2. 政府政策支持和保障

在欧盟项目框架内，瑞典政府重视高等教育国际化改革。出台一系列政策措施，支持瑞典各大学国际化。设立管理机构负责瑞典高等教育国际化改革发展。成立国家高等教育质量机构，负责提供有关国家教育资料、国家学者交流项目，推动大学与国外大学校际交流协议签署，评估瑞典大学高等教育国际化成效。出台一系列支持瑞典高等教育国际化发展政策，如政府 LP (linnaeus-palm e) 项目基金。随着国际学生数量大幅度增长，瑞典尝试对非欧盟学生收费，提升瑞典大学国际竞争力。

3. 积极推动大学参与国际化进程

每一所大学都设有国际事务处，负责招收外国学生，组织海外宣传推广活动。注重开发适合外国学生学习的课程，提高外国学生教学质量。开设国际硕士研究生课程，选择一些专业招收世界各国学生，经过一年半左右课程学习，完成硕士学位论文，可以获得国际认可的硕士学位。

十、韩国

（一）国际化概况

韩国堪称世界公认的“教育振兴”典范，其高等教育探索出一条独具特色的发展之路，走在亚洲各国前列。高等教育国际化程度、科学管理水平和科研标准化程度均居亚洲前列。韩国高等教育在坚持“国际教育”方针基础上，实现了跨越式发展。不仅大学数量迅速增加，高等教育入学率迅速增长，高等教育发展质量和科学研究水平也有很大进展，为韩国经济发展和社会进步提供了大量杰出人才、奠定了坚实的基础，促进了韩国外向型经济和全球贸易的发展。1985 年的韩国教育发展研究报告中提出培养信息化、开放和国际化的韩国人的目标，正式确立高等教育国际化目标。1999 年韩国教育部提出新的高等教育改革计划——“智慧韩国 21 工程”。2002 年教育和人力资源发展部决定逐年开放高等教育市场。为了扭转“留学逆差”，韩国政府在 2012 年颁布实施“留学韩国 2020 计划”，提出在未来 8 年内，韩国的外国留学生人数要翻一番。

（二）国际化措施

1. 倡导鲜明的国际理念和全球视野

注重学生国际化培养。韩国政府鼓励学生出国留学，同时加大力度吸引优秀的外国学生到韩国留学。修订与外国大学合作的课程法，允许韩国大学在国际学术交流中享有更大的自主权。

2. 国际化教育课程

韩国推进“21 世纪的教育改革”，增加大学本科课程、增加学生出国留学和来韩留学的机会、相互承认学历、建立校际关系等。设立国际关系、国际法和区域研究课程。加大外语教学改革，把外语教学的重点从语法转向会话。以相应语言讲授区域研究课程，所有课程均以英语授课，为学生提供国际化教学环境。

3. 积极开展国际学术交流合作

20 世纪 90 年代初，韩国与 60 多个国家签署了双边合作协议，积极参与国际组织交流项目。韩国政府开展国际学术交流合作主要采取“教科文组织执委会会议”等国际会议和学术研讨会、双边或多边合作研究、教育行政官员互访或代表团互访。

十一、西班牙

高等教育国际化是西班牙大学复兴的重要有效途径，最重要的是保持对国际学生的持续吸引力。

（一）国际化概况

西班牙通过立法将高等教育国际化提升到国家战略层面，确立高等教育国际化地位，动员各种资源支持高等教育国际化发展。西班牙是美国在欧洲的第三大留学目的地。国内实现国际化措施，使大多数本国学生不用出国就可以享受国际化益处，有效避免了人才流失。

（二）国际化措施

1. 建立和巩固高度国际化大学体系

确保大学机构能够为学生提供必要的培训和竞争力，使他们能够在开放的国际环境中开展学习、研究。依托具有国际经验的教员、研究人员、行政人员和服务人员来支持大学系统的国际化。

2. 增加大学的国际吸引力

提高西班牙各大学国际知名度和认可度，使其生活、学习、教学和工作环境更加具有吸引力。提供英语和其他外语培训项目，增加双语学士和硕士教育项目的数量(50%为英语)或全部为英语。

3. 树立教育品牌

西班牙善于通过国际高等教育博览会，积极利用品牌效应，推广本国高等教育和大学。西班牙教育、文化和体育部发布《西班牙大学提升国际排名指南》。

十二、欧盟伊拉斯谟计划

伊拉斯谟计划倡议始于1987年，初定欧盟大学间交流行动计划，鼓励学生和教师在欧洲各地的姊妹机构之间跨境流动。该计划是高等教育国际化的重要组成部分，有力促进了欧洲各国高等教育的交流与合作，使欧洲高等教育国际化水平走在世界前列。2004年起，欧洲共同体大学生流动行动计划主要支持本科生和研究生进行国际流动，每年支持约20万名学生进行国际交流，其中本科生占一定比例。学生依照欧盟国家之间协议开展3至12个月的学习、研究，该计划提供旅行、语言预科学习费用和其他国家的生活、学习所需费用。通过欧洲学分转换系统、“学习协议”的跨国学习经历和成绩学业被记录和认可。自2007年以来，伊拉斯谟计划开始资助欧洲学生到本国以外企业实习，进行跨境交流。西班牙、法国和英国是欧洲最受国际交流学生青睐的目的地，而西班牙巴塞罗那是最受其他欧盟国家学生欢迎的目的地。西班牙派出学生最多，其次是法国和德国。除欧盟成员国外，伊拉斯谟计划还吸引了冰岛、列支敦士登、挪威、土耳其和瑞士等非欧盟国家的留学生。

第二节　“一带一路”沿线国家教育国际化

党的十九大报告指出，“中国坚持对外开放的基本国策，坚持打开国门搞建设，积极促进‘一带一路’国际合作”。“一带一路”是“丝绸之路经济带”和“21世纪海上丝绸之路”的简称。它依靠中国与有关国家既有的双多边机制，借助既有的、行之有效的区域合作平台，借用古代丝绸之路的历史符号，高举和平发展旗帜，积极发展与沿线国家的经济合作伙伴关系，共同打造政治互信、经济融合、文化包容的利益共同体、命运共同体和责任共同体。“一带一路”沿线包括60多个国家和地区，本节选取几个典型国家高等教育国际化现状进行分析研究。

一、俄罗斯

为加快与国际接轨步伐，俄罗斯在高等教育国际化背景下进行了一系列改革创新，很大程度上提升了俄罗斯高等教育国际地位、国际竞争力和影响力。

（一）严格把控国际教育质量关

俄罗斯《教育法》明文规定，各地教育主管部门对国际项目课程的教学大纲、教育标准、质量监控、师资水平、教学评价和文凭发放等方面进行严格把关。

（二）重视课程质量标准

俄罗斯高等教育全面加入博洛尼亚进程[①]后，新入学学生全部按学士－硕士二级学位体系进行培养，即4+2培养模式，按照新教育标准实施教育教学。保留少数技术工程类和应用型专业依然按俄罗斯传统的学位模式（5或6年）进行培养。

（三）加大人才引进力度

制定政策吸引世界级科教人才赴俄工作，组织开展俄政府首席科学家评选活动。修改签证政策，非教师签证入境的外国人也可在俄从教。举行高校毕业生大会，吸引俄籍科学家回国。与德国、奥地利、美国等签订合作协议，加强对工程、应用类人才的培养。增加外国留学生政府奖学金名额，重点向独联体国家倾斜，大幅度提高外国留学生政府奖学金数量。

（四）积极开展国际交流合作

与国际或外国组织合作，研制实施教育项目和教育领域的科研项目。从事教育领域的基础研究和应用研究，进行科研合作，开展科技创新活动。派遣从事教育活动的学生、教师和科研人员赴外国教育机构研修学习，为学生提供奖学金。接收外国从事教育活动的学

① 1999年29个欧洲国家在意大利的博洛尼亚提出的欧洲高等教育改革计划。希望签约国间互认大学毕业证和学习成绩，以促进欧洲一体化进程。

生、教师和科研人员赴俄罗斯教育机构从事教学、进修和科研教学活动。实施国际教育、科学研究和科学技术项目，鼓励在国际学术交流框架内开展项目合作，参与实施网络教育项目，参与国际组织活动，举办各类国际学术研讨会议，开展双边和多边的教学科研资料互换。

二、新加坡

新加坡通过对大学进行改革调整，改革高等教育、提高教育质量、实行高等教育国际化，在日益竞争激烈的全球环境中保持高等教育竞争优势，不断适应经济全球化发展。多民族、多语言、多文化和国际化程度高，是新加坡的鲜明特点。

（一）办学理念集中体现学生、教师、科研和管理者的国际化

新加坡高等教育的教学安排和课程设置大多照搬美国模式，全面引进世界级管理层担任校长及主要院系主任，担任管理和教学团队骨干。师资招聘与培训按照全球化思路进行，在全球范围内招聘师资，大批引进欧美大学教授补充师资。注重学生生源国际化，加强海外宣传，从海外招生，吸引大批国际优秀学生。除注重人员的全球化外，注重海外交流与实习，大学课程和科研项目凸显全球化特色。

（二）采用多渠道开放式手段办学

根据就业市场需求进行订单式人才培养，利用大学处在科研前端优势，集中发展国家重点研究项目。设有专门机构，负责企业发展战略、与国内外企业合作研发项目，将企业引入校园。与发达国家优秀大学建立国际、校际合作伙伴关系及全球联盟。如与杜克大学联办国大医学院、与耶鲁大学合作设立博雅学院、新加坡 - 麻省理工学院联盟、新加坡 - 斯坦福大学合作、康奈尔 - 南洋酒店管理学院，与华盛顿大学 - 卡耐基梅隆大学联办生物工程与经济工程课程、与英帝国大学合建医学院，等等。

（三）建立完善的教育质量保障体系

教育质量保障框架体系由教育部监督制定，大学具体执行。内容包括质量目标、内容要点、评估程序、评估时间表及工作总结等。重视学生赴国外参加实践、学习和考察交流活动，制定学生全球化发展目标，提出在校学生出国学习、交流、考察经历的具体目标。学生出国交流选拔简单，形式灵活，学生利用 1 至 2 个学期到国外高校学习，在学习专业、文化课程的同时，体验不同文化、不同教育制度和体系，以及不同生活方式。新加坡交换生项目各项管理制度也相对规范完善。

三、哈萨克斯坦

哈萨克斯坦把高等教育国际化和现代化作为教育改革发展的重要目标，积极推进融入欧洲教育的进程。加入博洛尼亚进程后，对高等教育进行一系列改革，大力推进高等教育国际化。

（一）开展国际合作办学

国际合作办学形式多样，大多采取联合办学模式，推进速度很快。1992 年哈萨克斯坦和土耳其联合创办了哈萨克斯坦 - 土耳其大学；1997 年创办哈萨克斯坦 - 美国大学；1998 年创办哈萨克斯坦 - 俄罗斯大学；1999 年创办哈萨克斯坦 - 德国大学；2001 年创办哈萨克斯坦 - 英国理工大学和哈萨克斯坦 - 美国自由大学。此外，哈萨克斯坦积极加入地区网络大学，2000 年加入中亚大学等多所大学；2008 年与其他国家共同创办上海合作组织大学。

（二）参与欧盟国际教育合作项目

加入欧盟，参与欧盟高校及研究机构旨在向周边合作国高校传播和普及知识的欧洲联合项目“坦帕斯项目”。以欧盟教育体制为模板，改革其他伙伴国高等教育体系的框架及补充措施。资助师生、院校及管理人员参加国际会议和国际培训的师生国际流动资助项目，促进双方或多方交流合作，实现资源和经验共享。参与伊拉斯谟计划联合培养硕士和博士研究生项目、合作伙伴项目以及提升欧洲高等教育对外影响力项目。

（三）建立政府奖学金

设立巴拉沙克政府奖学金，每年资助学生到国外留学，为哈萨克斯坦培养大量优秀人才，获得者很多就职于哈萨克斯坦教育机构，成为高校教师或者专家。

四、马来西亚

马来西亚是一个多种族国家，自独立以来，多靠自己努力进行教育改革，发展成为亚太地区吸引外国学生最多的国家之一，一度仅次于大洋洲与日本。

（一）双联课程授权

1980 年开始在马来西亚高等学校推广双联课程制度[①]。在双联制下，马来西亚私立院

① 双联课程制度：马来西亚的高校与英国、美国、澳大利亚、新加坡等国的高校联合办学，获合作学校的文凭。其中 3+0 无须出国，毕业后可获得合作方的文凭；2+1 是在国内读两年，出国读 1 年；1+2 是在国内读 1 年，出国读 2 年。

校通过与国外大学挂钩，实行“1+2”或“2+1”方式进行学习。1998年，允许10所私立院校提供“3+0”双联课程。到2000年，有120所私立学院提供“1+2”或“2+1”双联课程，另有30所学院提供“3+0”课程。

（二）允许外国大学办分校

马来西亚教育部1998年出台教育法规，授权国外大学在马来西亚开办分校。英国与澳大利亚很多大学在马来西亚设立分校。马来西亚政府鼓励私立高等教育、公立高等教育的企业进行跨国课程开发，以满足教育国际化的需要。

五、文莱

文莱实行开放式办教育策略，积极吸取国外先进办学经验，采用高等教育国际化理念与本国国情相结合的方式培养人才。文莱高等教育起步虽然晚，但发展快，在短时间内取得了较好成效。

（一）联合办学

文莱高校采取与国外大学建立教育联袂计划方式，提供多样化教育模式。如文莱与英国的谢菲尔德大学、肯特大学、格拉斯哥大学等合作办学。

（二）双语教学

实施马来语和英语双语教学，是文莱高等教育国际化进程提速的重大举措之一。

（三）注重高等教育质量

2008年文莱提出“文莱2035愿景”。根据这一发展愿景和教育战略，出台《教育部2012—2017年教育战略规划》。强化高等教育质量提升与监管，相关部门对高等教育质量进行监督与审查，推动国际化教育战略进程，提升高等教育国际化发展质量。

（四）灵活多样治理体系

课程设置方式灵活化，灵活选择与国外建设新学科。文莱在某方面不具备学科能力时，及时与世界各国交流合作，灵活设立新型学科。如文莱与阿曼、苏丹签署医疗保健课程的协议，和英国的圣乔治医学院签订谅解备忘录。

六、印度

印度作为一个人口众多的发展中国家，其高等教育国际化发展速度快、规模大，在发展中国家实属罕见。印度高等教育国际化呈现出全球发展的大趋势。

（一）庞大的高等教育体系和多种办学模式

印度高等教育机构非常有效和灵活。独特的印度大学附属制度对促进印度高等教育国际化发挥了巨大作用。印度高等教育大力推进英语教学和科研，为其高等教育对外开放提供极其便利的语言优势。

（二）开展多渠道国际交流合作

在学术研究方面，印度许多高等教育机构与国外知名高等教育机构有合作联系。特别是通过与发达国家大学的交流合作，培养急需人才，吸收国外专业知识和技能，提高自身的国际地位。

（三）从政策法规上保障高等教育国际化

1966 年印度《教育与国家发展报告》明确提出，要建立先进的研究中心和少数具有国际水平的大学。1968 年的国家教育政策、1978 年的印度高等教育发展框架和 20 世纪 80 年代的教育挑战政策观等，均为印度高等教育国际化奠定了良好的法制基础和法律保障，为高等教育国际化创造了良好的政策环境和制度条件。

七、印度尼西亚

国际化是印度尼西亚高等教育的一个重要特征。印度尼西亚坚持把“国际流动、全球比较、基准评价、国际排名、国际机构和制度”作为发展高等教育的重要手段。

（一）政府政策支持

印度尼西亚《国家教育战略规划和 2003—2010 年高等教育中长期发展战略》明确提出，将国际化作为一个基础性内容，把大学的人员、信息、知识、技术、产品、金融资本等作为全球范围流动的一种媒介。并非所有的大学都实现了国际化，但一些学科和课程正逐步融入国际化轨道和进程。

（二）重视信息和通信技术应用

高等学校信息和通信技术的使用可以通过不同的产品反映出来，如大学数字图书馆、网站电子学习、论文数据库、论坛网络等。印度尼西亚通过英文网页提供留学信息，让海外学生更多地了解印度尼西亚的高等教育，以吸引更多的学生到印度尼西亚学习。

（三）高校对国际化的认可

高校对大学自身使命、远景、目标、战略规划等深表认同，应对全球挑战、成为世界一流大学、全球合作等一些国际化专业用语，进入高校师生视野，重点关注、全力支持。

（四）设立国际化学生计划基金

印度尼西亚政府为外国留学生提供专门奖学金、设立基金，提高教育和研究质量，保证外国学生进行双学位学习。公立和私立大学为国际学生提供“三明治奖学金计划”和“孪生姐妹计划”（印度尼西亚大学和海外大学之间）。“三明治奖学金计划”允许研究生在海外大学进行为期四个月的学习，包括实验分析、文学研究和短期课程等。还设立专门基金促进学生团体的国际化。

八、越南

高等教育国际化作为越南教育与国际区域的深度合作，被认为是提高本国高等教育质量的重要途径。

（一）实行助学资金政策

越南政府推行与国际捐赠、非政府组织和外国银行的贷款合作政策，利用国外援助以推动双边、多边合作项目，扩大高等教育的接纳量、人力资源开发和新技术研发。

（二）国际合作教育与课程国际化

越南与合作国签署相互承认学历学位协议、国际教育合作交流协议。国内高校与国外教育机构建立合作交流联系，开展 3+1 和 2+2 联合办学项目。在国内外教授的双导师指导下开展博士研究生培养。

（三）开设国际实验课

越南的高等教育体系大多比照美国高等教育模式进行改革设计。允许国内大学开设国际实验课程。在实验的基础上，增加开设国际实验课程的学校，依托与世界银行、亚洲开发银行的合作，开设更多的国际实验课程。注重建立个人与学校和学校间的长期稳定合作关系，提高教师的教学、科研和管理水平，拓展学生的国际视野和能力。

第三节　经验启示

培养国际化人才是高等教育的新使命，是一个国家对外开放战略的具体标志之一。综合上述国家高等教育国际化情况分析研究，我们不难发现，发达国家高度重视国际化教育，推进人才培养国际化，积累形成了一些宝贵经验，值得借鉴与思考。

一、把高等教育国际化作为国家发展战略

（一）扩大高等教育对外开放

从国家政府视角来看，把扩大教育开放、加强教育国际合作交流纳入国家发展战略体系，高度重视高等教育国际化政策法规建设和国际化教育专项计划。坚持政府宏观调控与市场调控相结合，促进政、产、学、研、用战略合作，促进高等教育与经济发展密切联系。从高等教育角度来看，加强国际高等教育发展，提高国家国际竞争力。在经济全球化、知识经济和世界教育文化大背景下，注重开展教、学、研、管建设和各项管理。改革高等教育模式，立足于本国化、民族化，培养国民全球能力和世界视野。在高校办学层面，有计划、有目的地进行国际交流合作，积极参与世界、区域、本国的国际交流合作计划。通过开展国际合作教育项目、建立科研合作平台，加强与世界对话联系。实现学校建设世界一流大学与世界一流学科发展目标。与国外一流大学建立国际合作伙伴关系，扩大和深化科学研究、教师交流、课程开发、项目合作和共同培养学生。在联合培养、学分互认、实习实践、科研经费、合作研究、学位授予等方面开展深度合作。

（二）构建具有国际价值导向的新教育理念

及时把高等教育国际化视为经济全球化和社会发展的必然趋势，培养人才的国际视野和全球意识，更新传统观念是加速高等教育国际化的前提。制定国际化高等教育目标，保持高等教育世界先进水平，培养造就高质量人才。以各种方式识别和了解国内外高等教育发展最新进程，注意国际教育资源开发应用，积极引进国际教育理念和管理办法，及时提出并确立每个阶段高等教育国际化发展新战略。制定人才培养国际化政策，构建人才培养国际化模式，增加高等教育国际化投入，加快高等教育国际化发展速度。从国际化人才培养层面，为学生提供自由广阔学习平台，建立系统国际交流模式，培养学生国际意识、全球化观点，更好地肩负起服务不同种族、不同阶层、不同国家的使命担当。启动差异化国际发展计划，创造国际合作交流机会，为学生出国提供更多机会条件。学生可以根据自己的特长和兴趣选择海外交流项目，申请到世界著名大学学习，体验异国人文与风情。

（三）强化全球使命、国际服务

重视高等教育与人才培养国际化，从全球角度思考、研究不同的国际问题，致力于全球共同体建设。建立多个研究中心，解决全球科学问题，以全球视野服务国际社会。站在全球高度，以地球村成员为使命，开展多元化国际合作交流，联合研究项目、联合培养人才。培养学生学科专业国际前沿知识、国际活动能力，掌握国际礼仪知识、当地风俗、人文地理、政治经济等。针对不同种族、地区或国家学生需求，改善他们的学习、生活和工作环境。为学生提供熟悉国际惯例、国际市场规则、国际市场趋势的机会。进行信息有效交流，解决国际合作问题，准确分析世界科学发展形势，预测未来科学发展趋势。建立并充分发挥留学服务机构作用，提高工作效率服务质量，建立应急处置工作标准程序，使学生能够得到应有的管理照顾。在人才培养课程中加入国际内容，力求在所有课程中体现国际视野。基于国际社会和全人类广泛观点来确定事件、判断情况、确定价值取向，帮助学生增进不同的文化、民族和国家之间的相互了解与不同文化背景人打交道。在校园活动中融合文化多样性和多样化思想，让学生有不同体验，激发国际思维灵感。

二、确定面向世界高等教育目标

（一）推进高等教育国际化的目标明确

发达国家积极参与推动高等教育国际化，明确高等教育国际化战略目标和阶段指标任务。实践证明，大多数发达国家都把高等教育国际化作为一种开拓性服务产业，而产生巨大辐射力。对内培养精英人才、服务国家战略发展和经济社会建设。对外促进国际交流合作、促进世界文明发展进步。教师与学者之间的交流是多样化、多渠道的。为了提高学生国际竞争力，拓展学生新思维，实现自身社会价值，发达国家给予优惠政策和经费支持。为学生提供不同的奖学金项目，吸引来自世界各地的人才。在国际事务、科研项目、全球项目开发等领域开展跨国境、跨学科交流合作。国际化办学定位是研究和解决全球共性问题，促进科研水平达到世界一流的重要保障，能使自身的教育享有较高的国际声誉、拥有全球性的使命。

（二）立足本国实际需要，确立国际化教育目标

高等教育国际化的核心目标就是培养适应经济全球化和信息全球化的国际化人才。培养学生国际观念，学习了解他国历史文化习俗，树立服务世界人类社会发展的全球化意识。在培养学生国际交流能力的过程中，与外国人民和睦相处、和谐发展，打造人类命运共同体。能够及时根据经济全球化发展趋势要求，及时调整高等教育发展目标。在人才培养过

程中，及时调整改革优化学科结构和人才培养模式，及时给予政策与资金支持，加强国际合作交流进度与质量。建立国际教育市场，根据世界发展趋势更新人才培养目标，制订科学合理的课程体系，设置国际教育课程，使教学内容与国际接轨，将国际理念融入课程内容。建立以研究为基础的教育体系，支持学生像研究人员一样学习，支持世界领先的研究人员参与教学。

（三）拓展支持性、包容性的国际交流合作平台

国际合作交流平台是高等教育国际化的重要途径。为教师提供出国培训和学习交流的机会，支持教师与国外专家学者建立广泛的科研、教学合作关系。推进国际交流生计划项目，让学生获得海外留学经历。放宽国际合作条件，支持和鼓励高校在海外设立教育机构，搭建与世界著名高校合作平台，探索与国外著名研究机构和高校合作培养人才的模式。培养学生对文化差异的敏感性、进取精神、理想精神和开拓精神。参与全球多元文化，使学科发展发生根本性变化，促进学科体系广度发展。开设语言课程，帮助未达到要求的学生发挥潜力，达到出国合作交流的语言要求。开展学术项目和课外活动，优化学生经验，重视学生意见表达，倾听学生对课程的看法，让学生参与课程体系建设。

三、规范完善国际化教育法规制度

（一）完善国际教育法制体系

发达国家大多通过立法形式和经济手段管控高等教育国际化工作。建立完备法律制度体系，对国际教育交流项目质量监督管理，确保高等教育国际化质量和办学水平。加强高等学校内部质量管理、外部质量评估、学术审计、专业评价和社会评价。大学之间合作通过相互认可、严格学术质量标准和质量体系做保障。合作办学评价体系、质量管理体系与政府拨款挂钩。如英国《高等教育海外合作教育实施规范》提出海外教育的教学水平和质量，要求英国大学全面控制考试和评估办法。美国采取战略措施，严格控制教育国际化标准，对高等教育国际管理体制、国际资助体制、校园国际化、培养合格教师等进行系列改革，使美国高等教育国际化始终走在世界前列。

（二）强化国际化法制意识

完善国家层面高等教育国际化法律法规。在国家政策框架基础上，精细化制定相应的促进高等教育国际化的详细规章制度条款。推进高等教育国际化立法进程，细化和规范高等教育和高校国际化教育教学活动的法律法规和实施具体规定要求，以法律文本形式规范高等教育国际化工作和进程中的每个环节，使高等教育国际化能够依法依规进行。

（三）制定国际化教育发展治理目标

重视高等教育国际化水平，贯彻开放式办学理念和国际化办学政策，从全球视角规划高等教育和高校国际化发展战略，从优势学科角度提出建设发展目标，从学校优势和所处国际发展环境出发，制定独特的国际发展目标和国际化具体指标，构建最切合本国实际的国际化高等教育发展模式，形成自己的特色。目标模式一旦确定，积极采取措施，落实到位，促进目标顺利实现。

四、注重国际化人才培养质量

（一）建有国际教育质量标准和评价体系

质量是高等教育国际化发展的生命线，是衡量一所大学办学管理水平的重要指标。严格控制教育质量是发达国家、实力雄厚的大学，所采用国际公认、可比性质量标准，找准差距且对症下药的重要举措。应明确国际化高等教育质量内涵、评价标准和影响因素，探索符合本国国情和办学条件的质量标准体系，并纳入本国高等教育质量评价体系，按照全球化、开放性原则进行教育质量评估。评估培养的学生能否适应国际人才市场需要，是否具有国际竞争力。引进国际知名学术机构专家参与评估，引导高校国际化开放办学，打造本国国际化教育质量品牌。

（二）建设国际联合教育联盟

发达国家重视国际人才联合教育培养，在开设国际课程、重点建设国际校园等方面形成国际教育战略联盟。在国际化发展战略中，组织多样化国际交流活动，创设高等教育国际化氛围，吸引更多优秀留学生，使高等教育体系尽可能贴近国际主流现状。发展国际合作办学，促进学分和学历互认，联合开发国际课程，共同推进国际培训。建设国际专业体系、课程体系、教学模式和师资队伍。重视教学方式的国际化改革，创造国际语言环境。与外国大学合作建立预科性培训，采取互认的教育教学、管理模式、教材、考试，颁发国际通认和互认的毕业证书和学位证书。

（三）设立文化交融国际园区

跨文化交流，重在提高学生的跨文化交际能力。营造国际化校园文化环境是高等教育国际化的重要环节。在人才培养国际化过程中，提高跨文化交际能力，更好地了解他国文化，融入国际化行列，减少交流沟通中的摩擦，营造良好的国际文化交流氛围，举办一系列形式多样的文化交流活动。为学生营造多元化的交际空间，让学生充分融入国际化教学，获得丰富学术经验。人才国际素质培养，不仅在于广阔的国际视野，还包括熟悉国际标准和惯例、优秀的业务能力、跨文化交际能力、妥善处理国际交往中的问题、较强的跨文化交际能力，以及从国际和全球的角度理解、尊重和接受不同文化的能力。

五、国际化管理服务措施精细

（一）以项目范式推进国际化

无论发达国家还是“一带一路”沿线国家，都积极开展与国外政府、教育机构等合作办学或联合办学，大多都有与国外高水平大学开展国际合作教育项目，通过联合培养项目，合作培养国际学生，合作开展教学科研。在境外与国外大学联合培养学生，大多采取部分时段在国外、部分时段在本国接受教育的方式。甚至采取课程进修、实习、攻读学位等长期、短期项目，推进短期学分制和长期学位制。实现教育与世界接轨的开放式办学，开展高水平的海外交流，向大学教育、师生背景、学位项目、海外项目等多元化拓展。

（二）重视外国语语言学习

国际合作交流需要语言沟通，学习掌握外语是增强国际交往能力的重要手段。外语不仅是学习别国文化、了解世界文明、扩大不同国家人民之间交流的重要工具，更是政府机构、跨国公司和社会部门的岗位要求、未来雇员用工的基本条件。很多发达国家专门为学生学习外语提供奖学金，如美国学习社会委员会东欧语言个人培训奖学金、提高外语水平计划奖学金。外语课程数量要满足国际化双向留学需要，双语课和全英语课的比例较高，专门开设外语课程、学科和专业，改革外语教学方法和手段，着力培养学生的语言应用能力，以适应经济全球化对国际人才培养的新要求。

（三）注重海外研习实践

海外学习与实习制度是国际教育的重要内容形式，重在加强培养国际视野、跨文化体验、外语能力、学分互换、专业知识、国际教育、国际交流、增强学习动机，进而拓展学生语言交流能力、跨文化技能、理解他国文化的能力，学习到更多新知识，更好参与世界事务。鼓励更多学生到海外工作实习或学习至少一个学期，将海外学习更充分地融入所学课程，增进对他国的认识了解，所学科目与地点多样化。

（四）提高国际留学生资源占比

留学生教育及其发展规模质量是衡量高等教育国际化程度的重要指标。为了发展留学生教育资源，外国政府和大学每年都投入大量人力、物力和财力，开拓留学生市场，对留学生进行宣传教育。吸引更多的外国留学生学习，适当提高奖学金比例，增强外国留学生吸引力，提高发达国家留学生比例和生源占比。

（五）改善国际生学习生活环境

加强文化理解和情感交流，搭建国际生与政府沟通平台，提供医疗保险，改善宿舍生活条件。为学生提供更加周到的服务，完善信息网络和招生服务体系。及时向国际生提供权威、准确的信息，回答问题质疑，帮助其解决实际问题。

（六）引入现代信息技术开展远程网络教育

互联网时代，现代信息技术在高等教育国际化发展中发挥着重要支撑作用。远程网络教学是高等教育和高校国际化的重要趋势之一，是高校招收更多优秀国际留学生的重要途径。学生即使不去这些国家，也可以通过远程教育课程获得国际经验和知识。

本章小结

他山之石，可以攻玉。借鉴他国先进的好做法好经验是一个国家超越另一个国家的成功之道。本章对美国、英国、日本、德国、法国、加拿大、澳大利亚、芬兰、瑞典、西班牙，以及欧盟（伊拉斯谟计划）的高等教育国际化之路进行了综合研究，对俄罗斯、新加坡、马来西亚、哈萨克斯坦、文莱、印度、越南等“一带一路”沿线典型国家的高等教育国际化之路进行了研究分析。简要介绍其人才培养国际化政策、做法、特点与经验，重点分析了能够给予我国人才培养国际化的有益启示，即把高等教育国际化作为国家发展战略、确定面向世界的高等教育目标、规范完善国际化教育法规制度、注重国际化人才培养质量、精细国际化管理服务措施。

第四章　地质学本科生培养国际化

本科阶段国际化培养是人才培养的关键环节。围绕我国地质学本科生培养国际化问题，制作调查问卷并发放 2 700 份，回收 2 632 份，回收率 97.48%，有效问卷 2 427 份，有效率 92.21%。

第一节　地质学本科生培养情况

我国地质学本科教育的基本情况主要从招生、毕业、在校三个维度考察、分析，详见表 4-1、图 4-1。

维度之一，我国地质学本科生招收情况。从 2004 年至 2015 年共招收 25 627 人；每年度的招收人数分别为，2004 年 1 197 人占 4.67%，2005 年 1 368 人占 5.34%，2006 年 1 721 人占 6.72%，2007 年 1 858 人占 7.25%，2008 年 2 157 人占 8.42%，2009 年 2 172 人占 8.48%，2010 年 2 385 人占 9.31%，2011 年 2 210 人占 8.61%，2012 年 2 521 人占 9.84%，2013 年 2 783 人占 10.86%，2014 年 2 590 人占 10.11%，2015 年 2 665 人

占10.40%。

维度之二，我国地质学本科生毕业情况。从2004年至2015年共毕业18 332人；每年度毕业生人数分别为，2004年567人占3.09%，2005年742人占4.05%，2006年812人占4.43%，2007年939人占5.12%，2008年1 180人占6.44%，2009年1 205人占6.57%，2010年1 488人占8.12%，2011年1 838人占10.03%，2012年1 986人占10.83%，2013年2 312人占12.61%，2014年2 724人占14.86%，2015年2 539人占13.85%。

维度之三，我国地质学本科生在校生情况。2004年至2015年共92 980人，每年度在校生人数分别为，2004年3 650人占3.93%，2005年4 530人占4.87%，2006年5 398人占5.81%，2007年5 800人占6.24%，2008年6 882人占7.40%，2009年7 707人占8.29%，2010年8 701人占9.36%，2011年8 676人占9.33%，2012年9 147人占9.84%，2013年10 185人占10.95%，2014年10 884人占11.71%，2015年11 420人占12.28%。

表4-1　我国地质学本科生培养情况　　单位：人

学生人数	2004年	2005年	2006年	2007年	2008年	2009年	2010年	2011年	2012年	2013年	2014年	2015年	总计
招生人数	1 197	1 368	1 721	1 858	2 157	2 172	2 385	2 210	2 521	2 783	2 590	2 665	25 627
毕业人数	567	742	812	939	1 180	1 205	1 488	1 838	1 986	2 312	2 724	2 539	18 332
在校生人数	3 650	4 530	5 398	5 800	6 882	7 707	8 701	8 676	9 147	10 185	10 884	11 420	92 980

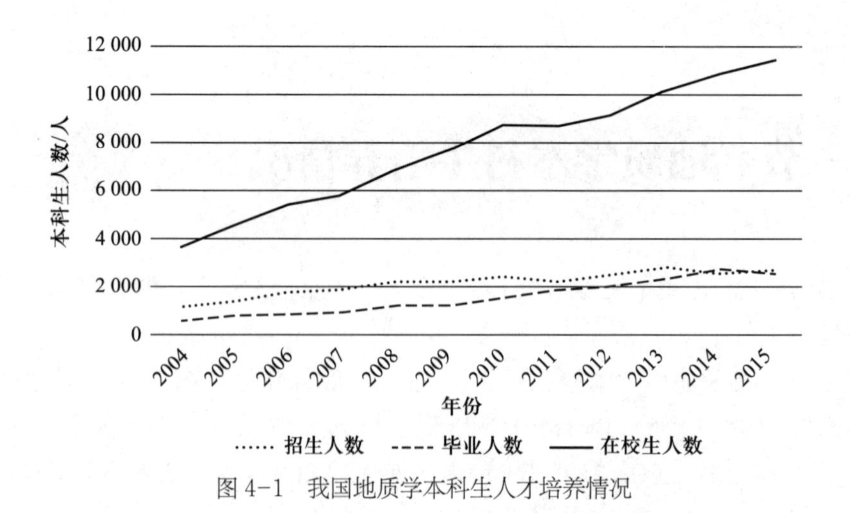

图4-1　我国地质学本科生人才培养情况

第二节　地质学本科生培养国际化分析

通过采取较大样本抽样调查统计，我国高校地质学本科生人才培养国际化情况定量数据分析结果如下：

一、性别结构

地质学本科生中男生占 75.63%，女生占 24.37%，如图 4-2 所示。

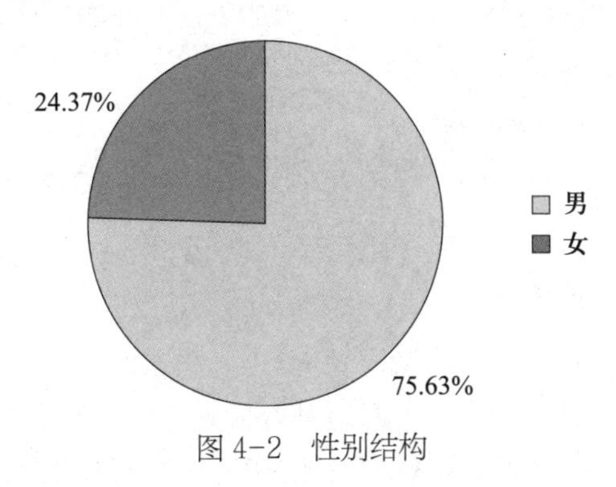

图 4-2　性别结构

二、年级分布

地质学本科生中大一占 26.64%，大二占 30.39%，大三占 27.07%，大四占 15.90%，如图 4-3 所示。

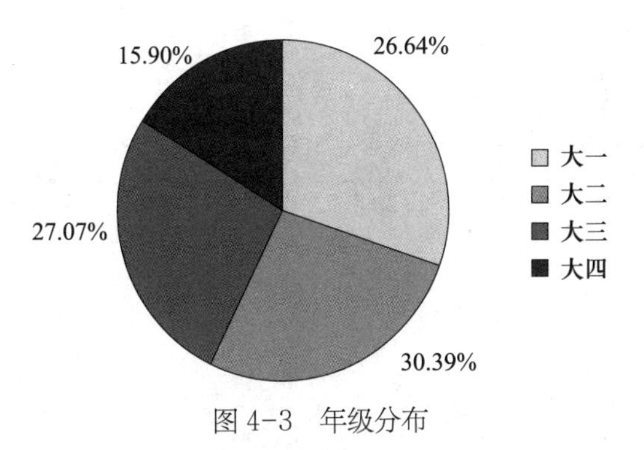

图 4-3　年级分布

三、英语水平

地质学本科生中，通过大学英语四级考试（CET-4）的占 44.22%，通过大学英语六级考试（CET-6）的占 19.6%，通过国际英语语言测试系统（雅思考试 IELTS）6 分及以上的占 3.59%，通过检定非英语为母语者的英语能力考试（托福 TOEFL）80 分及以上的占 2.13%，其他没有任何英语等级水平成绩的占 30.46%，如图 4-4 所示。

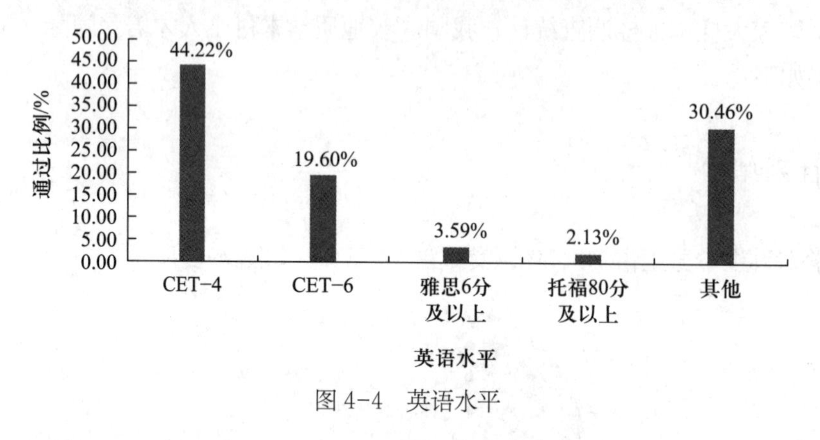

图 4-4 英语水平

四、第二门外语掌握情况

地质学本科生中，学习并掌握日语的占 9.29%，学习并掌握法语的占 3.39%，学习并掌握德语的占 2.44%，学习并掌握韩语的占 4.19%，学习并掌握俄语的占 1.29%，学习并掌握其他语种的占 2.78%，没有学习并掌握第二门外语的占 76.63%，如图 4-5 所示。

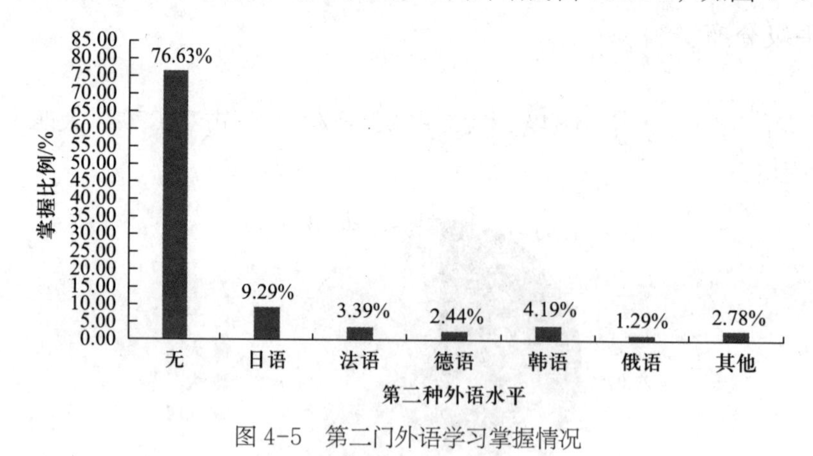

图 4-5 第二门外语学习掌握情况

五、与外籍专家学者交流能力

地质学本科生与外籍专家学者进行交流一般用外语，基本上把英语作为通用语言。听、说能力较差且均有障碍的占 41.02%，听、说能力一般且听力有障碍的占 29.14%，听、说能力一般且口语有障碍的占 20.92%，听、说能力较好且均很流利的占 6.51%，其他的占

2.41%，如图 4-6 所示。

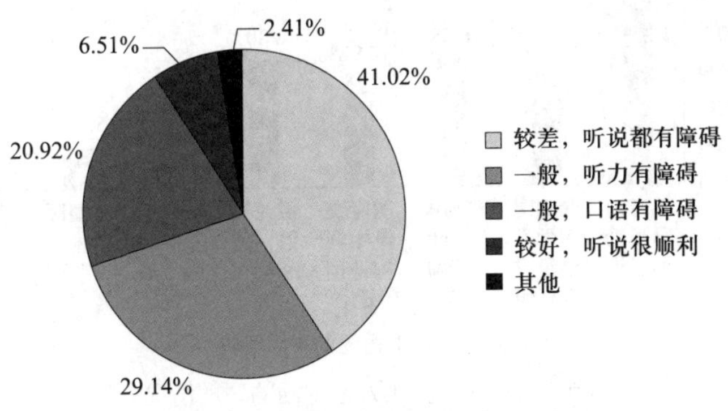

图 4-6　与外籍专家学者交流的能力

六、与外籍专家学者交流方式

地质学本科生与外籍专家学者进行交流的方式多样。其中使用 E-mail 进行交流的占 20.11%，使用 QQ、MSN 进行交流的占 36.57%，使用电话进行交流的占 7.06%，通过会议进行交流的占 5.36%，其他方式的占 30.90%，如图 4-7 所示。

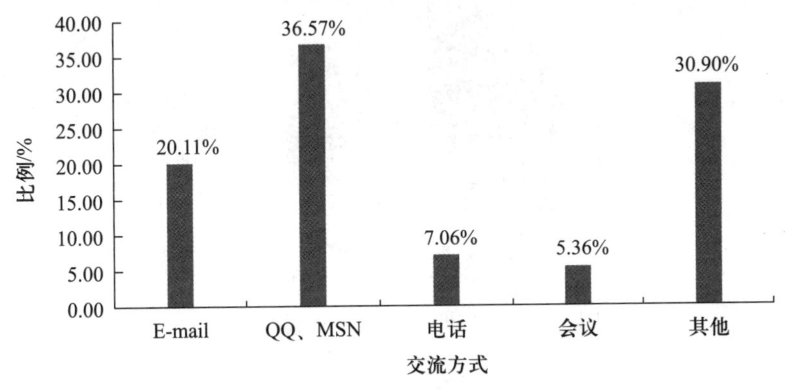

图 4-7　与外籍专家学者的交流方式

七、对国际化人才内涵的理解

地质学本科生对国际化人才内涵的理解各有不同。其中：认为国际化人才应具有国际视野和思维的占 27.78%，认为应参加国际学术组织或有任职的占 11.16%，认为应参与国际项目合作研究的占 16.58%，认为应在国际交流中理解他国文化的占 14.98%，认为应精通英语能进行流利交流的占 16.80%，认为应将研究工作做到国际最好的占 6.74%，认为应有国际学术组织兼职的占 5.30%，另有其他看法的占 0.66%，如图 4-8 所示。

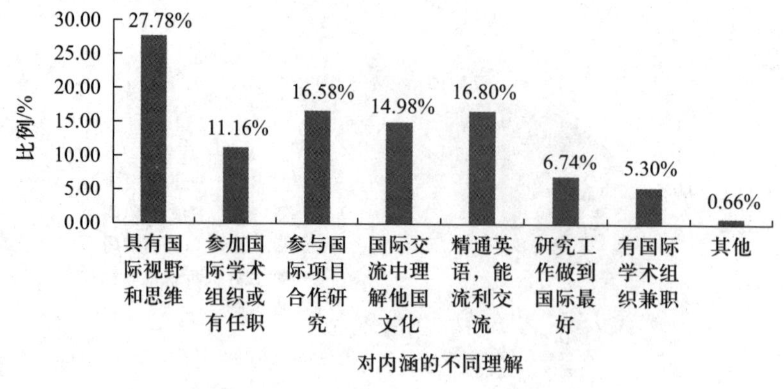

图 4-8 对国际化人才内涵的理解情况

八、对地质学与国际接轨程度评价

地质学本科生对所在学校专业与国际接轨程度评价，认为地质学与国际接轨程度很少的占 12.99%，认为接轨程度一般的占 46.64%，认为接轨程度良好的占 33.14%，认为接轨程度紧密的占 7.23%，如图 4-9 所示。

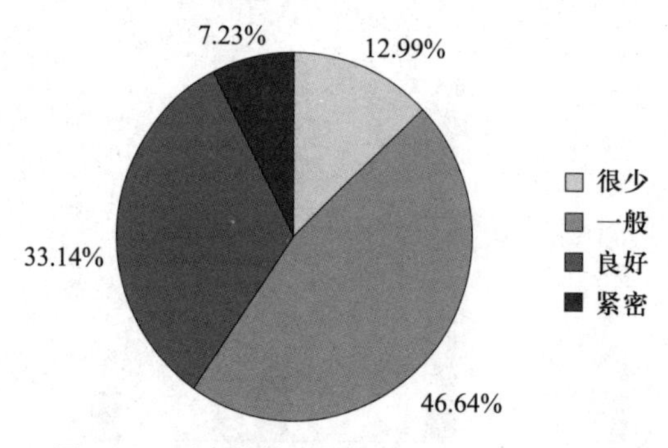

图 4-9 对本校地质学与国际接轨程度评价

九、对所学专业重视国际化人才培养的评价

地质学本科生认为所在学校本专业不重视国际化人才培养的占 14.69%，认为重视程度一般的占 45.81%，认为较重视的占 30.49%，认为很重视的占 9%，如图 4-10 所示。

十、提升或拓展自身国际化能力

地质学本科生认为提升或拓展自身国际化能力没有必要的占 3.99%，认为一般的占 19.2%，认为有必要的占 50.97%，认为很有必要的占 25.84%，如图 4-11 所示。

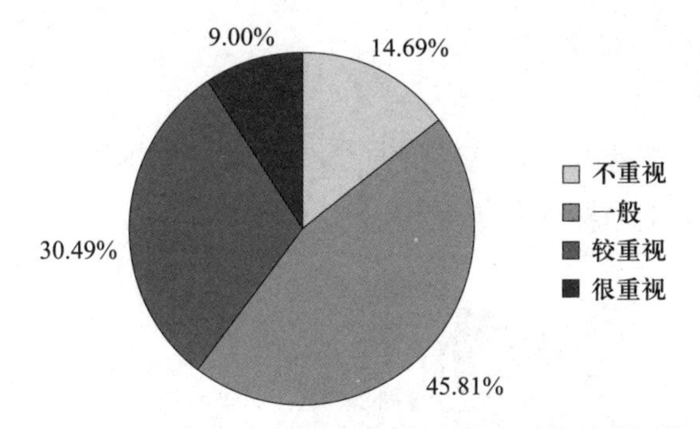

图 4-10　对学校专业是否重视国际化人才培养的评价

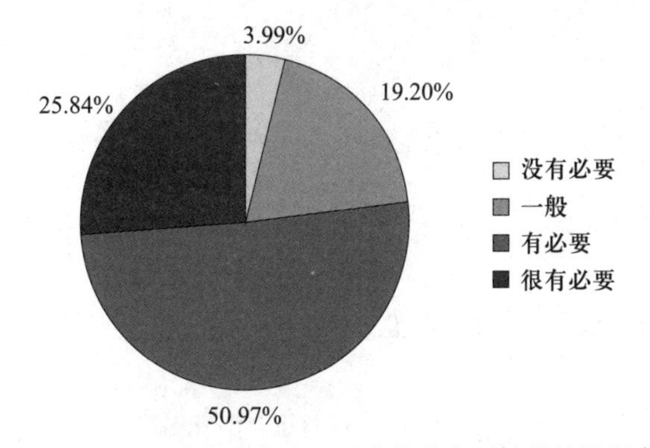

图 4-11　提升或拓展自身国际化能力必要性的认识程度

十一、阅读地质学类外文原版书籍、期刊、报纸或浏览相关网站的频率

地质学本科生中阅读地质学类外文原版书籍、期刊、报纸或浏览相关网站的频率为 0 次 / 周的占 53.41%，1 次 / 周的占 30.40%，3 次 / 周的占 11.65%，5 次 / 周的占 2.65%，7 次以上 / 周的占 1.89%，如图 4-12 所示。

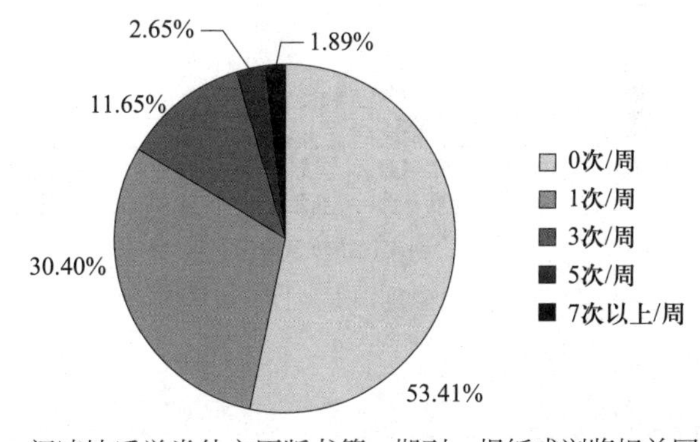

图 4-12　阅读地质学类外文原版书籍、期刊、报纸或浏览相关网站的频率

十二、外文学术文章阅读能力

看不大懂外文学术文章的地质学本科生占60.28%，基本能看懂的占35.22%，完全能看懂的占3.75%，精读并合理运用的占0.75%，如图4-13所示。

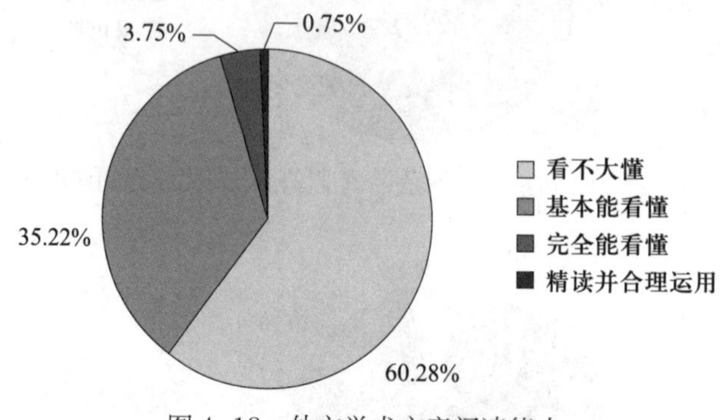

图4-13 外文学术文章阅读能力

十三、参加国际合作交流的类型情况

地质学本科生中，从未参加过以下主要类型的国际合作交流方式的占73.62%，参加过交换生项目的占7.54%，参加过寒暑假夏令营的占7.65%，参加过国际学术会议的占3.32%，参加过国际交流实习的占2.73%，参加过海外研修学习的占2.81%，参加过其他活动的占2.33%，如图4-14所示。

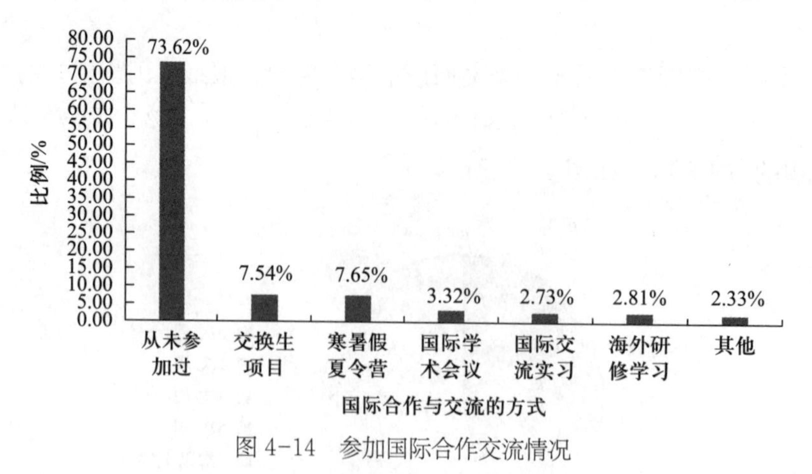

图4-14 参加国际合作交流情况

十四、参加国际合作交流的时长

地质学本科生中，从未参加过任何国际合作与交流活动的占82.02%，曾参加过国际合作交流且活动时长在 3 个月以下的占 9.35%，3 至 6 个月的占 5.33%，7 至 12 个月的占 1.87%，12 个月以上的占 1.43%，如图 4-15 所示。

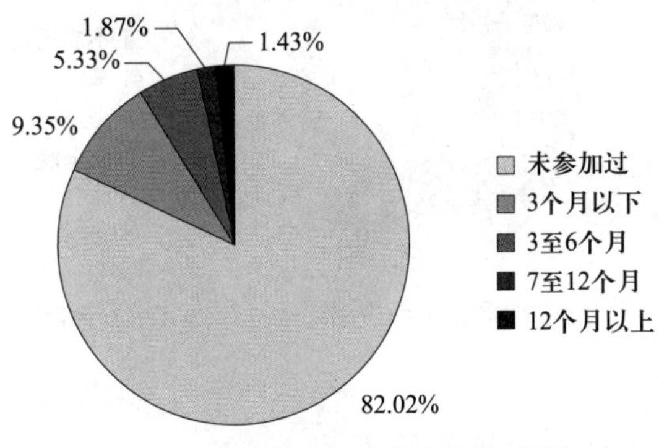

图 4-15 参加国际合作交流的时长

十五、在国际合作交流中的薄弱环节

地质学本科生在国际合作交流中有很多的薄弱环节，且受多种因素困扰和影响，其中认为自己专业能力薄弱的占 25.51%，认为自己外语水平薄弱的占 45.97%，认为自己身心素质薄弱的占 12.23%，认为存在文化差异的占 14.14%，在其他方面存在薄弱环节的占 2.15%，如图 4-16 所示。

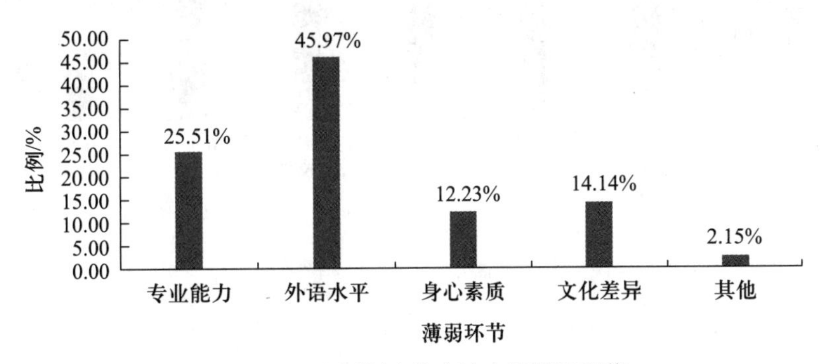

图 4-16 在国际合作交流中的薄弱环节

十六、专业教育教学满足国际化人才培养需求的程度

地质学本科生对专业教育教学满足国际化人才培养需求程度的评价，认为不能满足的占 42.20%，认为基本满足的占 42.63%，认为满足的占 11.97%，认为完全满足的占 3.20%，如图 4-17 所示。

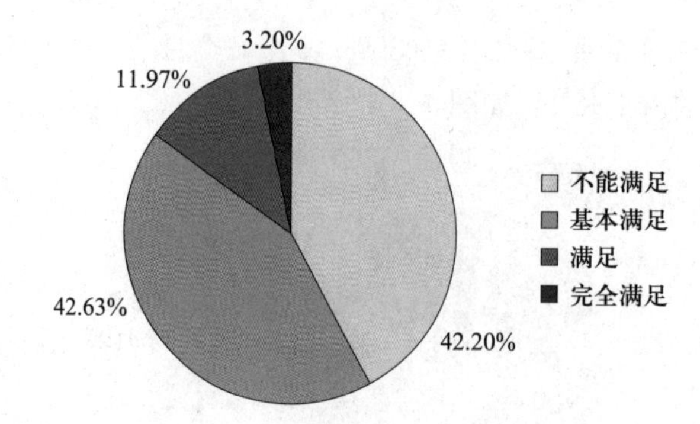

图 4-17 专业教育教学能否满足国际化人才培养需求的程度

十七、地质学国际化人才培养的不足

地质学本科生认为地质学国际化人才培养存在很多不足或短板。认为国外优秀师资不足的占 15.61%，留学名额较少的占 22.93%，留学经费不足的占 19.11%，留学机会较少的占 18.79%，留学信息不全面的占 17.04%，另有 6.51% 的学生认为在其他方面还有不足，如图 4-18 所示。

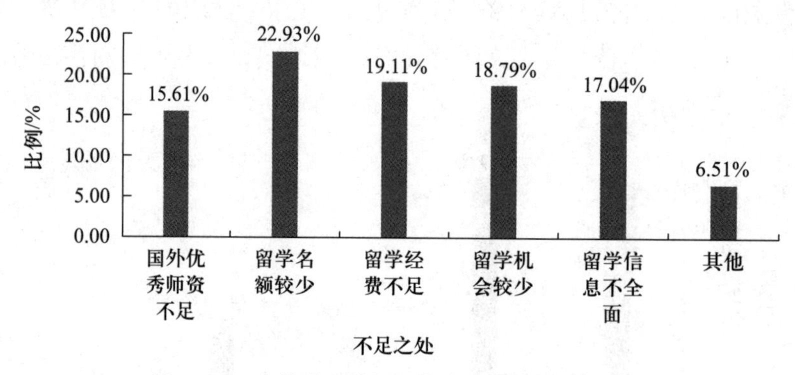

图 4-18 本校地质学国际化人才培养的不足之处

十八、所接触的外籍教师在本专业教师中所占比例

地质学本科生所接触的外籍教师在本专业教师中所占比例不一，接触外籍教师在本专业教师中的比例在 10% 以下的占 82.41%，在 10% ~ 20% 的占 10.24%，在 20% ~ 30% 的占 5.22%，在 30% ~ 40% 的占 1.26%，40% 以上的占 0.87%，如图 4-19 所示。

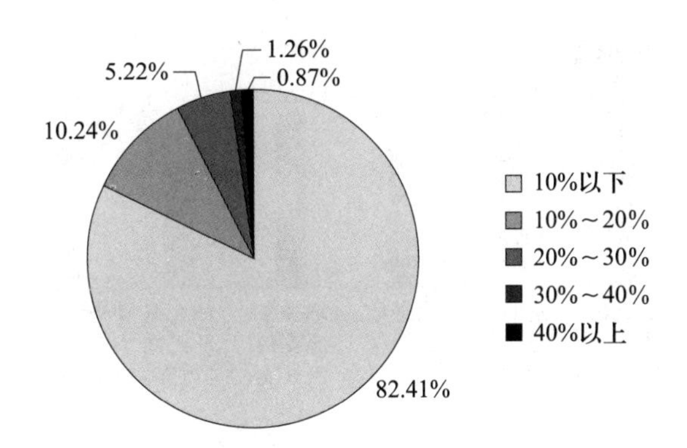

图 4-19　所接触的外籍教师在本专业教师中所占比例

十九、所学专业采用国外原版教材的比例

地质学本科生所学专业采用国外原版教材在专业书籍中占比在 30% 以下的占 77.25%，占比为 30% ～ 50% 的占 11.47%，占比为 50% ～ 70% 的占 4.92%，占比为 70% 以上的占 1.35%，其他比例的占 5%，如图 4-20 所示。

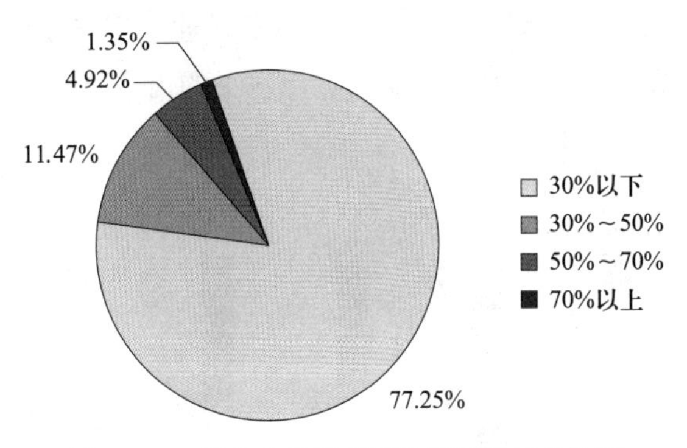

图 4-20　所学专业采用国外原版教材的比例

二十、本校地质学人才培养国际化应改进或努力之处

地质学本科生认为所在学校应努力为地质学人才培养国际化做出更多改进。其中引进优秀师资的占 21.94%，定期参与各国地质论坛、会议的占 15.27%，引进他国课程体系的占 15.33%，增加资金支持赴外交流的占 18.23%，加大海外研修力度的占 13.16%，增加全英语授课频率的占 15.49%，其他建议的占 0.57%，如图 4-21 所示。

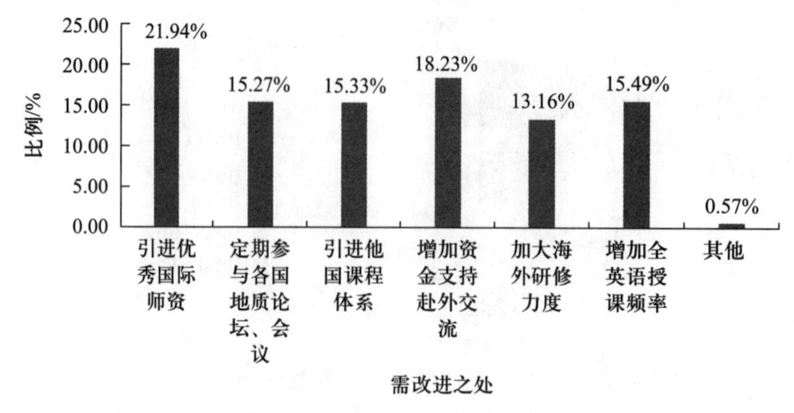

图 4-21　本校地质学人才培养国际化应改进或努力工作

二十一、有利于提升自身国际化水平方式

地质学本科生认为，提升自身国际化水平有利方式有多种。认为通过阅读书籍能提升自身国际化水平的占 22.64%，通过教师教授能提升自身国际化水平的占 16.80%，通过参加国际学术活动能提升自身国际化水平的占 18.96%，通过出国留学能提升自身国际化水平的占 20.18%，通过海外实习能提升自身国际化水平的占 20.55%，另外选择其他方式的占 0.87%，如图 4-22 所示。

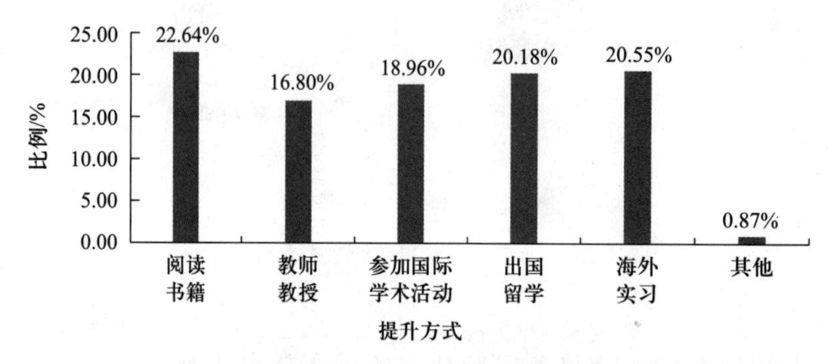

图 4-22　对提升自身国际化水平方式的评价

二十二、对出国学习途径的了解与知晓程度

地质学本科生对不同出国学习途径的知晓程度不同，其中知晓国家公派的占 27.24%，知晓自费留学的占 27.02%，知晓学校派出的占 22.46%，知晓导师项目的占 14.37%，知晓社会中介的占 8.06%，其他方式的占 0.49%，如图 4-23 所示。

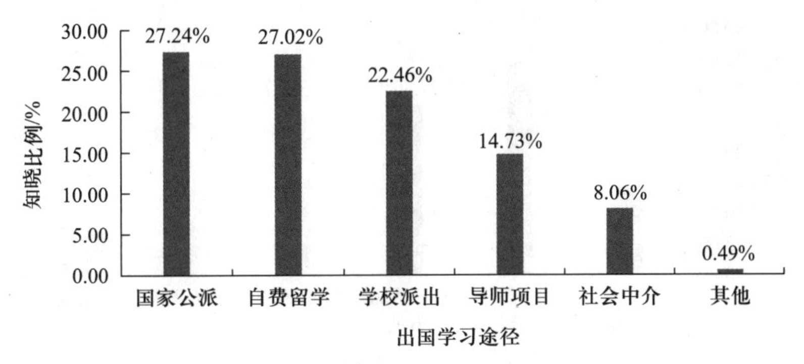

图 4-23　对出国学习途径的知晓程度

二十三、出国研修计划

地质学本科生在四年学习期间已经做完出国研修计划的占 23.74%，不打算做计划的占 49.41%，正在做出计划的占 26.85%，如图 4-24 所示。

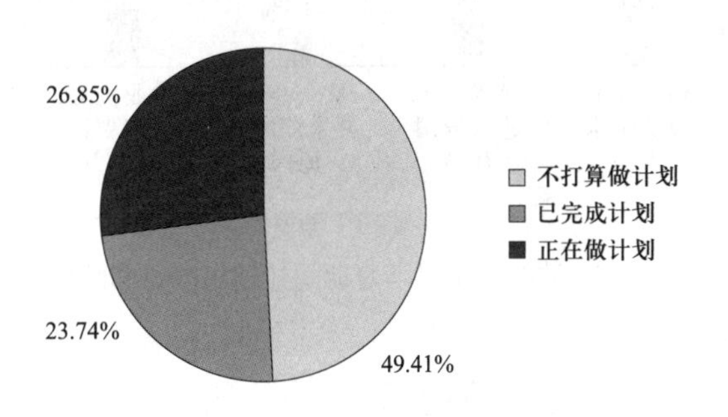

图 4-24　本科四年学习期间出国研修计划程度

二十四、本科学习期间无出国研修计划的原因

地质学本科生在本科期间没有出国研修计划的原因有多种，其中只想留在国内的占 14.61%，因经济条件限制的占 34.51%，因英语能力不足的占 27.8%，因家庭困难的占 15.91%，因恋人朋友因素的占 4.92%，其他因素占 2.24%，如图 4-25 所示。

二十五、选择在本科学习期间计划出国研修的动因

地质学本科生认为出国研修目的或动因有多种，主要有：出国深造、提高学术水平的占 41.03%，游学旅游、感受异国风情的占 24.77%，从众心理、从未深究其原因的占 5.53%，就业优势、海归更具竞争力的占 26.17%，其他占 2.50%，如图 4-26 所示。

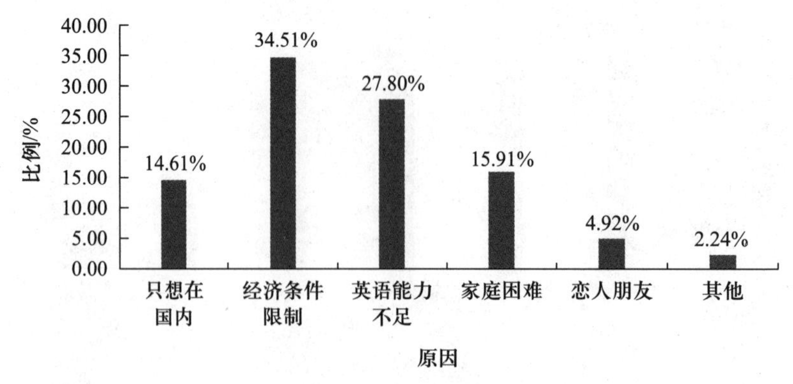

图 4-25　在本科学习期间没有计划出国研修的原因

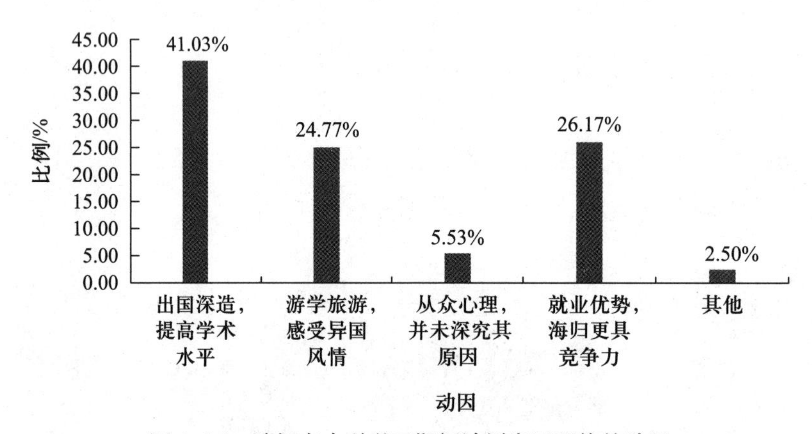

图 4-26　选择在本科学习期间计划出国研修的动因

二十六、愿意赴国外学习交流的国家

地质学本科生出国学习交流的目的地国家主要集中在发达国家。其中选择美国的占 23.73%，英国的占 15.73%，德国的占 11.87%，法国的占 9.86%，澳大利亚的占 9.56%，日本的占 8.03%，加拿大的占 6.41%，新加坡的占 5.71%，意大利的占 4.71%，韩国的占 3.42%，选择其他国家的占 0.98%，如图 4-27 所示。

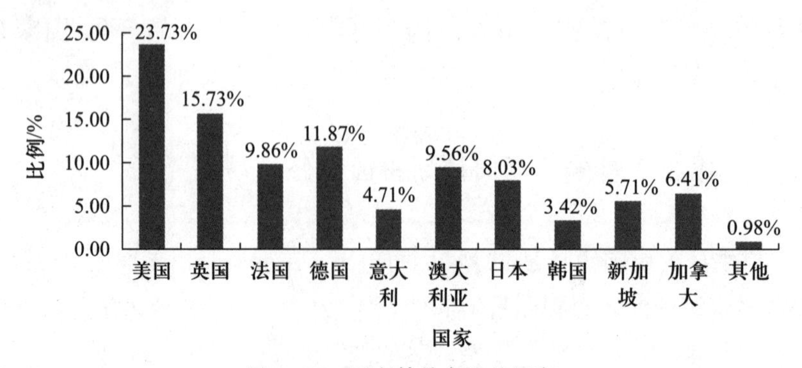

图 4-27　愿意赴外交流的国家

二十七、涉猎他国国际法律法规情况

地质学本科生中涉猎过他国或国际法律法规的不同内容，其中涉猎过他国交往规则的占 18.10%，涉猎过他国金融规则的占 10.95%，涉猎过他国领土主权规则的占 21.77%，涉猎过他国军事规则的占 13.93%，都没有涉猎的占 35.24%，如图 4-28 所示。

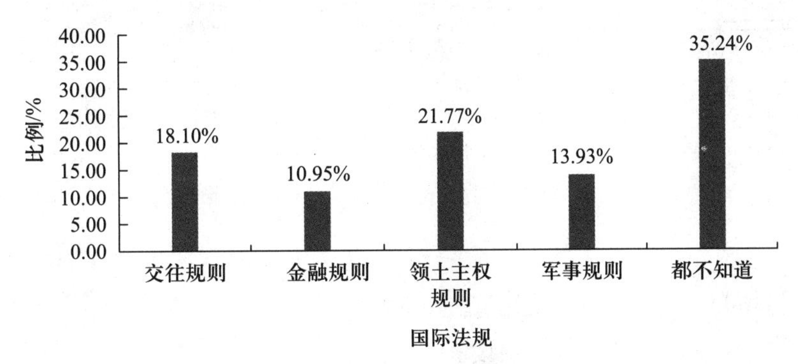

图 4-28　涉猎他国国际法律法规情况

二十八、影响地质学专业国际化人才培养要素的评价

地质学本科生认为，影响地质学本科国际化人才培养的要素主要包括专业设置、课程结构、课程内容、教学方法、教学手段、师资队伍、文化交流、学术交流、参与项目等，并且每个要素对地质学本科国际化人才培养的影响程度也不一样，如表 4-2 和图 4-29 所示。

表 4-2　影响地质学本科国际化人才培养要素的评价　　单位：%

影响程度	参与项目	学术交流	文化交流	师资队伍	教学手段	教学方法	课程内容	课程结构	专业设置
很重要	30.07	33.16	29.42	27.20	21.43	21.07	23.35	19.04	21.37
重要	41.58	43.24	39.92	39.83	38.60	39.41	45.09	40.72	41.05
一般	21.87	17.78	23.33	23.99	29.82	28.07	23.35	28.64	26.08
不重要	4.12	3.81	4.73	6.30	6.94	8.05	5.78	8.36	5.99
无所谓	2.36	2.01	2.61	2.69	3.21	3.40	2.89	3.24	5.51

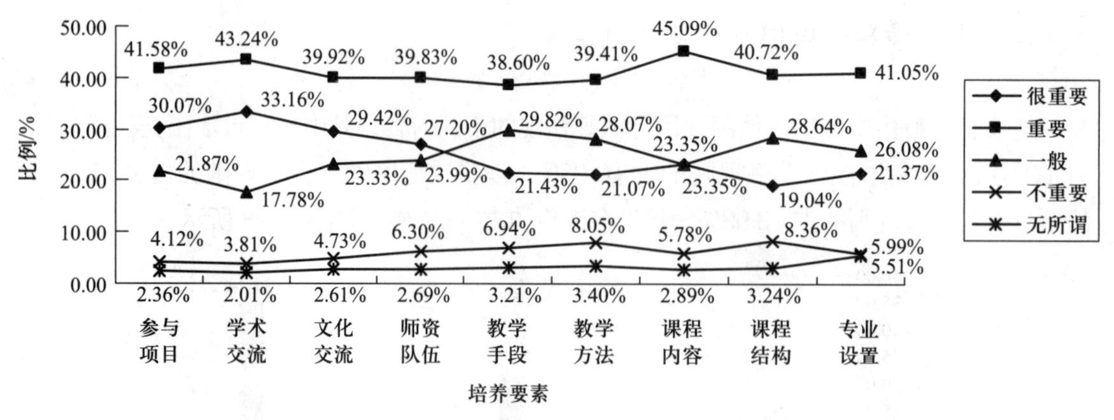

图 4-29　地质学本科国际化人才培养要素及影响程度

从表 4-2、图 4-29 数据变化趋势分析可得，从很重要程度看依次为学术交流占 33.16%、参与项目占 30.07%、文化交流占 29.42%、师资队伍占 29.42%、课程内容占 23.35%、教学手段占 21.43%、专业设置占 21.37%、教学方法占 21.07%、课程结构占 19.04%；从重要程度看，依次为课程内容占 45.09%、学术交流占 43.24%、参与项目占 41.58%、专业设置占 41.05%、课程结构占 40.72%、文化交流占 39.92%、师资队伍占 39.83%、教学方法占 39.41%、教学手段占 38.60%；从一般程度看，依次为教学手段占 29.82%、课程结构占 28.64%、教学方法占 28.07%、专业设置占 26.08%、师资队伍占 23.99%、课程内容占 23.35%、文化交流占 23.33%、参与项目占 21.87%、学术交流占 17.78%；认为影响不重要的依次为课程结构占 8.36%、教学方法占 8.05%、教学手段占 6.94%、师资队伍占 6.30%、专业设置占 5.99%、课程内容占 5.78%、文化交流占 4.73%、参与项目占 4.12%、学术交流占 3.81%；认为无所谓的依次为专业设置占 5.51%、教学方法占 3.40%、课程结构占 3.24%、教学手段占 3.21%、课程内容占 2.89%、师资队伍占 2.69%、文化交流占 2.61%、参与项目占 2.36%、学术交流占 2.01%。

（一）专业设置

专业设置国际化是地质学本科国际化人才培养的重要影响因素之一。地质学本科生认为，很重要的占 21.37%，重要的占 41.05%，一般的占 26.08%，不重要的占 5.99%，重不重要无所谓的占 5.51%，如图 4-30 所示。

（二）课程结构

课程结构国际化是地质学本科国际化人才培养的重要影响因素之一。地质学本科生认为课程结构国际化很重要的占 19.04%，重要的占 40.72%，一般的占 28.64%，不重要的占 8.36%，重不重要无所谓的占 3.24%，如图 4-31 所示。

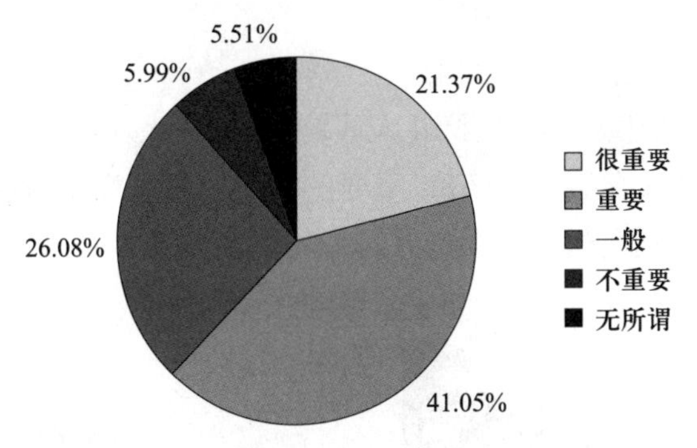

图 4-30　专业设置国际化重要程度评价

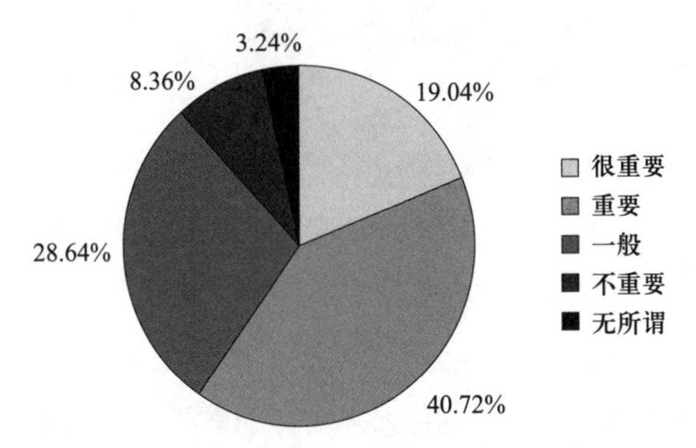

图 4-31　课程结构国际化重要程度评价

（三）课程内容

课程内容国际化是地质学本科国际化人才培养的重要影响因素之一。地质学本科生认为课程内容国际化很重要的占 23.35%，重要的占 45.09%，一般的占 23.35%，不重要的占 5.78%，重不重要无所谓的占 2.89%，如图 4-32 所示。

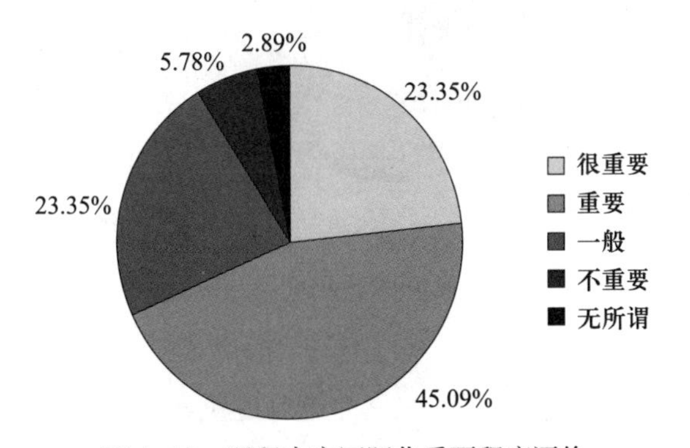

图 4-32　课程内容国际化重要程度评价

（四）教学方法

教学方法国际化是地质学本科国际化人才培养的重要影响因素之一。地质学本科生认为教学方法国际化很重要的占 21.07%，重要的占 39.41%，一般的占 28.07%，不重要的占 8.05%，重不重要无所谓的占 3.40%，如图 4-33 所示。

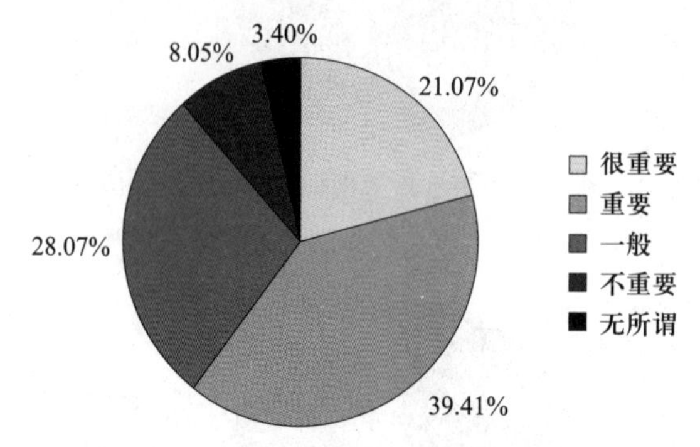

图 4-33 教学方法国际化重要程度评价

（五）教学手段

教学手段国际化是地质学本科国际化人才培养的重要影响因素之一。地质学本科生认为教学手段国际化很重要的占 21.43%，重要的占 38.60%，一般的占 29.82%，不重要的占 6.94%，重不重要无所谓的占 3.21%，如图 4-34 所示。

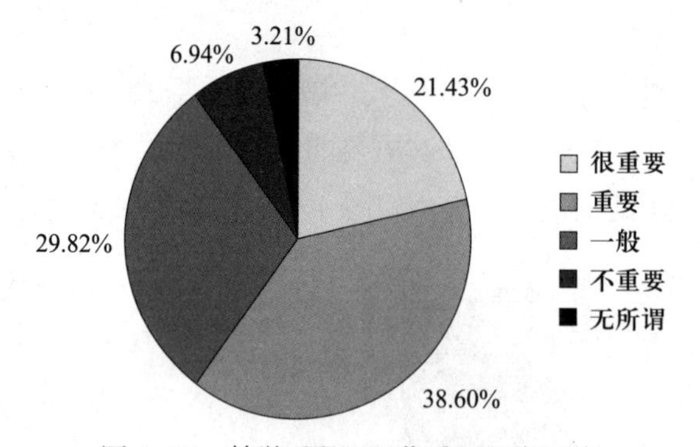

图 4-34 教学手段国际化重要程度评价

（六）师资队伍

师资队伍国际化是地质学本科国际化人才培养的重要影响因素之一。地质学本科生认为师资队伍国际化很重要的占 29.42%，重要的占 39.83%，一般的占 23.99%，不重要的占 6.30%，重不重要无所谓的占 2.69%，如图 4-35 所示。

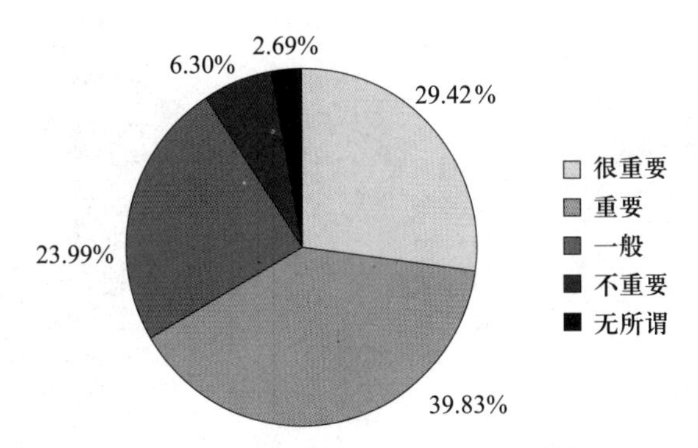

图 4-35　师资队伍国际化重要程度评价

（七）文化交流

文化交流国际化是地质学本科国际化人才培养的重要影响因素之一。地质学本科生认为文化交流国际化很重要的占 29.42%，重要的占 39.92%，一般的占 23.33%，不重要的占 4.73%，重不重要无所谓的占 2.61%，如图 4-36 所示。

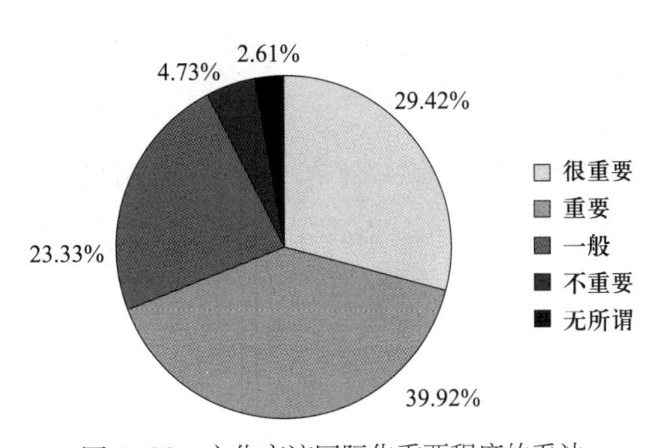

图 4-36　文化交流国际化重要程度的看法

（八）学术交流

学术交流国际化是地质学本科国际化人才培养的重要影响因素之一。地质学本科生认为学术交流国际化很重要的占 33.16%，重要的占 43.24%，一般的占 17.78%，不重要的占 3.81%，重不重要无所谓的占 2.01%，如图 4-37 所示。

（九）参与项目

参与项目国际化是地质学本科国际化人才培养的重要影响因素之一。地质学本科生认为参与项目国际化很重要的占 30.07%，重要的占 41.58%，一般的占 21.87%，不重要的占 4.12%，重不重要无所谓的占 2.36%，如图 4-38 所示。

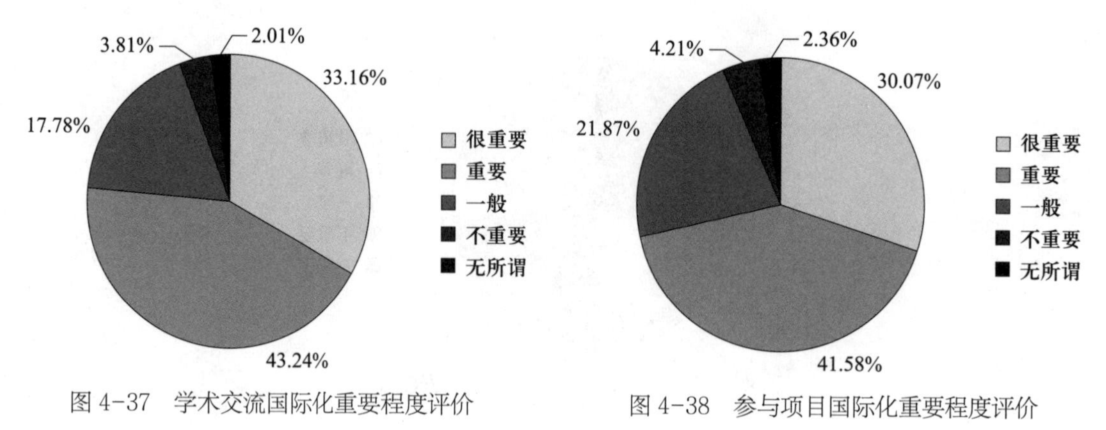

图 4-37 学术交流国际化重要程度评价

图 4-38 参与项目国际化重要程度评价

第三节 地质学本科生培养国际化问题及成因

一、国际化理念和意识有待强化

在出国交流意愿上，虽然认识到培养国际化人才的重要性，并且在学校的地质学本科人才培养理念中有所体现，但是在贯彻实施上仍有很多不完善不到位的地方。学生缺少对现实国际情况的理解和认识，误以为考上了重点大学就能顺利地实现人生价值，在大一、大二时不重视国际化知识的学习，到了大三、大四就想着毕业，在国内找个工作以求安稳。再加上学生中多为 90 后的独生子女，家长、朋友、恋人也在一定程度上阻碍了地质学本科生的出国动机，在调查中没有出国计划的人数，几乎是有出国计划人数的一倍。国际化培养目标不明确，培养体系不完整等。本科生认为出国研修的目的或动因主要有：出国深造、提高学术水平的占 41.03%，出国研修的目的地国家主要集中在发达国家。参加国际合作交流少，地质学本科生中，从未参加过任何国际合作与交流活动的达到 82.02%。地质学本科生对专业教育教学满足国际化人才培养需求程度的评价，认为满足和完全满足的仅占 15.17%。地质学本科生对国际化人才内涵的理解各有不同。其中，认为国际化人才应具有国际视野和思维的占 27.78%，参加国际学术组织或有任职的占 11.16%，参与国际项目合作研究的占 16.58%，在国际交流中理解他国文化的占 14.98%，精通英语能进行流利交流的占 16.80%，将研究工作做到国际最好的占 6.74%，有国际学术组织兼职的占 5.30%。

二、外语水平与国际化要求差距较大

外语水平和语言能力是制约国际化进程的关键因素。调查数据显示，一是45.97%的人认为外语水平薄弱。大多认为学习只是为了顺利毕业取得学位而追求英语四级、六级考试合格，开展国际交流或出国资格却达不到。通过国际英语语言测试系统（雅思考试IELTS）6分及以上的学生仅占3.59%，通过检定非英语为母语者的英语能力考试（托福TOEFL）80分及以上的学生仅占2.13%。二是外语语言单一，限制了出国学习的目的地国家大多为英语语言国家。除英语外，第二门外语掌握情况不容乐观，学习并掌握日语的占9.29%，法语的占3.39%，德语占2.44%，韩语占4.19%，俄语占1.29%，其他语种只占2.78%，没有学习和掌握第二门外语的学生却达到占76.63%。三是与外籍人士交流能力差，就是能通过出国外语考试或会写外文论文等，但哑巴式英语还普遍存在。听、说能力较好且均很流利的学生占6.51%，能够电话进行交流的学生占7.06%，通过会议交流的学生占5.36%，56.68%的学生使用E-mail、QQ、MSN进行交流。四是阅读地质学类外文原版书籍、期刊、报纸或浏览相关网站的频率较低。对外文学术文章看不大懂的竟占60.28%，完全能看懂或能精读合理运用的仅占4 .50%。

三、国际化课程设置严重不足

课程国际化是指在形式和内容上体现国际化趋势，旨在培养学生能适应国际化和多元文化社会的能力，以期为他们将来独立工作学习生活做好准备。良好的国际化课程能够为地质学学生的出国交流奠定坚实的知识和能力基础。但是与世界上课程国际化开展较好的国家相比，我国国际化课程尚处于初期探索阶段。以所学地质学专业采用国外原版教材在专业书籍中所占比为例，国外原版教材在专业书籍中占比在30%以下的占77.25%，占比为30%～50%的占11.47%，占比为50%～70%的占4.92%，占比为70%以上的占1.35%。而在世界其他各国却十分重视课程的国际化，如日本的地质学基础课程采用美国编制的原版教材，再如欧盟发展跨国大学教育计划，共同体内高校共同设计地质类课程，并建立完善的学制学分互换制度，保证本国学生知识体系学习的完善性和国际性。国内英语教材大多以通过CET-4和CET-6为目的，对于国际间认可的雅思和托福却并未制订相应的教学计划，更不用说针对他国文化知识来选用教材。双语教学在国内展开的程度也还不够，专业课程双语教学更加缺少，英文的课程开发和英文原版教材的引入程度有待提升。

四、师资力量不充足，国际化师资占比偏少

调查数据显示，地质学国际化人才培养存在很多不足之处，如国外优秀师资少、留学名额较少、留学经费不足、留学机会较少、留学信息不全面等。地质学本科生所接触的外籍教师在本专业教师中所占比例在10%以下的占82.41%。师资队伍国际化是地质学本科国际化人才培养的重要影响因素之一。地质学本科生认为师资队伍国际化重要的约达70%。综合分析国际一流大学，其师资国际化程度较高，如美国哈佛大学拥有世界排名前20名大学的博士学位的教师比例达74.2%，拥有世界前200名大学的博士学位的比例达94.2%。而国内高校聘请外国学者授课的比例不高，本国教师参加国际化培训和交流的程度不高，外聘教师多为中国国籍的优秀地质教师，外籍教师数量极少，就连外语口语的教学，大多也是由中国英语教师来完成的。国内教师虽然能够较好地与本国学生交流沟通，直接传授地质类经验，但是这也导致了学生只能间接接触其他国家地质类知识或经验。从学生接受新知识角度来看，本科学生无法直接与外国前沿教师接触，致使了国际地质类知识获取的滞后性。缺少与国外师资交流的授课方式会使其思维具有单一性。

五、国际化动力不足、制约因素较多

调查数据显示，影响地质学本科国际化人才培养的要素主要包括专业设置、课程结构、课程内容、教学方法、教学手段、师资队伍、文化交流、学术交流、参与项目等。但是个人占主要原因，很多有意向出国学习进修的学生因为经济因素的限制而早早地放弃了深入研究专业知识的机会。调查显示至少50%以上的人是由于经济条件限制或家庭困难而放弃出国深造。地质学本科生在四年学习期间出国研修的计划与打算，已经做完出国计划的仅仅占23.74%，尚未做出计划和根本就不打算做计划的占76.26%。没有出国研修计划的原因多种，如只想留在国内、经济条件限制、英语能力不足、家庭和恋人朋友因素等。

六、国际化政策有待细化完善

地质学本科生认为所在学校应为国际化人才培养做出更多改进或努力，如引进优秀师资、定期参与各国地质论坛和会议、引进他国课程体系、增加资金支持赴外交流、加大海外研修力度、增加全英语授课频率等。提升自身国际化水平的方式有多种，通过阅读书籍、教师教授、参加国际学术活动、出国留学、海外实习等均能提高自身的国际化水平。对出国学习途径的了解与知晓程度，以及对国外法律法规的熟悉程度，地质学本科生之间的差距也较大，表现为大都处在一知半解或全然未知的状态。地质学本科生对国际法律法规的不了解不仅会使得他们在与国际人才来往时产生隔阂，还会在某些较敏感的地质工作方面

形成对实习、工作的阻碍。没有涉猎国外法律法规的人数占35.24%。

本章小结

一流本科是世界一流大学和一流学科的重要基础。地质学本科生培养阶段是地质学基础研究人才国际化能力培养和提升的关键环节。本章对我国地质学本科生培养国际化现状进行了调查研究分析，借助地质学本科生培养国际化调查问卷，面向地质学本科生的英语水平、第二外语情况、与外籍人士交流能力与方式、对国际化人才的内涵理解、对地质学与国际接轨程度评价、对所学专业重视国际化人才培养评价、提升或拓展自身国际化能力、阅读地质学类外文原版书籍期刊报纸或浏览相关网站的频率、外文学术文章阅读能力、参加国际合作交流情况、参加国际合作与交流的时长、在国际合作与交流中的薄弱环节、专业教育教学满足国际化人才培养需求的程度、所接触的外籍教师在本专业教师中所占比例、所学专业采用国外原版教材在专业书籍中所占比例、提升自身国际化水平方式、对出国学习途径的了解与知晓程度、出国研修计划打算、愿意赴外学习交流的国家、涉猎国际法律法规情况、对地质学专业国际化人才培养影响要素重要程度的评价等进行综合调研详细分析。调查研究发现我国地质学本科生培养国际化存在国际化理念意识薄弱、英语水平与国际化要求差距较大、国际化课程设置不合理、国际化师资占比偏少、国际化动力机制不足、制约因素较多，国际化政策有待细化完善等突出问题，急需统筹解决。

第五章　地质学硕士研究生培养国际化

本章探讨我国地质学硕士研究生国际化培养问题。共发放调查问卷 3 500 份，回收 3 477 份问卷，回收率为 99.34%，有效问卷 3 137 份，有效率为 90.22%。

第一节　地质学硕士研究生培养情况

从地质学硕士研究生的招生、毕业、在校学习三个维度进行调研，经考察、分析，其结果详见表 5-1、图 5-1。

我国地质学硕士研究生招生情况，从 2004 年至 2015 年共招收 20 416 人，每年度的招收人数分别为，2004 年 1 025 人占 5.02%，2005 年 1 198 人占 5.87%，2006 年 1 402 人占 6.87%，2007 年 1 486 人占 7.28%，2008 年 1 642 人占 8.04%，2009 年 1 961 人占 9.61%，2010 年 1 921 人占 9.41%，2011 年 1 919 人占 9.40%，2012 年 1 922 人占 9.41%，2013 年 1 907 人占 9.34%，2014 年 2 002 人占 9.81%，2015 年 2 031 人占 9.95%。

我国地质学硕士研究生毕业情况，从 2004 年至 2015 年共毕业 14 136 人，每年度毕业生人数分别为，2004年523人占3.70%，2005年619人占4.38%，2006年782人占5.53%，2007年896人占6.34%，2008年1 052人占7.44%，2009年1 241人占8.78%，2010年1 290人占9.13%，2011年1 300人占9.20%，2012年1 574人占11.13%，2013年1 615人占11.42%，2014年1 632人占11.54%，2015年1 612人占11.40%。

我国地质学硕士研究生在校生情况，2014年至2015年共56 008人，每年度在校生人数分别为，2004年2 561人占4.57%，2005年3 012人占5.38%，2006年3 512人占6.27%，2007年3 933人占7.02%，2008年4 467人占7.98%，2009年4 941人占8.82%，2010年5 240人占9.36%，2011年5 555人占9.92%，2012年5 601人占10.00%，2013年5 635人占10.06%，2014年5 665人占10.11%，2015年5 886人占10.51%。

表5-1　地质学硕士研究生人才培养情况　　单位：人

培养人数	2004年	2005年	2006年	2007年	2008年	2009年	2010年	2011年	2012年	2013年	2014年	2015年	总计
招生人数	1 025	1 198	1 402	1 486	1 642	1 961	1 921	1 919	1 922	1 907	2 002	2 031	20 416
毕业人数	523	619	782	896	1 052	1 241	1 290	1 300	1 574	1 615	1 632	1 612	14 136
在校生人数	2 561	3 012	3 512	3 933	4 467	4 941	5 240	5 555	5 601	5 635	5 665	5 886	56 008

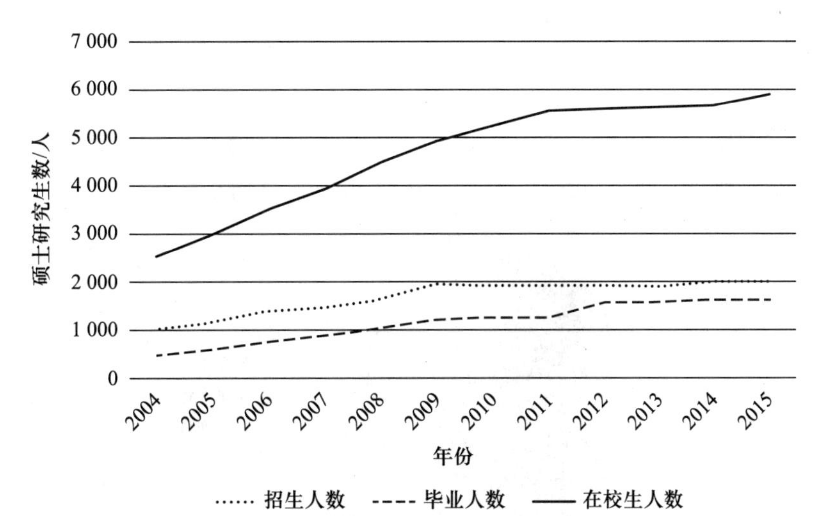

图5-1　我国地质学硕士研究生人才培养情况

第二节　地质学硕士研究生国际化培养分析

通过采取较大样本抽样调查方式，我国地质学硕士研究生人才培养国际化情况定量研究结果数据分析如下：

一、性别结构

调查数据显示，地质学硕士研究生中，男生占71.79%，女生占28.21%，如图5-2所示。

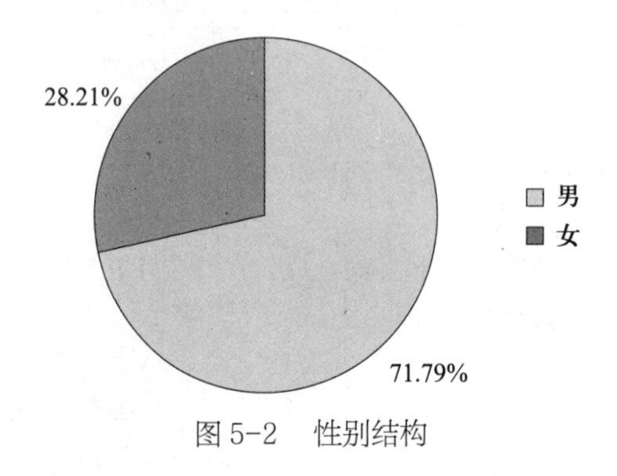

图5-2　性别结构

二、攻读研究生的方式

被调查对象中，本硕连读的1 997人占74.68%，直博生（本科毕业后直接攻读博士学位）211人占7.89%，硕博连读的466人占17.43%，如图5-3所示。

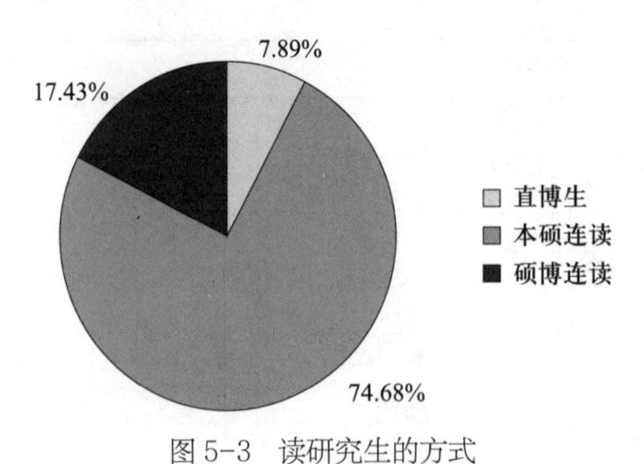

图5-3　读研究生的方式

三、年级分布

被调查中，一年级硕士研究生占 42.28%，二年级硕士研究生占 36.20%，三年级硕士研究生占 18.83%，四年级及以上硕士研究生占 2.69%，如图 5-4 所示。

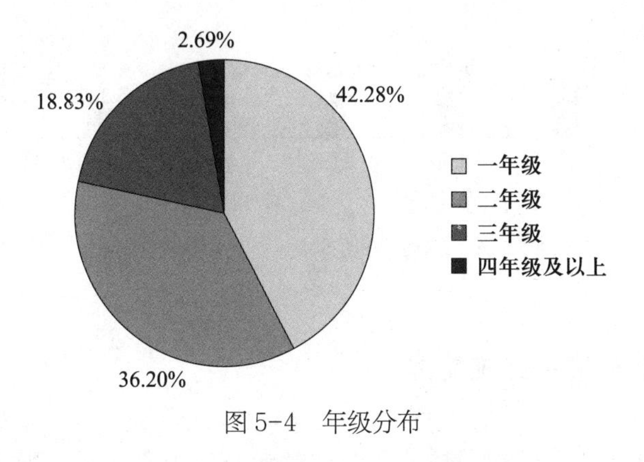

图 5-4　年级分布

四、英语水平

地质学硕士研究生中，通过 CET-4 的占 13.50%，通过 CET-6 的占 50.12%，雅思 6 分及以上的占 28.29%，托福 80 分及以上的占 6.09%，其他占 1.99%，如图 5-5 所示。

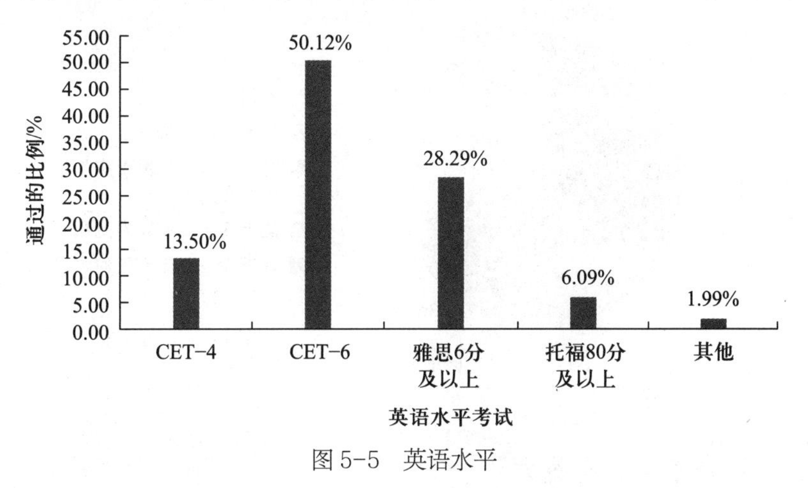

图 5-5　英语水平

五、第二种外语掌握情况

地质学硕士研究生中，学习并掌握日语的占 11.27%，法语的占 9.71%，德语的占 8.98%，韩语的占 8.76%，俄语的占 5.30%，其他的占 55.97%，如图 5-6 所示。

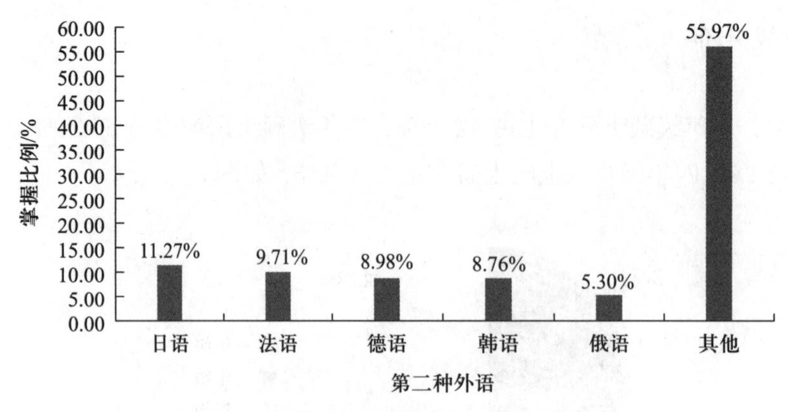

图 5-6　除英语外所掌握第二种外语的情况

六、与外籍专家学者交流能力

研究生的外语水平主要体现在与外籍专家学者交流能力方面，地质学硕士研究生评价自己的外语水平，对该问题回答不清楚的占 14.98%，听不懂也无法交流的占 13.34%，基本能听懂但无法与之流利交流的占比为 36.64%，能听懂且交流较为顺利的占 28.11%，能听懂且交流无障碍的占 6.95%，如图 5-7 所示。

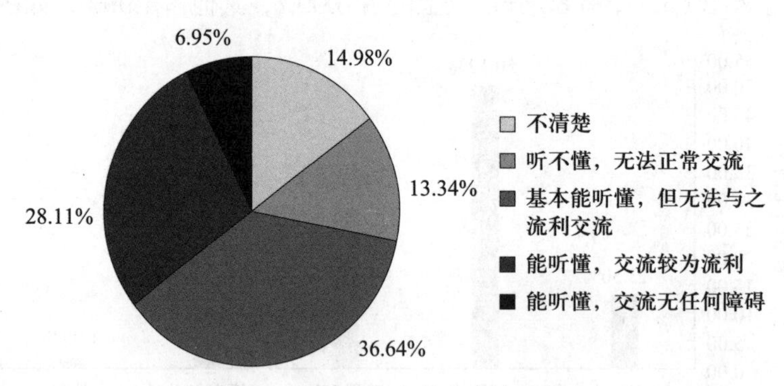

图 5-7　与外籍专家学者交流的能力

七、与外籍专家学者交流方式

地质学硕士研究生与外籍专家学者的交流方式有多种，其中运用电子邮件交流的占 18.94%，利用 QQ、MSN 交流的占 25.08%，利用电话交流的占 14.84%，面对面交流的占 14.14%，通过会议方式交流的占 12.71%，使用其他方式交流的占 14.27%，如图 5-8 所示。

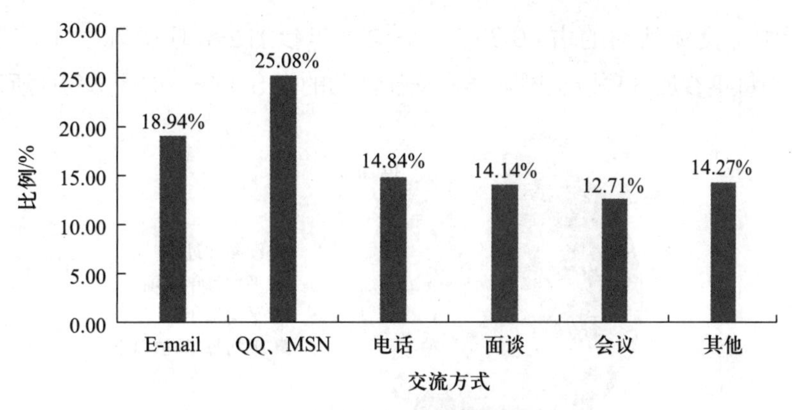

图 5-8 与外籍专家学者交流的方式

八、对国际化人才内涵的理解

地质学硕士研究生对国际化人才内涵的理解侧重点不同，认为应该懂英语且能流利地与外国人交流的占 13.68%；认为具有一流学术研究能力的占 20.80%；在国际交流中能够理解他国的占 16.12%；能够用国际化视野看待问题的占 18.21%；具有较高的政治思想素质和健康心理素质的占 14.93%；能做国际一流研究工作的占 10.30%，其他占 5.96%，如图 5-9 所示。

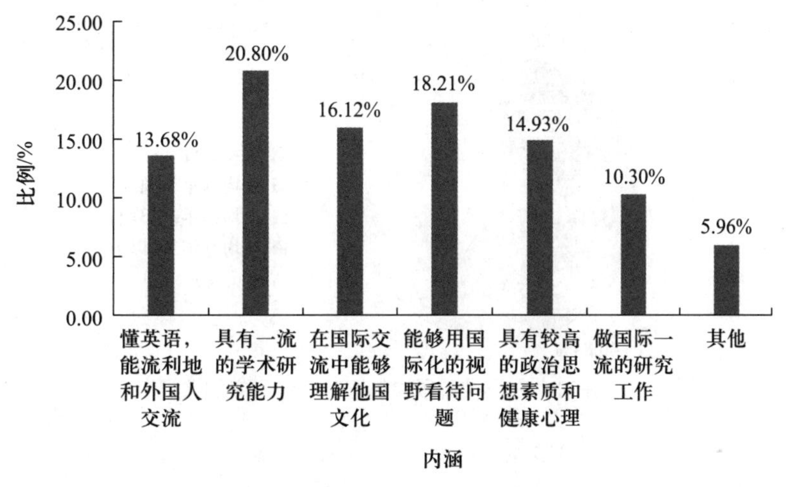

图 5-9 对国际化人才内涵的理解

九、参加国际学术交流活动情况

地质学硕士研究生表示，没有参加过国际学术交流活动的占 39.20%，平均每年参加一项国际学术交流活动的占 40.26%，平均每年参加 2~3 项国际学术交流活动的占 14.55%，平均每年参加 3 项以上国际学术交流活动的占 5.99%，如图 5-10 所示。

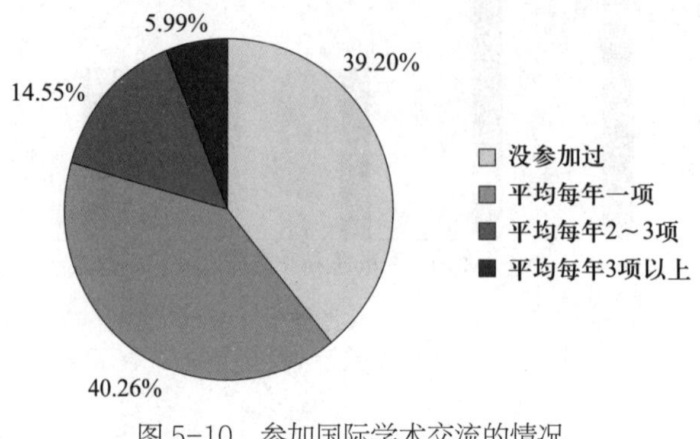

图 5-10　参加国际学术交流的情况

十、参加国际合作研究情况

地质学硕士研究生中，没参加过国际合作研究的占 41.20%，平均每年参加国际合作活动一项的占 40.84%，平均每年参加国际合作活动 2~3 项的占 10.85%，平均每年参加国际合作活动 3 项以上的占 7.12%，如图 5-11 所示。

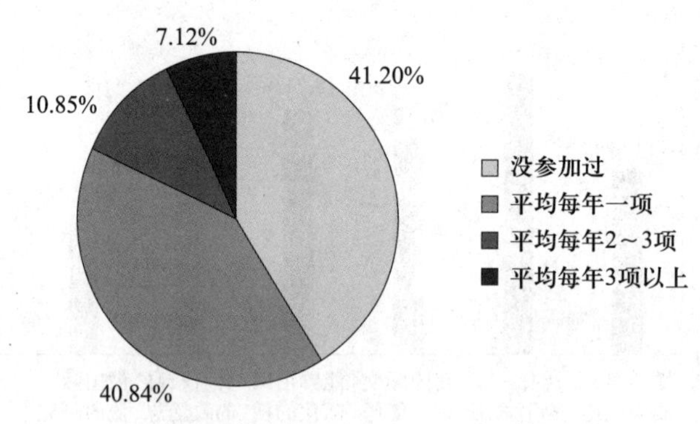

图 5-11　在学校阶段参加国际合作研究的情况

十一、在国内外学术期刊发表学术论文

地质学硕士研究生中，没有在期刊上发表过学术论文的占 34.97%，在国内期刊 SCI 发表过学术论文的占 31.27%，在国际期刊 SCI 上发表过学术论文的占 9.81%，在国内期刊 EI 上发表过学术论文的占 7.72%，在国际期刊 EI 上发表过论文的占 4.29%，发表过国际会议论文的占 3.52%，其他情况占 8.43%，如图 5-12 所示。

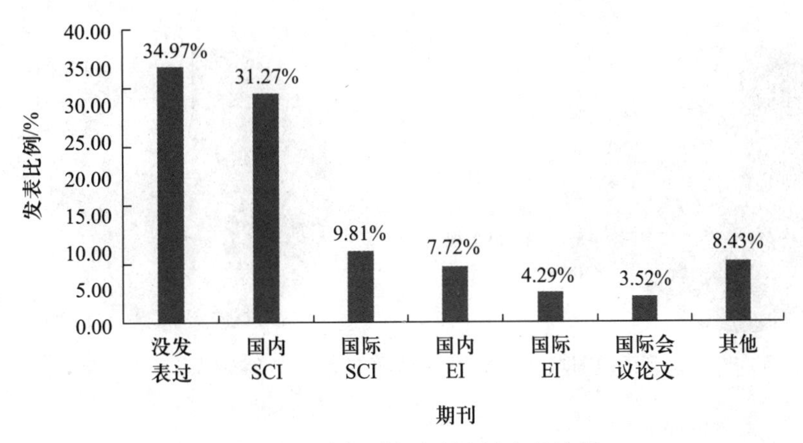

图 5-12　在期刊发表学术论文的情况

十二、对地质学科与国际接轨程度的评价

调查数据显示，地质学硕士研究生认为所在学校地质学科与国际接轨程度差的占9.52%，一般的占31.11%，良好的占36.05%，密切的占23.32%，如图5-13所示。

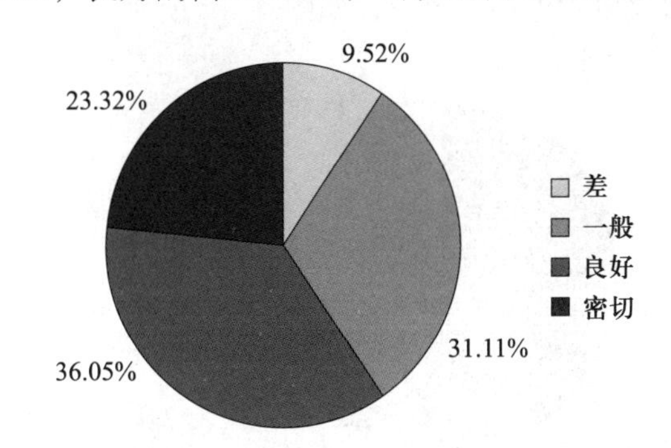

图 5-13　对所在学校地质学学科与国际接轨程度评价

十三、对所在学科重视国际化人才培养的评价

地质学硕士研究生认为，所在学科领域方向不重视国际化人才培养的占9.62%，认为一般的占28.48%，较重视的占37.30%，很重视的占24.61%，如图5-14所示。

十四、对拓展自身国际化能力必要程度的评价

调查数据显示，地质学硕士研究生对拓展自身国际化能力方面，认为没有必要的占4.26%，认为一般的占15.82%，有必要的占37.83%，很有必要的占42.09%，如图5-15所示。

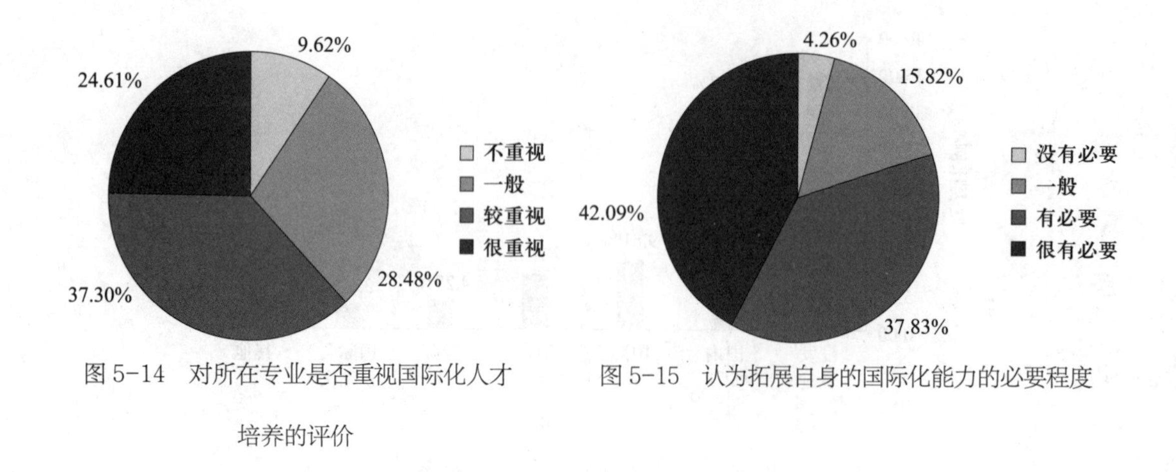

图 5-14　对所在专业是否重视国际化人才培养的评价

图 5-15　认为拓展自身的国际化能力的必要程度

十五、阅读地质学类外文原版书籍、期刊、报纸或浏览相关网站的频率

关于阅读地质学类外文原版书籍、期刊、报纸或浏览相关网站的频率，地质学硕士研究生中每周 0 次的占 14.71%，每周 1 次的占 32.17%，每周 3 次的占 28.76%，每周 5 次的占 15.98%，每周 7 次及以上的占 8.39%，如图 5-16 所示。

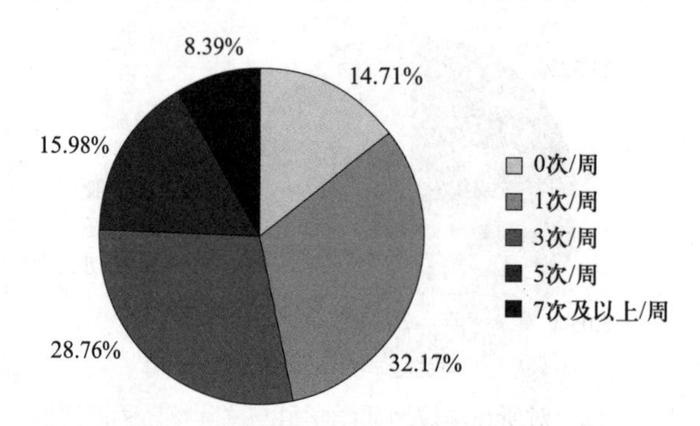

图 5-16　阅读地质学类外文原版书籍、期刊、报纸或浏览相关网站的频率

十六、外文学术文章阅读能力

地质学硕士研究生在外文学术文章阅读方面表示，看不大懂的占 16.15%，基本能看懂的占 45.88%，完全能看懂的占 31.60%，精读并合理运用的占 6.37%，如图 5-17 所示。

十七、参加国际合作交流活动的类型

地质学硕士研究生参加过的国际合作交流活动类型多样，表示从未参加过以下国际合作与交流活动类型的占31.48%，参加过学校组织交换生项目的占30.38%，参加过寒暑假夏令营的占9.99%，参加过国际学术会议的占11.18%，参加过国际间交流实习的占7.28%，参加过海外研修学习的占4.27%，参加过其他国际合作交流活动的占5.43%，如图5-18所示。

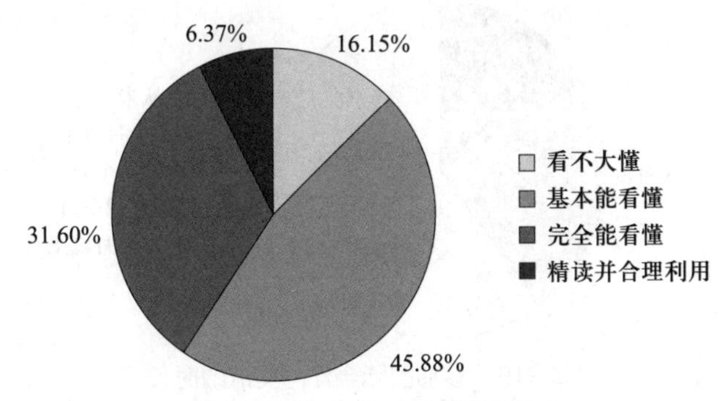

图5-17　外文学术文章阅读能力

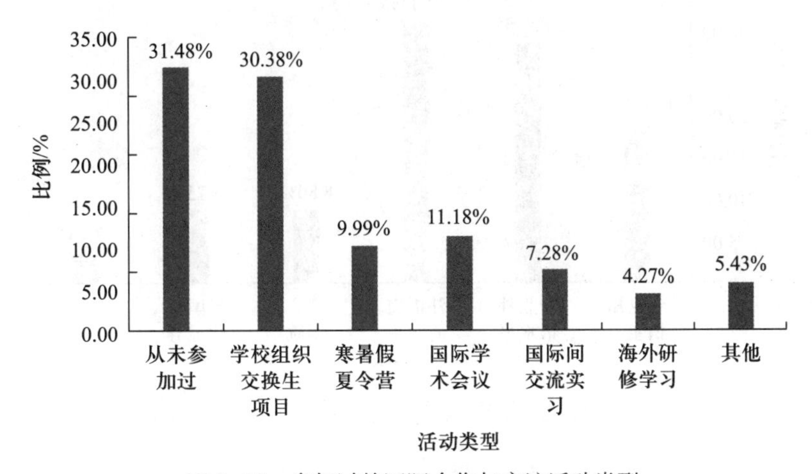

图5-18　参加过的国际合作与交流活动类型

十八、参加国际合作交流活动的时长

调查数据显示，地质学类硕士研究生中从未参加过国际合作交流活动的占60.00%，参与国际合作与交流活动时长在3个月以下的占23.81%，时长为3至6个月的占11.20%，时长为7至12个月的占2.85%，时长为12个月以上的占2.14%，如图5-19所示。

十九、对自己在国际合作交流中较为薄弱方面的评价

地质学硕士研究生认为自己在国际合作交流中较为薄弱的项目主要有：自己在专业知

识能力方面较为薄弱的占 19.23%，自己在专业外语水平方面比较薄弱的占 28.67%，自己是外语交流水平上比较薄弱的占 31.11%，自己身心素质比较薄弱的占 8.80%，自己在异国文化差异方面比较薄弱的占比 8.75%，其他占 3.44%，如图 5-20 所示。

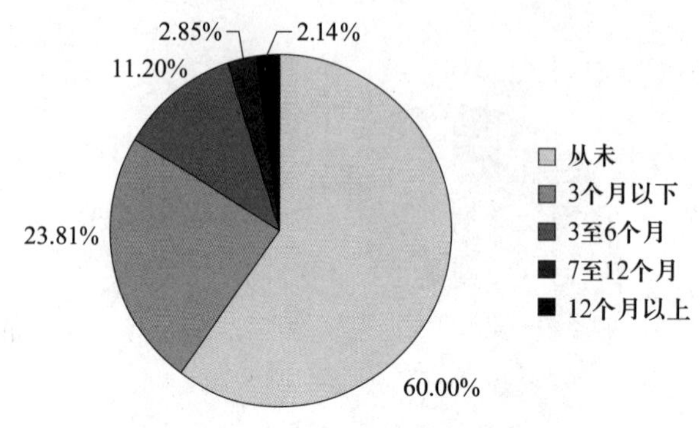

图 5-19　参加国际合作与交流的时长

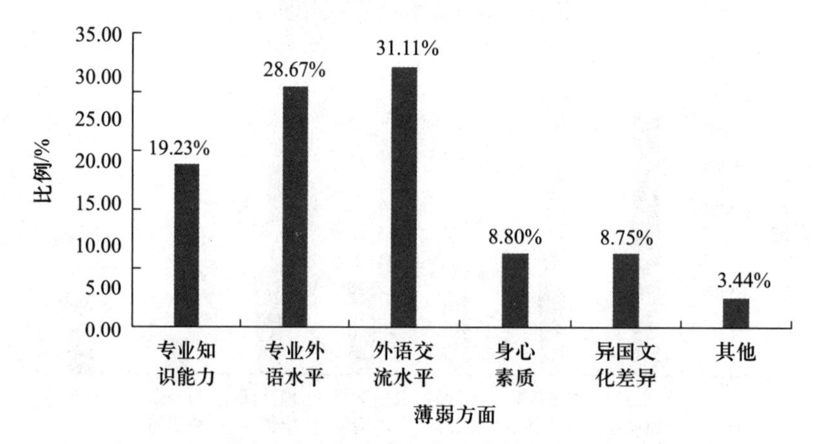

图 5-20　对自己在国际合作与交流中较为薄弱方面的评价

二十、对本专业教育教学满足国际化人才培养需求的评价

针对本专业教育教学满足国际化人才培养需求情况，地质学硕士研究生认为，不能满足的占 21.78%，基本满足的占 38.21%，满足的占 27.47%，完全满足的占 12.54%，如图 5-21 所示。

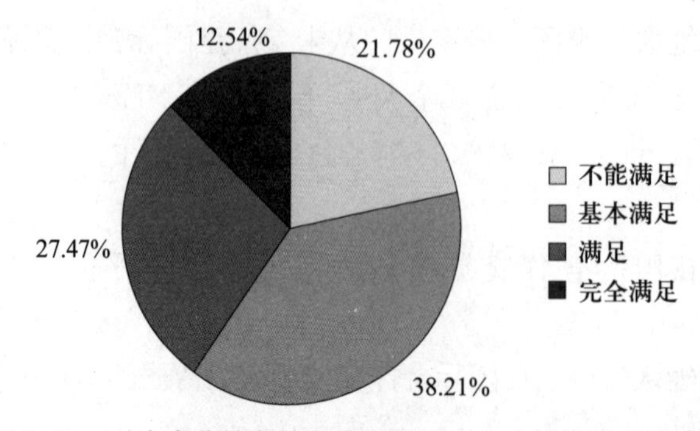

图 5-21　对本专业教育教学满足国际化人才培养需求的评价

二十一、对本校地质学国际化人才培养的不足方面的评价

调查数据显示，认为本校地质学人才培养国际化不足的主要有：认为国外优秀师资不足的占13.51%，认为可提供的留学名额较少的占26.57%，可提供的资金不充足的占26.42%，校内与国外高校合作交流程度不高的占23.47%，其他占10.03%，如图5-22所示。

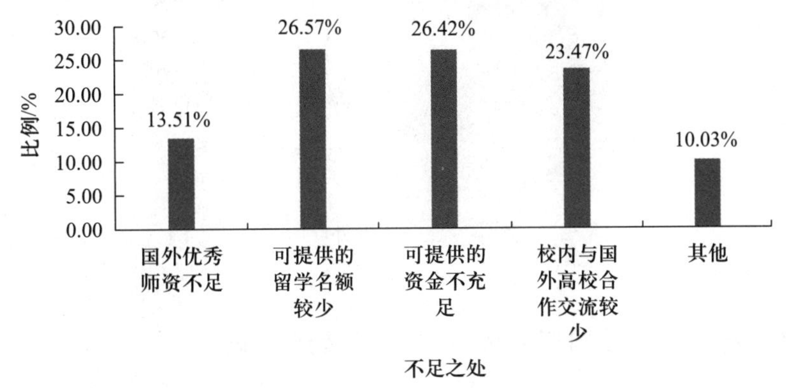

图5-22　对本校地质学国际化人才培养不足方面的评价

二十二、外籍教师在专业教师中所占比例

调查数据显示，外籍教师在地质专业教师中所占比例在10%以下的占45.26%，10%~20%的占34.34%，20%~30%的占13.84%，30%~40%的占5.38%，40%以上占1.19%，如图5-23所示。

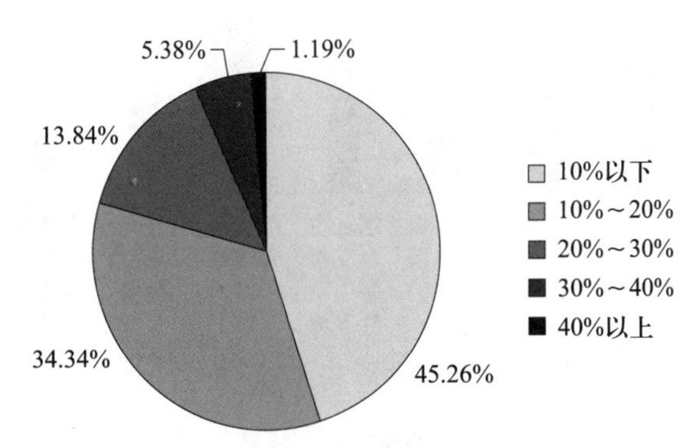

图5-23　外籍教师在各类教师中所占比例

二十三、所学专业采用国外原版教材的比例

地质专业采用国外原版教材所占比例，调查数据显示，30%以下的占45.12%，

30%~50% 的占 38.06%，50%~70% 的占 12.23%，70% 以上的占 4.27%，如图 5-24 所示。

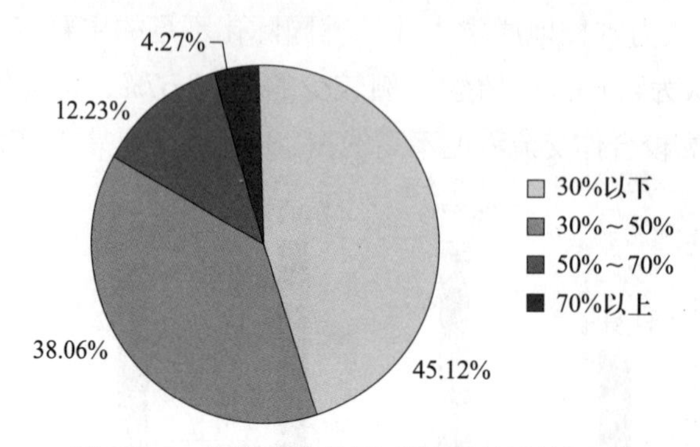

图 5-24　所学专业采用国外原版教材的比例

二十四、本校地质学国际化人才培养的改进建议

认为地质学国际化人才培养应该在以下方面努力改进的，认为应引进优秀国际师资的占 11.60%；定期参与各国地质论坛、会议的占 16.20%；吸收引进他国地质学课程体系的占 14.86%；增加资金支持学生对外交流的占 15.89%；加大海外研修学习力度的占 16.05%；直接使用英语授课的占 10.13%，与海外大学长期联合办学，占 10.43%，其他占 4.85%，如图 5-25 所示。

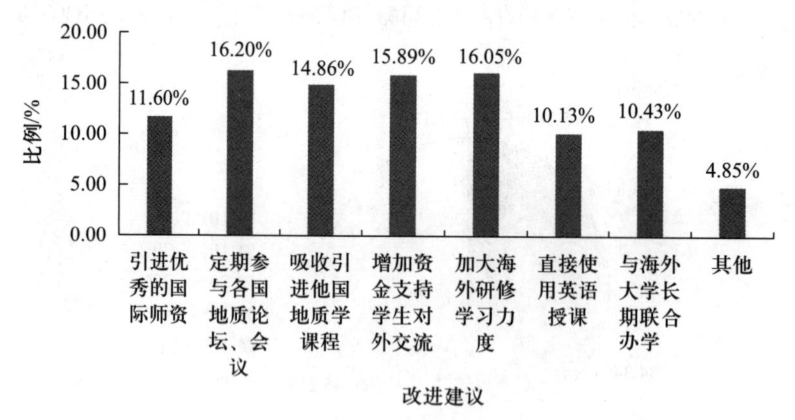

图 5-25　对本校地质学国际化人才培养的改进建议

二十五、对有利于提升自身国际化水平方式的评价

关于提升自身国际化水平的有利方式有多种，主要有：阅读书籍，占 11.10%，参与各类国际学术交流，占 24.22%；出国留学，占 27.45%；境外实习，占 21.55%；教师教授，

占 11.33%；其他占 4.35%，如图 5-26 所示。

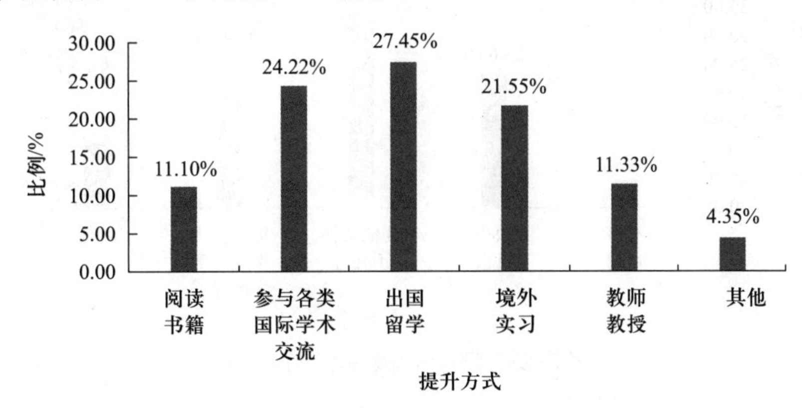

图 5-26　对有利于提升自身国际化水平方式的评价

二十六、出国学习交流的经验

调查数据显示，根本不打算出国获得学习经验的占 49.68%，已经出过国并获得学习经验的占 42.85%，正在计划出国留学的占 8.46%，如图 5-27 所示。

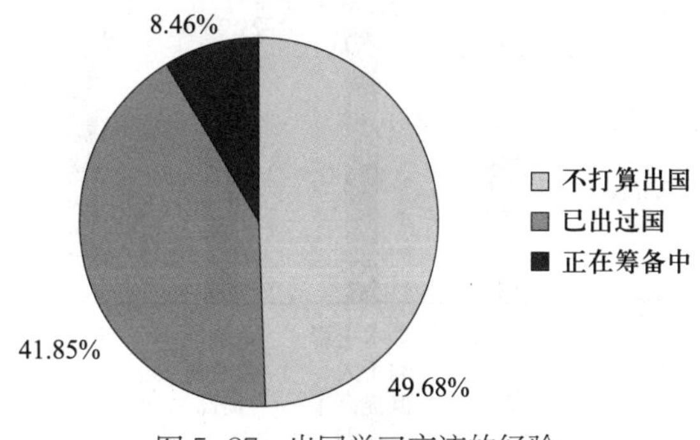

图 5-27　出国学习交流的经验

二十七、没有出国交流学习的原因

地质学硕士研究生中没有出国交流学习的原因有多个，调查数据显示主要有：不感兴趣的占 4.77%，缺少机会的占 23.65%，语言能力不足且有交流障碍的占 26.42%，其他条件不允许的占 33.59%，其他原因占 11.57%，如图 5-28 所示。

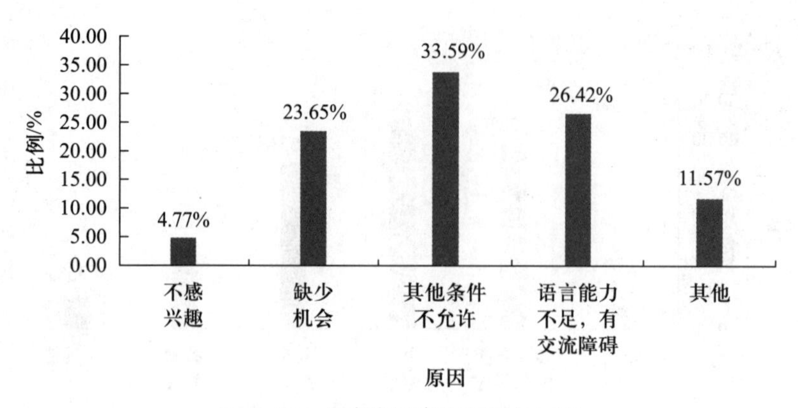

图 5-28　没有出国交流学习的原因

二十八、出国学习交流对自己的影响

调查数据显示，认为出国学习交流对自身没有什么影响的占 7.43%，对自身学术水平有所提高的占 19.27%，对自身学术影响不大但提高了视野的占 22.96%，对自身语言能力有所提高的占 21.26%，对自身就业带来优势的占 20.98%，其他占 8.09%，如图 5-29 所示。

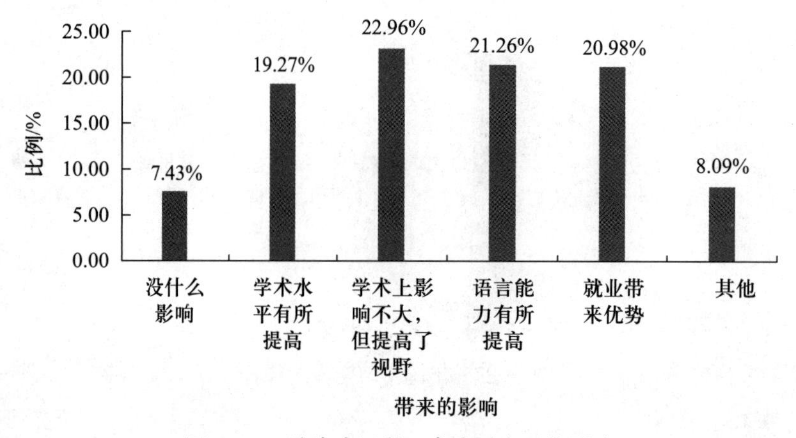

图 5-29　认为出国学习交流对自己的影响

二十九、出国学习交流的国家

调查数据显示，发达国家是地质学硕士研究生出国学习的理想目的地，其中美国占 45.60%，英国占 11.47%，法国占 6.76%，德国占 7.63%，意大利占 3.79%，澳大利亚占 4.62%，加拿大占 4.04%，日本占 3.74%，韩国占 3.01%，新加坡占 1.99%，其他国家占 7.34%，如图 5-30 所示。

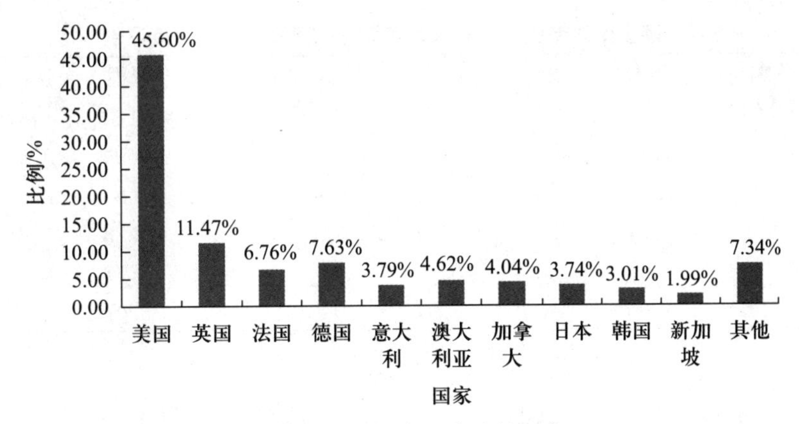

图 5-30　出国学习交流的国家

三十、涉猎过的国际法律、法规

地质学硕士研究生中，涉猎过国际交往规则的占 27.98%，涉猎过国际金融规则的占 10.29%，国家领土主权规则的占 12.75%，国际军事规则的占 9.96%，其他国际规则的占 5.73%，对国际法律法规都不知道的占 33.28%，如图 5-31 所示。

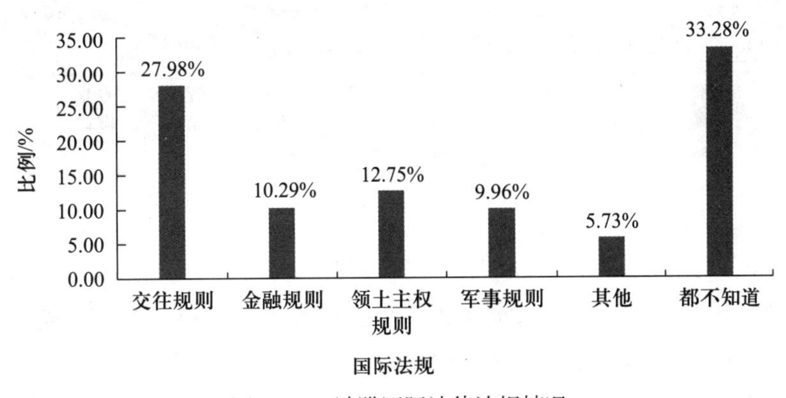

图 5-31　涉猎国际法律法规情况

三十一、对专业国际化人才培养影响要素及其重要程度的评价

地质学硕士研究生认为，影响国际化人才培养的要素主要包括专业设置、课程结构、课程内容、教学方法、教学手段、师资队伍、文化交流、学术交流、参与项目等，每个要素对国际化人才培养的影响程度也不一样，其评价详见表 5-2、图 5-32。

表 5-2 硕士生对专业国际化人才培养影响要素的重要程度评价 单位：%

重要程度	参与项目	学术交流	文化交流	师资队伍	教学手段	教学方法	课程内容	课程结构	专业设置
很重要	36.24	41.69	29.63	29.32	23.37	24.76	24.94	16.69	15.84
重要	37.37	39.61	39.28	40.21	41.29	40.78	42.83	42.28	40.20
一般	19.78	13.86	22.41	22.27	25.69	24.90	23.28	29.45	28.54
不重要	5.03	3.87	6.33	5.91	7.71	7.18	6.70	8.62	9.08
无所谓	1.59	0.96	2.35	2.28	1.94	2.38	2.25	2.97	6.35

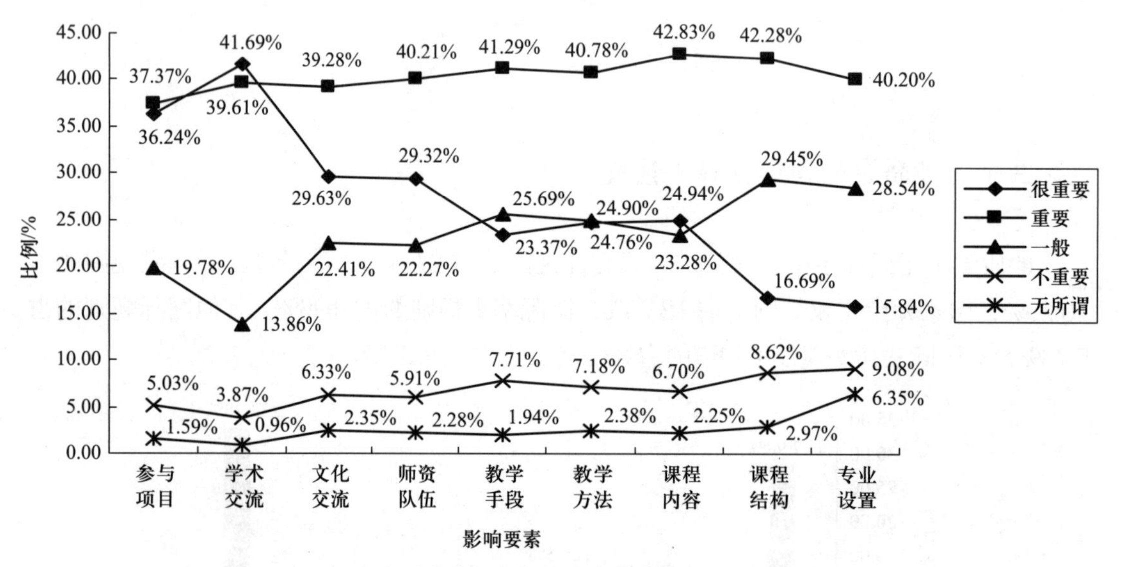

图 5-32 硕士生对专业国际化人才培养影响要素重要程度的评价

从表 5-2、图 5-32 数据变化趋势分析，在影响地质学硕士研究生国际化培养的 9 个要素中，地质学硕士研究生认为影响的程度是有差异的。调研数据分析显示，从很重要的维度看，依次为学术交流 41.69%、参与项目 36.24%、文化交流 29.63%、师资队伍 29.32%、课程内容 24.94%、教学方法 24.76%、教学手段 23.37%、课程结构 16.69%、专业设置 15.84%；从重要维度看，依次为课程内容 42.83%、课程结构 42.28%、教学手段 41.29%、教学方法 40.78%、师资队伍 40.21%、专业设置 40.20%、学术交流 39.61%、文化交流 39.28%、参与项目 37.37%；从一般维度看，依次为课程结构 29.45%、专业设置 28.54%、教学手段 25.69%、教学方法 24.90%、课程内容 23.28%、文化交流 22.41%、师资队伍 22.27%、参与项目 19.78%、学术交流 13.86%；认为影响不重要的依次为专业设置 9.08%、课程结构 8.62%、教学手段 7.71%、教学方法 7.18%、课程内容 6.70%、文化交流 6.33%、师资队伍 5.91%、参与项目 5.03%、学术交流 3.87%；认为无所谓的依次为专业设置 6.35%、课程结构 2.97%、文化交流 2.35%、课程内容 2.25%、师资队伍 2.28%、教学手段 2.23%、教学手段 1.94%、参与项目 1.59%、学术交流 0.96%。

（一）专业设置

专业设置是国际化人才培养的重要影响要素之一。调查数据显示对其重要程度的认识，认为无所谓的占 6.35%，不重要的占 9.08%，一般的占 28.54%，重要的占 40.20%，很重要的占 15.84%，如图 5-33 所示。

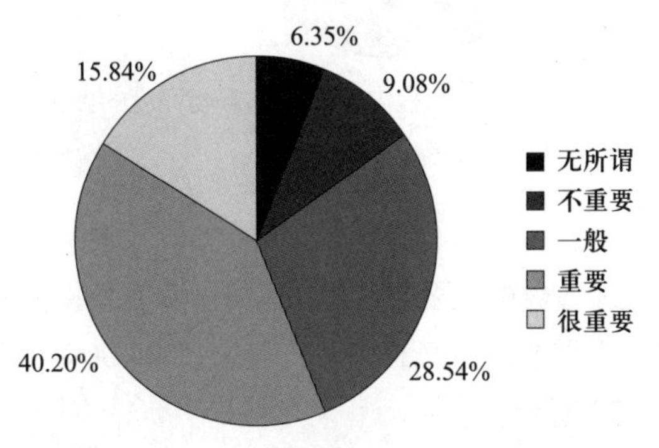

图 5-33 对专业设置国际化重要程度的评价

（二）课程结构

课程结构是国际化人才培养的重要影响要素之一。调查数据显示对其重要程度的认识：认为无所谓的占 2.97%，不重要的占 8.62%，一般的占 29.45%，重要的占 42.28%，很重要的占 16.69%，如图 5-34 所示。

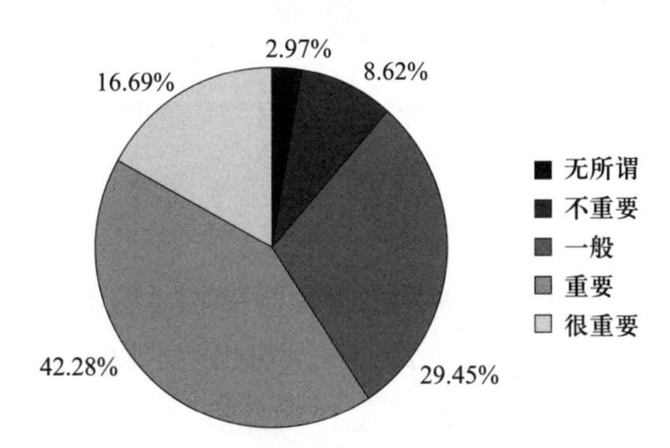

图 5-34 对课程结构国际化重要程度的评价

（三）课程内容

课程内容是国际化人才培养的重要影响要素之一。调查数据显示对其重要程度的认识：认为无所谓的占 2.25%，不重要的占 6.70%，一般的占 23.28%，重要的占 42.83%，很重要的占 24.94%，如图 5-35 所示。

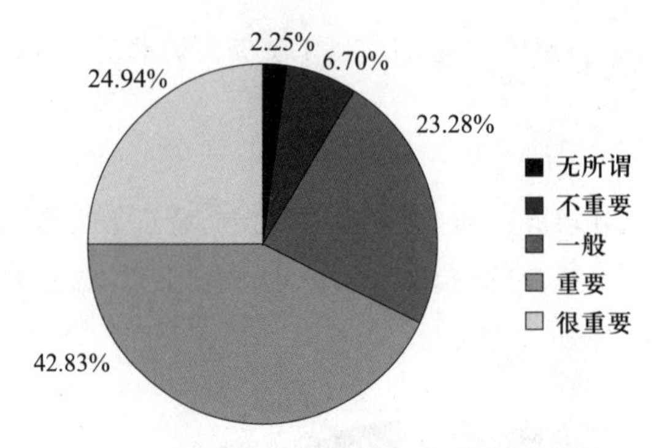

图 5-35　对课程内容国际化重要程度的评价

（四）教学方法

教学方法是国际化人才培养的重要影响要素之一。调查数据显示对其重要程度的认识：认为无所谓的占 2.38%，不重要的占 7.18%，一般的占 24.90%，重要的占 40.78%，很重要的占 24.76%，如图 5-36 所示。

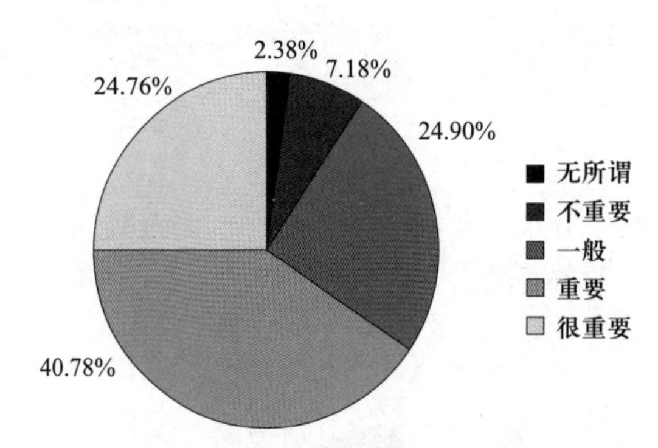

图 5-36　对教学方法国际化重要程度评价

（五）教学手段

教学手段是国际化人才培养的重要影响要素之一。调查数据显示对其重要程度的认识：认为无所谓的占 1.94%，不重要的占 7.71%，一般的占 25.69%，重要的占 41.29%，很重要的占 23.37%，如图 5-37 所示。

（六）师资队伍

师资队伍是国际化人才培养的重要影响要素之一。调查数据显示对其重要程度的认识：认为无所谓的占 2.28%，不重要的占 5.91%，一般的占 22.27%，重要的占 40.21%，很重要的占 29.32%，如图 5-38 所示。

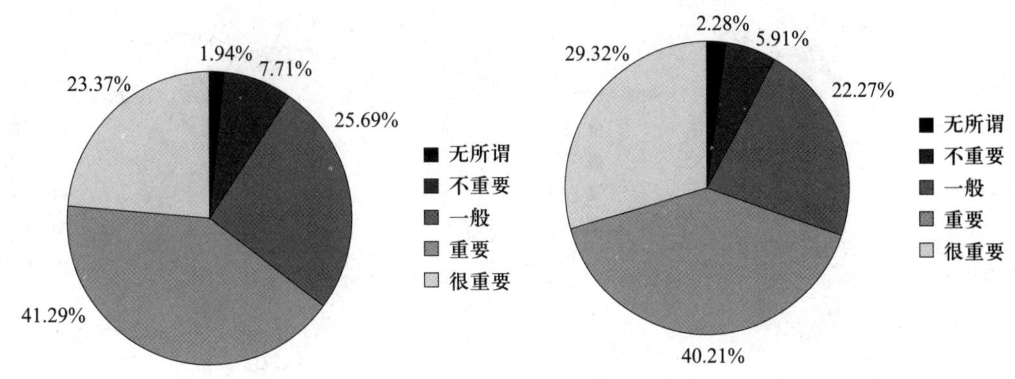

图 5-37　教学手段国际化重要程度评价　　图 5-38　师资队伍国际化重要程度的看法

（七）文化交流

文化交流是国际化人才培养的重要影响要素之一。调查数据显示对其重要程度的认识：认为无所谓的占 2.35%，不重要的占 6.33%，一般的占 22.41%，重要的占 39.28%，很重要的占 29.63%，如图 5-39 所示。

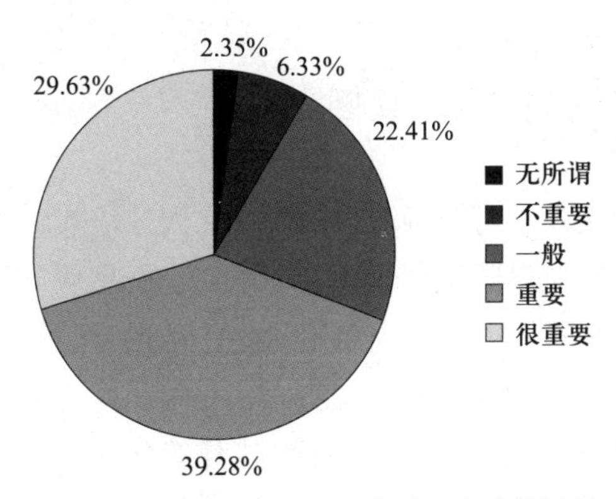

图 5-39　对文化交流国际化重要程度的评价

（八）学术交流

学术交流是国际化人才培养的重要影响要素之一。调查数据显示对其重要程度的认识：认为无所谓的占 0.96%，不重要的占 3.87%，一般的占 13.86%，重要的占 39.61%，很重要的占 41.69%，如图 5-40 所示。

（九）参与项目

参与项目是国际化人才培养的重要影响要素之一。调查数据显示对其重要程度的评价：认为无所谓的占 1.59%，不重要的占 5.03%，一般的占 19.78%，重要的占 37.37%，很重要的占 36.24%，如图 5-41 所示。

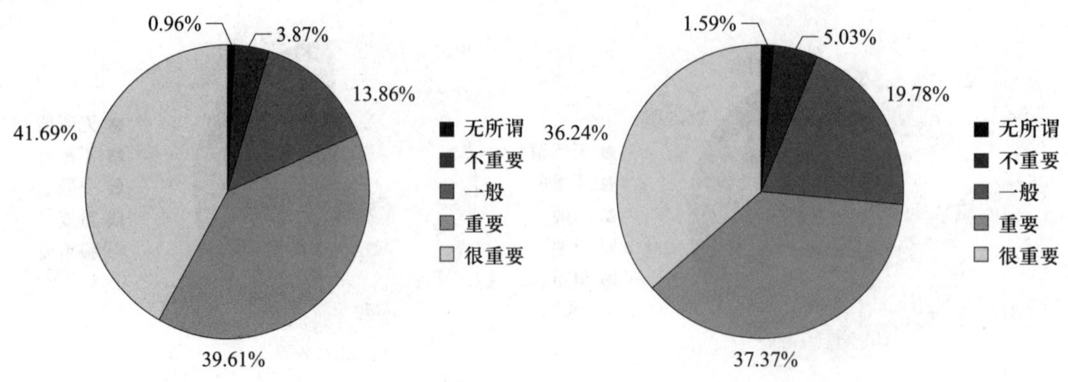

图 5-40 对学术交流国际化重要程度的评价　　图 5-41 对参与项目国际化重要程度的评价

第三节 地质学硕士研究生培养国际化问题

一、对国际化人才内涵理解有误区

地质学硕士研究生认为所在学科领域重视国际化人才培养，对拓展和提升自身国际化合作交流能力十分必要，但是实际执行效果并不乐观。一是从个人层面与组织层面对国际化理解认识不一，未能形成叠加效应，信息不对称，认识有偏差。如认为懂英语且能流利地与外国人交流、具有一流的国际学术研究能力、在国际交流中能够理解他国文化、能够用国际化的视野看待问题、能做国际一流的研究工作等就是国际化人才的标准。二是实际行动不足，从未参加过国际合作与交流活动达到 60.00%，参加过海外研修学习或参加过国际合作交流活动的不足 10%。没有出国交流学习的原因有很多，包括不感兴趣、缺少机会、条件不允许、语言能力不足且有交流障碍等。三是从组织层面讲，本专业教育教学尚不能满足国际化人才培养需求。调查数据显示，认为不能满足的占 21.78%，基本满足的占 38.21%，能够满足的占 27.47%，完全满足的只有 12.54%。关于出国学习交流对自己的影响，调查数据显示，认为出国学习交流对自身学术水平、国际视野、语言水平、就业优势等没有什么影响的占 7.43%。而且期望学习交流的国家依次为美国、英国、德国、法国、澳大利亚、加拿大、意大利、日本、韩国、新加坡等一些发达国家，响应国家一带一路倡议沿线国家的很少。

二、国际合作交流能力相对薄弱

地质学硕士研究生认为国际合作交流能力较为薄弱。一是在原因方面，主要体现在专业知识能力、专业外语水平、外语交流水平、身心素质、异国文化差异等方面比较薄弱。二是国际学术话语权远远不够，如在国际期刊 SCI 上发表过学术论文的仅 9.81%，在国际期刊 EI 上发表过论文的只有 4.29%，发表过国际会议论文的也只有 3.52%。三是学习动力不足，阅读地质学类外文原版书籍、期刊、报纸或浏览相关网站的频率不高，每周 1 次的占 32.17%，每周 3 次的占 28.76%，每周 5 次的占 15.98%，每周 7 次及以上的占 8.39%。

三、语言因素制约着国际化进展

语言是国际化重要工具和必要条件。地质学硕士研究生英语水平符合出国条件的并不多。大多使用英语交流，但达到雅思 6 分及以上的仅 28.29%，托福 80 分及以上的 6.09%。除英语外所掌握第二种外语的情况也制约着国际化培养，如学习并掌握日语的占 11.27%，法语的占 9.71%，德语的 8.98%，韩语的 8.76%，俄语的 5.30%，这与国家战略需求、组织需要目标不大相符。二是与外籍专家学者直接对话沟通能力较弱，地质学硕士研究生中回答不清楚、听不懂也无法交流的高达 28.32%，而与外籍专家学者交流的方式中近一半的人采用电子邮件、QQ、MSN。三是阅读外文学术文章文献水平能力较弱，地质学硕士研究生在外文学术文章阅读完全能看懂，能精读并合理运用的仅占三分之一左右，大多只有基本能看懂水平甚至看不大懂。

四、影响国际化发展因素多种多样

调查数据显示，地质学硕士研究生培养国际化产生不足的原因是多方面的，主要是国外优秀师资不足、可提供的留学名额较少、可提供的资金不充足、校内与国外高校合作交流较少。影响地质学硕士研究生国际化人才培养的要素主要有 9 个，即专业设置、课程结构、课程内容、教学方法、教学手段、师资队伍、文化交流、学术交流、参与项目等。每个要素对地质学硕士研究生国际化人才培养的影响程度都不一样。调研数据显示，在影响地质学硕士研究生国际化培养的 9 个要素中，地质学硕士研究生认为影响的程度是有差异的，从很重要程度的角度看依次为学术交流、参与项目、文化交流、师资队伍、课程内容、教学方法、教学手段、课程结构、专业设置。地质学硕士研究生认为外籍教师在各类教师中所占比例不高，调查数据显示，外籍教师在地质专业教师中比例在 10% 以下的达 45.26%，10% ~ 20% 的占 34.34%，20% ~ 30% 的 13.84%，30% ~ 40% 的 5.38%，40% 以上的仅有 1.19%。所学专业采用国外原版教材在专业书籍中所占比例不乐观，30%

以下的达 45.12%，30% ~ 50% 的 38.06%，50% ~ 70% 的占 12.23%，70% 以上的仅有 4.27%。

五、对他国国际法律法规学习理解不够

地质学硕士研究生对所赴学习目的地国的法律法规、民族文化了解不够，这些与国际化关联度较高的内容主要包括国际交往规则、国际金融规则、国家领土主权规则、国际军事规则等，地质学硕士研究生中对国际法律法规都不知道的竟然高达三分之一。

六、地质学国际化人才培养措施须创新改进

一是围绕国际化专项教育教学活动，出台针对性的政策；大力引进优秀的国际师资，定期参与各国地质论坛和会议，吸收引进他国地质学课程体系，增加资金支持学生对外交流，加大海外研修学习力度，直接使用英语授课，与海外大学长期联合办学等。二是在提升学生国际化动力激励举措上下功夫，通过阅读书籍、参与各类国际学术交流活动、出国留学、境外实习、教师教授等方式提升自身国际化水平。三是主动组织开展丰富多彩、切实有效的国际化学术交流活动，营造深厚的国际化文化氛围。

本章小结

地质学硕士研究生培养阶段是地质学基础研究人才国际化能力培养和提升的重要环节。本章对我国地质学硕士研究生培养国际化现状进行调查研究分析，重点从英语水平、第二种外语掌握情况、与外籍专家学者交流能力与方式、对国际化人才的内涵理解、对地质学与国际接轨程度评价、对所学专业重视国际化人才培养程度的评价、提升或拓展自身国际化能力、阅读地质学类外文原版书籍期刊报纸或浏览相关网站的频率、外文学术文章阅读能力、参加国际合作交流情况、参加国际合作与交流的时长、在国际合作与交流中的薄弱环节、专业教育教学满足国际化人才培养需求的程度、所接触的外籍教师在本专业教师中所占比例、所学专业采用国外原版教材在专业书籍中所占比例、提升自身国际化水平方式、对出国学习途径的了解与知晓程度、出国研修计划打算、愿意赴外交流的国家、涉猎国际法律法规情况、对地质学国际化人才培养影响要素的重要程度评价等进行综合调研详细分析。调查发现我国地质学硕士研究生培养国际化存在对国际化人才内涵理解认识偏差，个人国际合作交流能力较薄弱，语言等多种因素制约国际化进展、国际化发展举措不足等突出问题，需要及时有效解决。

第六章　地质学博士研究生培养国际化

地质学博士研究生培养国际化问题的调研采取随机抽样的调查方式，与硕士研究生调研问卷一同发放。其中近600名博士研究生填写了问卷，尽管样本相对硕士研究生和本科生数量少一些，但数据统计结果基本上可以佐证说明一些问题。

第一节　地质学博士研究生培养情况

从地质学博士研究生招收、毕业、在校学习三个维度进行调研，经考察、分析，其结果详见表6-1、图6-1。

我国地质学博士生招生情况，从2004年至2015年共招收7 125人，每年度的招收人数分别为，2004年586人占8.22%，2005年450人占6.32%，2006年500人占7.02%，2007年540人占7.58%，2008年529人占7.42%，2009年558人占7.83%，2010年575占8.07%，2011年617人占8.66%，2012年622人占8.73%，2013年658人占9.24%，2014年743人占10.43%，2015年747人占10.48%。

我国地质学博士研究生毕业情况，从 2004 年至 2015 年共毕业 5 268 人，每年度毕业生人数分别为，2004 年 308 人占 5.85%，2005 年 345 人占 6.55%，2006 年 472 人占 8.96%，2007 年 419 人占 7.95%，2008 年 431 人占 8.18%，2009 年 424 人占 8.05%，2010 年 455 人占 8.64%，2011 年 477 人占 9.05%，2012 年 392 人占 7.44%，2013 年 472 人占 8.96%，2014 年 564 人占 10.71%，2015 年 509 人占 9.66%。

我国地质学博士研究生在校情况，在校生共 27 385 人，每年度在校生人数分别为，2004 年 1 875 人占 6.85%，2005 年 1 835 人占 6.70%，2006 年 1 853 人占 6.77%，2007 年 1 933 人占 7.06%，2008 年 2 049 人占 7.48%，2009 年 2 137 人占 7.8%，2010 年 2 239 人占 8.18%，2011 年 2 319 人占 8.47%，2012 年 2 510 人占 9.17%，2013 年 2 643 人占 9.65%，2014 年 2 943 人占 10.75%，2015 年 3 049 人占 11.13%。

表 6-1　地质学博士研究生人才培养情况　　单位：人

培养人数	2004年	2005年	2006年	2007年	2008年	2009年	2010年	2011年	2012年	2013年	2014年	2015年	总计
招生人数	586	450	500	540	529	558	575	617	622	658	743	747	7 125
毕业人数	308	345	472	419	431	424	455	477	392	472	564	509	5 268
在校生人数	1 875	1 835	1 853	1 933	2 049	2 137	2 239	2 319	2 510	2 643	2 943	3 049	27 385

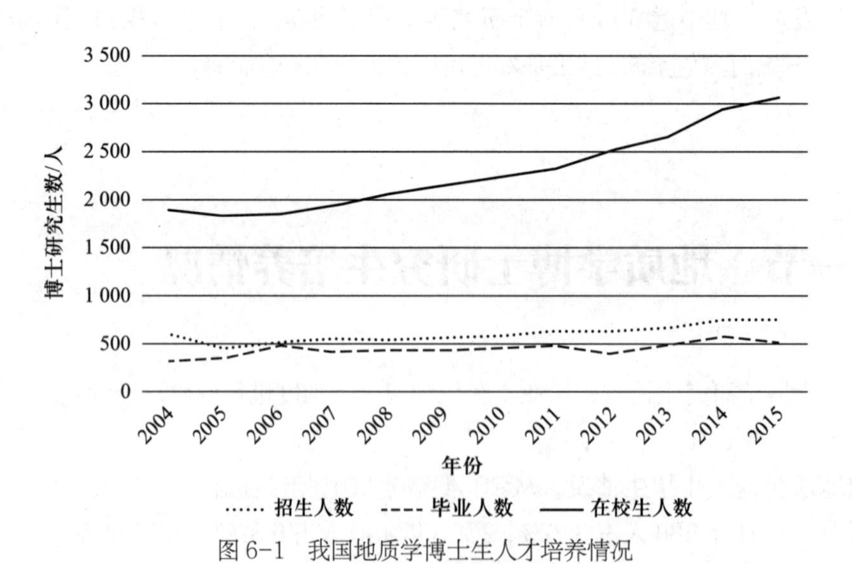

图 6-1　我国地质学博士生人才培养情况

第二节　地质学博士研究生培养国际化分析

对我国高校地质学博士研究生培养国际化进行问卷调查数据分析，较大样本抽样定量数据分析结果如下：

一、性别结构

地质学博士研究生中，男性占 66.67%，女性占 33.33%，如图 6-2 所示。

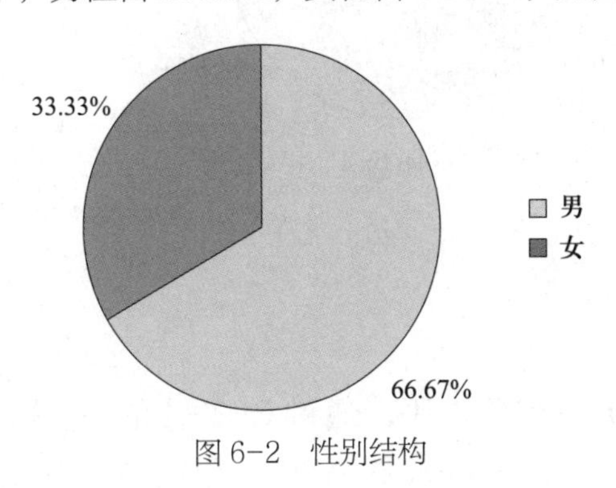

图 6-2　性别结构

二、读博士研究生的方式

地质学博士研究生中，直博生占 26.36%，本硕博连读的占 17.27%，硕博连读的占 56.36%，如图 6-3 所示。

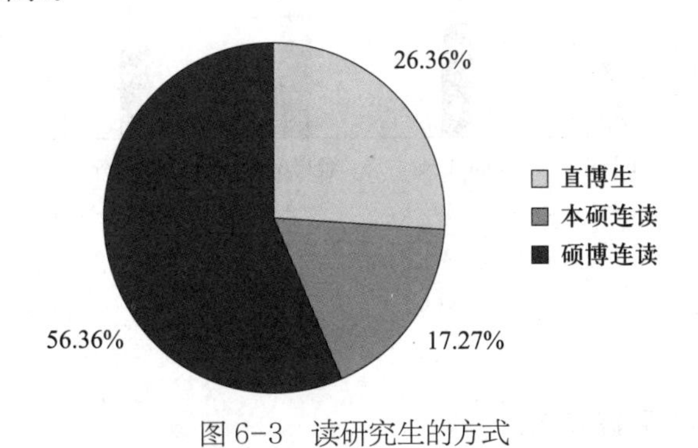

图 6-3　读研究生的方式

三、年级分布

地质学博士研究生中，一年级博士研究生占52.38%，二年级博士研究生占20.63%，三年级及以上博士研究生占26.98%，如图6-4所示。

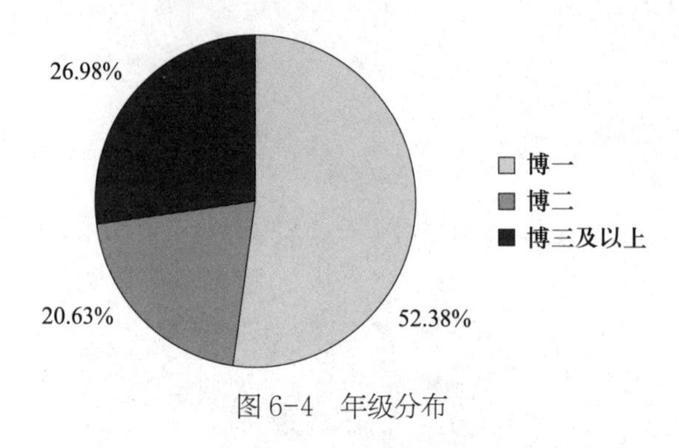

图6-4　年级分布

四、英语水平

地质学博士研究生的英语水平，通过CET-4的占12.16%，通过CET-6的占45.27%，雅思6分及以上的占25.00%，托福80分及以上的占比14.19%，其他的占3.38%，如图6-5所示。

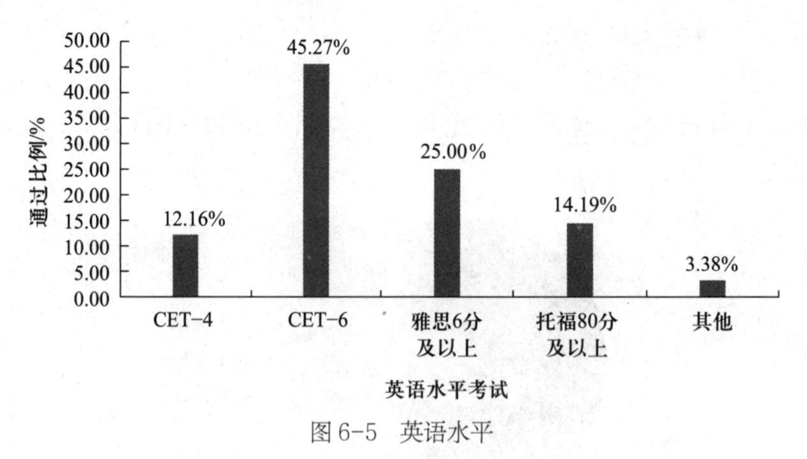

图6-5　英语水平

五、第二种外语掌握情况

地质学博士研究生中，学习并掌握日语的占15.69%，法语的占9.8%，德语的占6.86%，韩语的占13.73%，俄语的占5.88%，其他占48.04%，如图6-6所示。

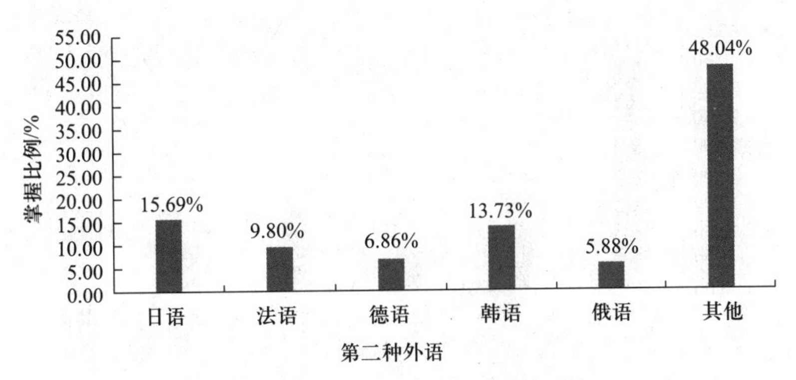

图 6-6 除英语外所掌握第二种外语情况

六、与外籍专家学者交流能力

地质学博士研究生与外籍专家学者交流的外语水平，对该问题回答不清楚的占 1.59%，听不懂且无法交流的占 9.52%，基本能听懂但无法与之流利交流的占 46.83%，能听懂且交流较为顺利的占 33.33%，能听懂且交流无障碍占比为 8.73%，如图 6-7 所示。

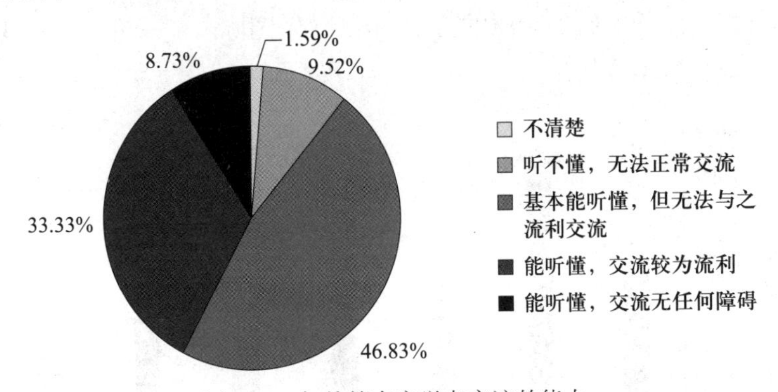

图 6-7 与外籍专家学者交流的能力

七、与外籍专家学者交流的方式

地质学博士研究生与外籍专家学者进行交流的方式多样，其中利用电子邮件的占 40%，利用 QQ、MSN 的占 17.42%，用电话交流的占 7.74%，通过面对面交流的占 14.19%，通过会议方式交流的占 9.03%，使用其他方式交流的占 11.61%，如图 6-8 所示。

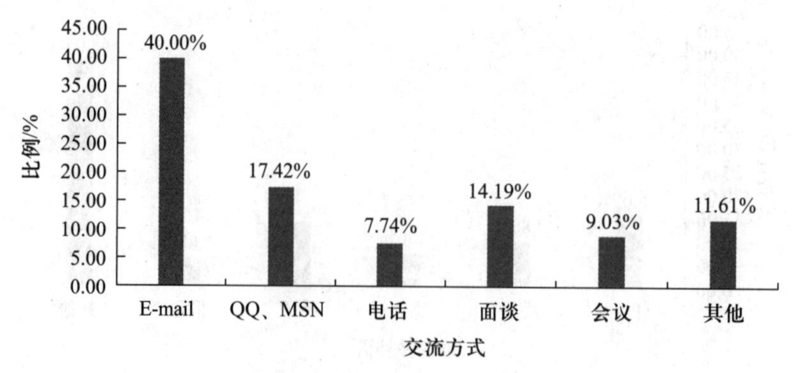

图 6-8　与外籍专家学者交流的方式

八、对国际化人才内涵的理解

地质学博士研究生对国际化人才内涵的理解不同而多样，认为国际化人才应该懂英语且能流利地与外国人交流的占 15.30%，认为具有一流学术研究能力的占 24.36%，认为在国际交流中能够理解他国文化的占 11.05%，能够用国际化视野看待问题的占 20.68%，具有较高政治思想素质和健康心理素质的占 10.48%，做国际一流研究工作的 12.18%，认为其他的占 5.95%，如图 6-9 所示。

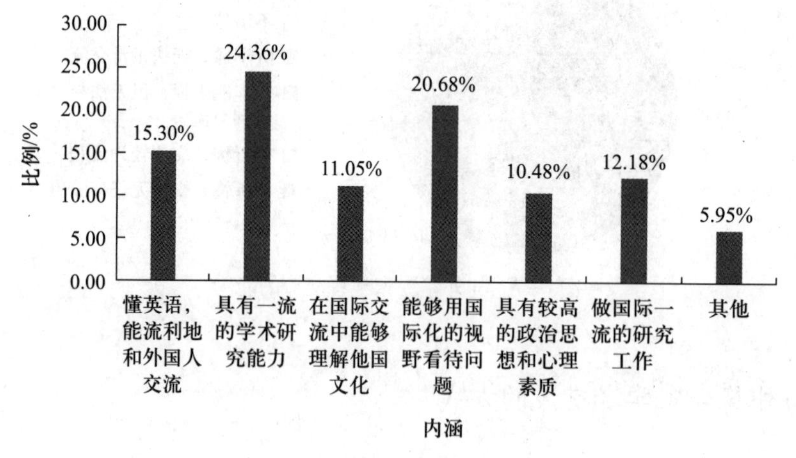

图 6-9　对国际化人才的理解

九、参加国际学术交流情况

地质学博士研究生中，没有参加过国际学术交流的占 24.8%，平均每年参加一项国际学术交流的占 33.60%，平均每年参加两三项国际学术交流的占 21.60%，平均每年参加国际交流三次以上的占 20.00%，如图 6-10 所示。

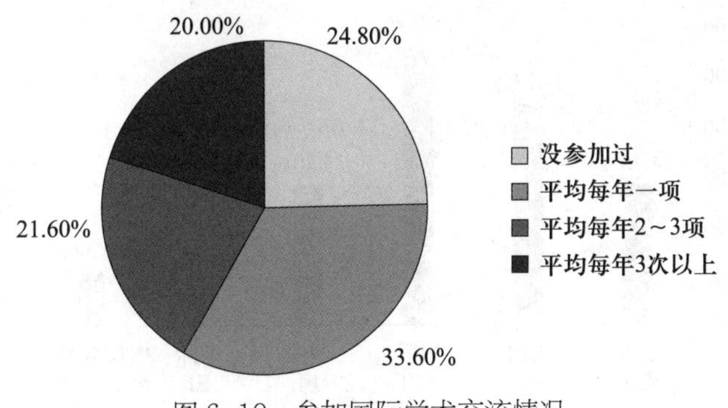

图 6-10　参加国际学术交流情况

十、参加国际合作研究情况

地质学博士研究生在学校学习期间，没参加过任何国际合作研究的占 35.20%，平均每年参加一项国际合作活动的占 47.20%，平均每年参加国际合作活动两三项的占 13.60%，平均每年参加国际合作活动三项以上的占 4.00%，如图 6-11 所示。

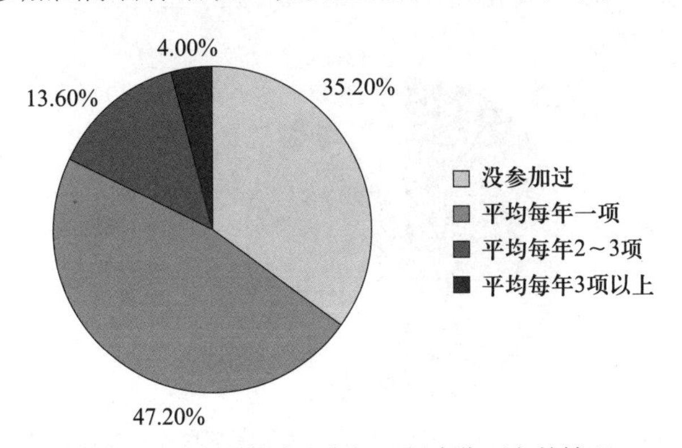

图 6-11　在学校阶段参加国际合作研究的情况

十一、在期刊发表学术论文的情况

地质学博士研究生中，没有在期刊上发表过学术论文的占 14.20%，在国内 SCI 发表过学术论文的占 22.22%，在国际 SCI 上发表过的占 28.40%，在国内 EI 上发表过的占 14.20%，在国际 EI 上发表过论文的占 3.70%，发表过国际会议论文的占 5.56%，其他的占 11.73%，如图 6-12 所示。

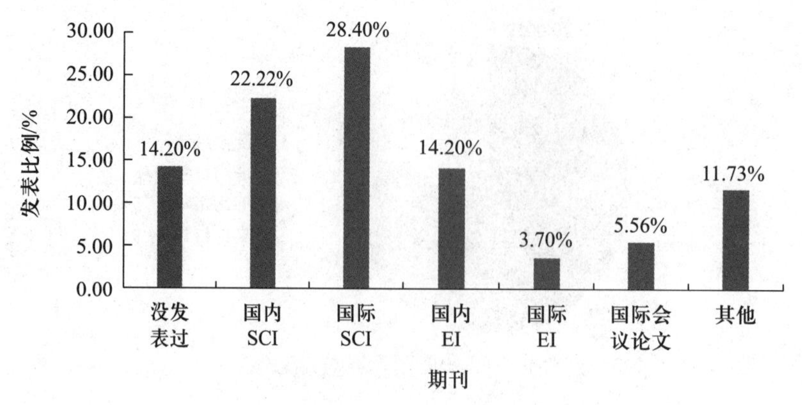

图 6-12　在期刊发表学术论文的情况

十二、关于所在学校地质学学科与国际接轨程度的评价

地质学博士研究生认为，所在学校地质学科与国际接轨程度差的占 8.13%，一般的占 38.21%，良好的占 35.77%，密切的占 17.89%，如图 6-13 所示。

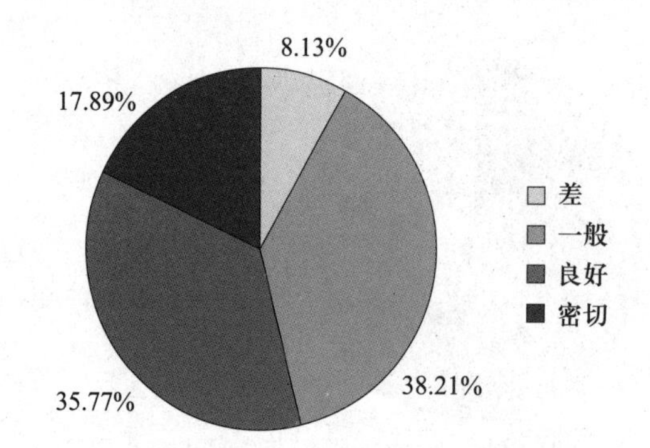

图 6-13　对所在学校地质学学科与国际接轨程度的评价

十三、对所在学科重视国际化人才培养的评价

地质学博士研究生认为，所在学科不重视国际化人才培养的占 9.52%，一般的占 26.98%，较重视的占 41.27%，很重视的占 22.22%，如图 6-14 所示。

十四、拓展自身国际化能力必要程度的评价

对拓展自身国际化能力必要程度，调查数据显示，地质学博士研究生认为，没有必要的占 3.97%，认为一般的占 12.70%，有必要的占 39.68%，很有必要的占 43.65%，如图 6-15

所示。

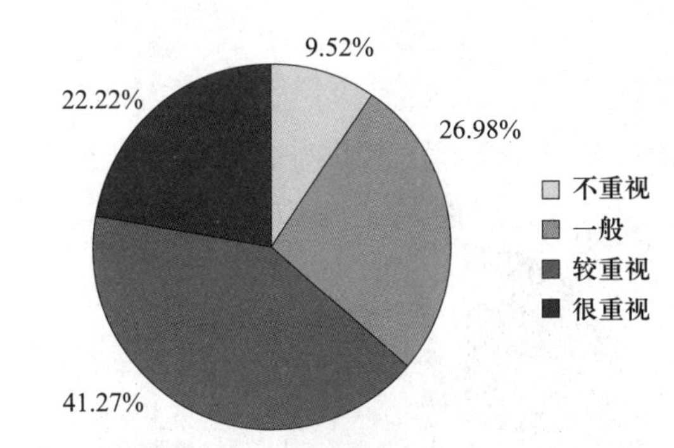

图 6-14　对所在学科是否重视国际化人才培养的评价

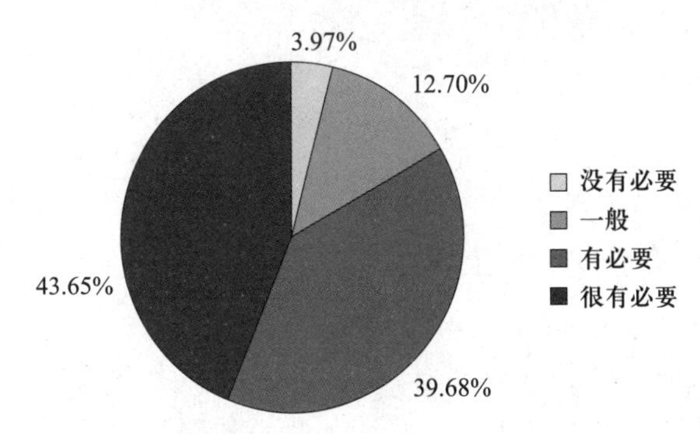

图 6-15　拓展自身国际化能力必要程度的评价

十五、阅读地质学类外文原版书籍、期刊、报纸或浏览相关网站的频率

调查数据显示，地质学博士研究生阅读地质学类外文原版书籍、期刊、报纸或浏览相关网站的频率，每周 0 次的占 7.94%，每周 1 次的占 24.60%，每周 3 次的占 26.98%，每周 5 次的占 17.46%，每周 7 次及以上的占 23.02%，如图 6-16 所示。

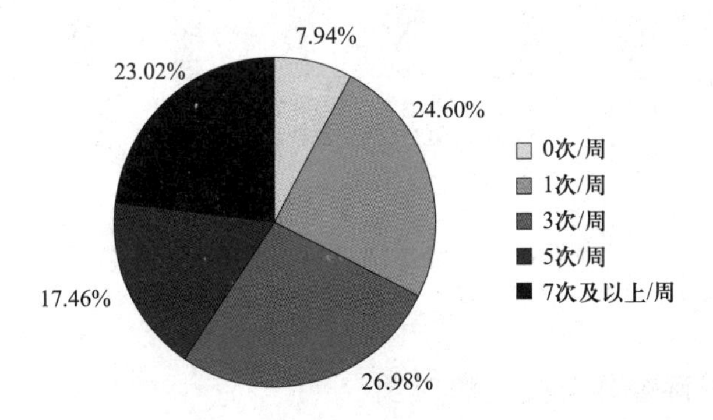

图 6-16　阅读地质学类外文原版书籍、期刊、报纸或浏览相关网站的频率

十六、外文学术文章阅读能力

调查数据显示，地质学博士研究生表示看不大懂外文学术文章的占4.76%，基本能看懂的占51.59%，完全能看懂的占32.54%，精读并合理运用的占11.11%，如图6-17所示。

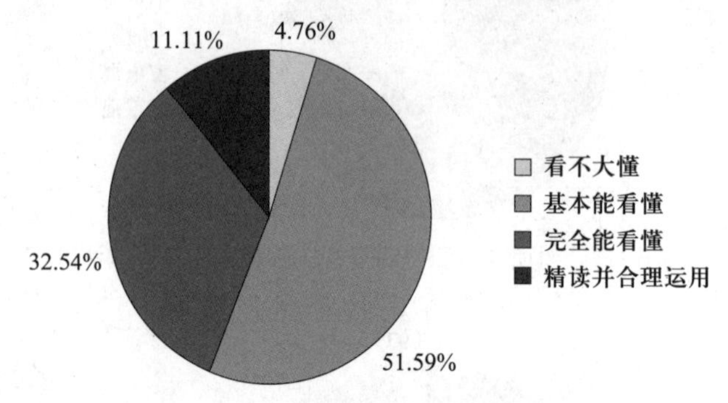

图6-17　外文学术文章阅读能力评价

十七、参加国际合作与交流活动的类型

调查数据显示，地质学博士研究生从未参加过以下类型国际合作交流活动的占24.22%，参加过学校组织交换生项目的占15.53%，参加过寒暑假夏令营的占8.70%，参加过国际学术会议的占29.81%，参加过国际间交流实习的占7.45%，参加过海外研修学习的占8.07%，参加过其他活动的占6.21%，如图6-18所示。

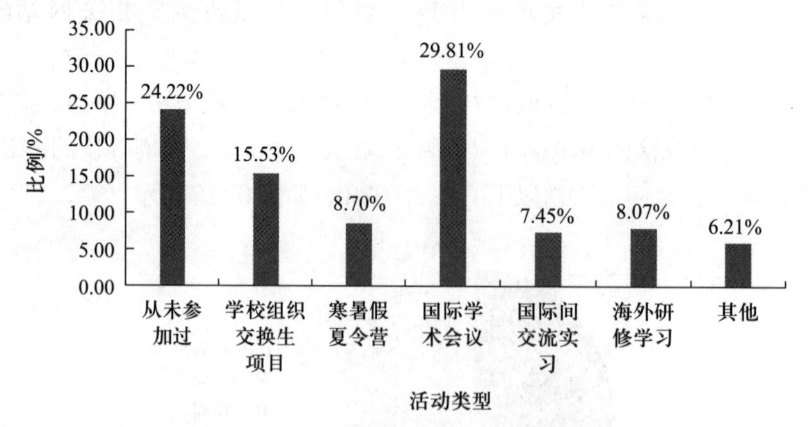

图6-18　参加国际合作与交流活动的类型

十八、参加国际合作与交流的时长

调查数据显示，地质学博士研究生从未参加过国际合作与交流活动的占38.10%，参

与国际合作与交流活动时长为 3 个月以下的占 23.02%，时长为 3 至 6 个月的占 17.46%，时长为 7 至 12 个月的占 10.32%，时长为 12 个月以上的占 11.11%，如图 6-19 所示。

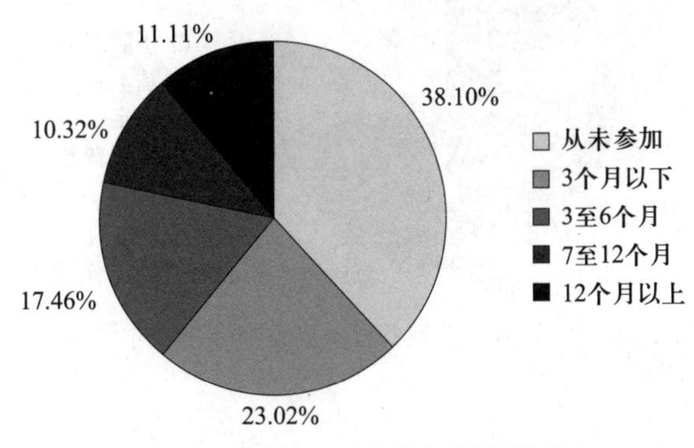

图 6-19　参加国际合作与交流的时长

十九、对自己在国际合作交流中较为薄弱方面的评价

调查数据显示，地质学博士研究生认为自己在专业知识能力方面较为薄弱的占 18.48%，在专业外语水平方面比较薄弱的占 27.49%，在外语交流水平上比较薄弱的占 28.44%，在身心素质方面比较薄弱的占 6.64%，在异国文化差异方面比较薄弱的占 13.27%，其他方面占 5.69%，如图 6-20 所示。

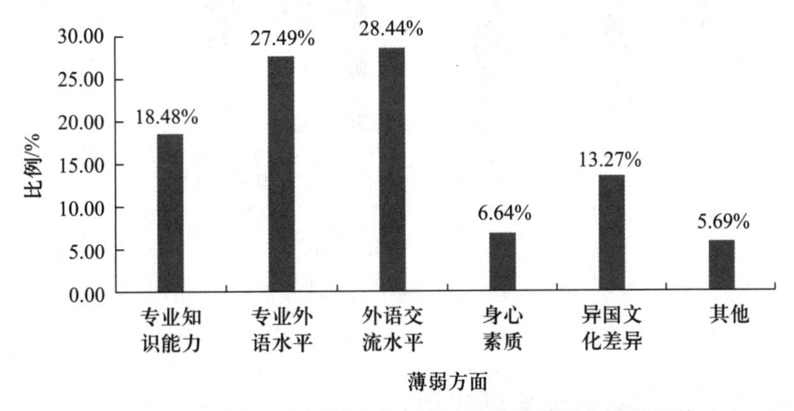

图 6-20　对自己在国际合作与交流中较为薄弱方面的评价

二十、对本学科领域专业教育教学满足国际化人才培养需求的评价

调查数据显示，地质学博士研究生认为，不能满足国际化人才培养需求的占 29.37%，基本满足的占 52.38%，满足的占 15.87%，完全满足的占 2.38%，如图 6-21 所示。

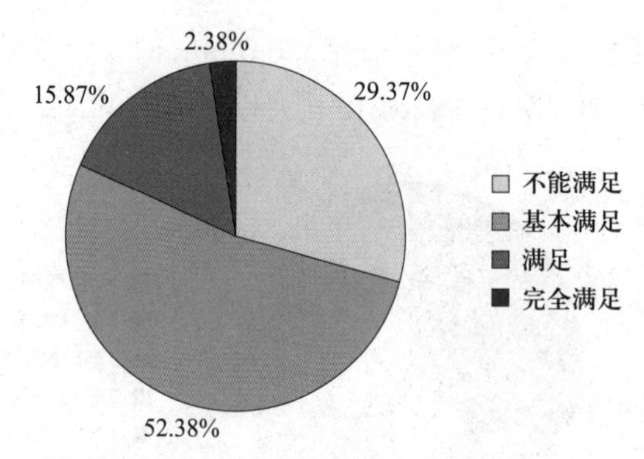

图 6-21　对本学科领域专业教育教学满足国际化人才培养需求的评价

二十一、对本校地质学国际化人才培养不足方面的评价

调查数据显示，所在学校国际化人才培养不足，地质学博士研究生认为原因包括，国外优秀师资不足的占 19.83%，可提供留学名额较少的占 32.23%，可提供资金不充足的占 22.31%，校内与国外高校合作交流较少的占 19.83%，其他占 5.79%，如图 6-22 所示。

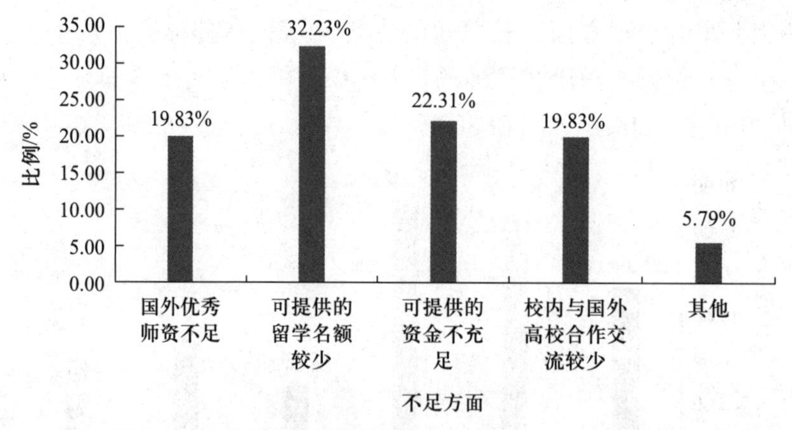

图 6-22　对本校地质学国际化人才培养不足方面的评价

二十二、外籍教师在专业教师中所占比例

调查数据显示，外籍教师在专业教师中所占比例不一，占 10% 以下的为 58.73%，10%~20% 的为 23.81%，20%~30% 的为 12.70%，30%~40% 的为 3.17%，40% 以上的为 1.59%，如图 6-23 所示。

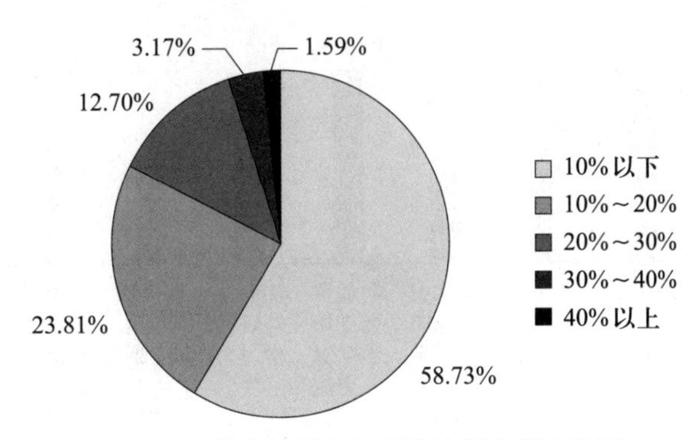

图 6-23　外籍教师在各科类教师中所占比例

二十三、所学专业采用国外原版教材的比例

调查数据显示，国外原版教材在专业书籍中所占比例，30% 以下的占 59.20%，30%~50% 的占 25.60%，50%~70% 的有 15 人占比 12.00%，70% 及以上的有 4 人占比 3.20%，如图 6-24 所示。

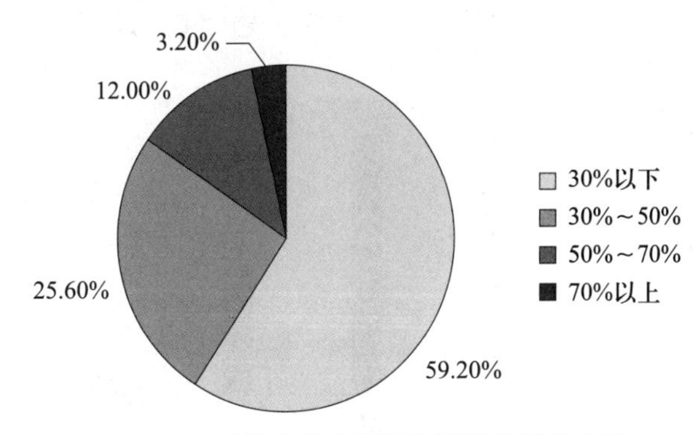

图 6-24　所学专业采用国外原版教材的比例

二十四、本校地质学国际化人才培养的改进建议

调查数据显示，对所在学校地质学国际化人才培养的改进建议主要有：引进优秀的国际师资的占 16.24%；定期参与各国地质论坛、会议的占 17.01%；吸收引进他国地质学课程的占 10.15%；增加资金支持学生对外交流的占 18.02%；加大海外研修学习力度的占 15.23%；直接使用英语授课的占 9.90%；与海外大学长期联合办学的占 11.68%；其他占 1.78%，如图 6-25 所示。

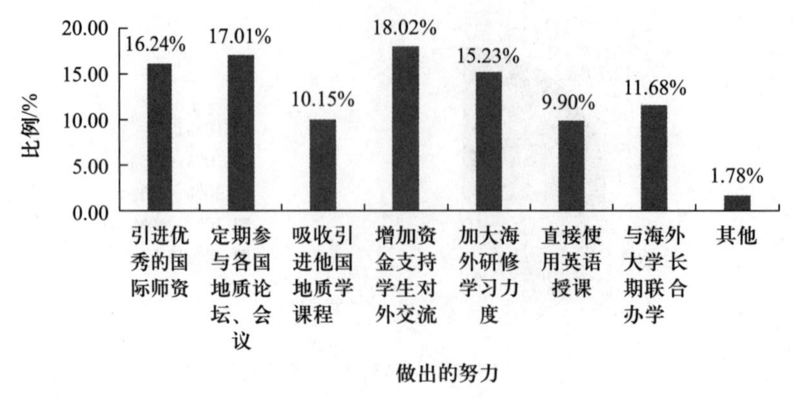

图 6-25　对本校应为地质学国际化人才培养做出哪些努力的看法

二十五、对有利于提升自身国际化水平方式的评价

调查数据显示，提升自身国际化水平的有利方式多种多样，其中阅读书籍的占15.89%，参与各类国际学术交流的占26.49%，出国留学的占30.13%，境外实习的占14.90%，教师教授的占10.26%，其他的占2.32%，如图 6-26 所示。

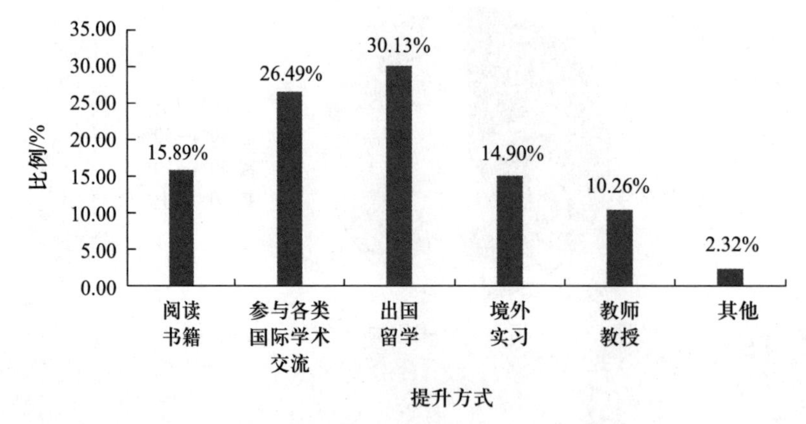

图 6-26　对有利于提升自身国际化水平方式的评价

二十六、出国学习交流的经验

调查数据显示，地质学博士研究生中不打算出国获得学习经验的占 54.55%，已出过国并获得学习经验的占 37.19%，正在计划出国留学的占 8.26%，如图 6-27 所示。

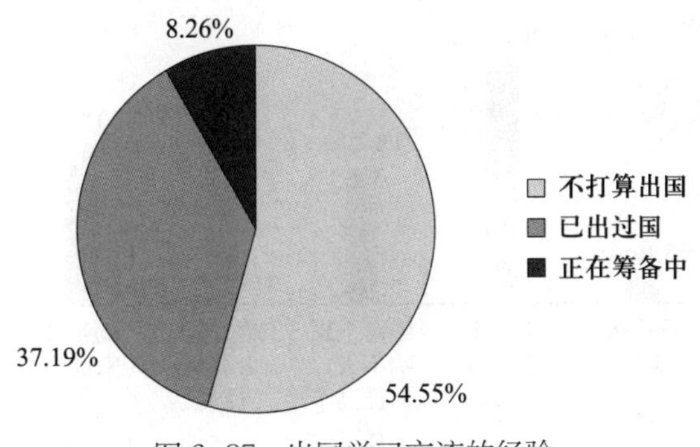

图 6-27　出国学习交流的经验

二十七、没有出国交流学习的原因

地质学博士研究生没有出国交流学习的原因多种多样。调查数据显示，对出国交流学习不感兴趣的占 11.34%，缺少机会的占 37.11%，其他条件不允许的占 34.02%，语言能力不足并有交流障碍的占 15.46%，其他占 2.06%，如图 6-28 所示。

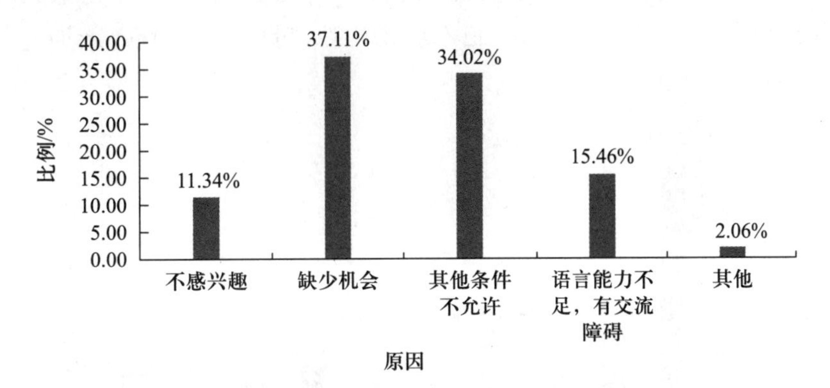

图 6-28　没有出国交流学习的原因

二十八、出国学习交流对自己的影响

地质学博士研究生认为，出国学习交流对自己没有什么影响的占 3.10%，对自身学术水平有所提高的占 30.23%；对自身学术上影响不大但提高了视野的占 17.05%，对自身语言能力有所提高的占 27.13%，对自身就业带来优势的占 20.16%，其他观点的占 2.33%，如图 6-29 所示。

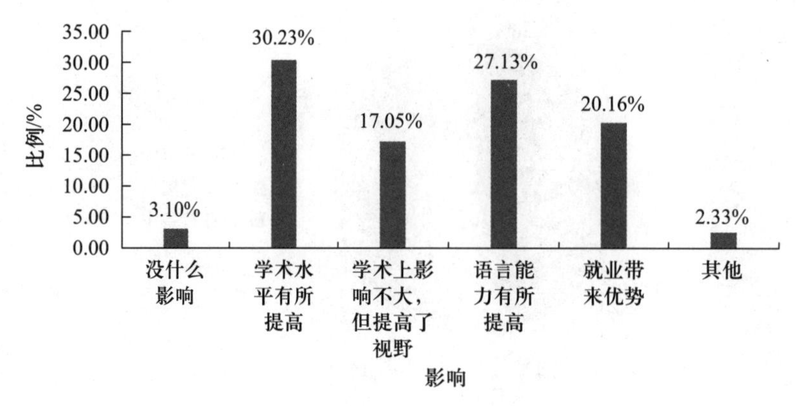

图 6-29　认为出国学习交流对自己的影响

二十九、出国交流的国家

调查数据显示，地质学博士研究生出国交流学习的目的地国家主要是发达国家，它们分别是美国占 33.00%，英国占 9.00%，法国占 9.00%，德国占 9.00%，意大利占 4.00%，澳大利亚占 3.00%，加拿大占 2.00%，日本占 3.00%，韩国占 2.00%，新加坡占 3.00%，其他国家占 16.00%，如图 6-30 所示。

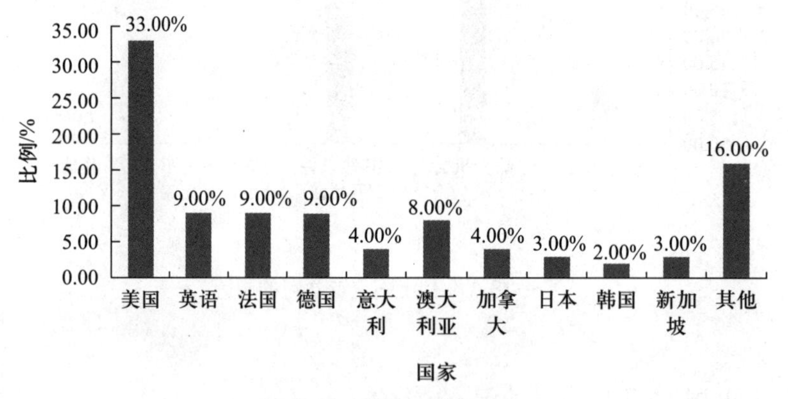

图 6-30　出国交流的国家

三十、涉猎过的国际法律法规

地质学博士研究生对他国及国际法律法规涉猎很多，其中涉猎过交往规则的占 16.56%，金融规则的占 13.25%，领土主权规则的占 21.19%，军事规则的占 7.28%，其他占 6.62%，不知道的占 35.10%，如图 6-31 所示。

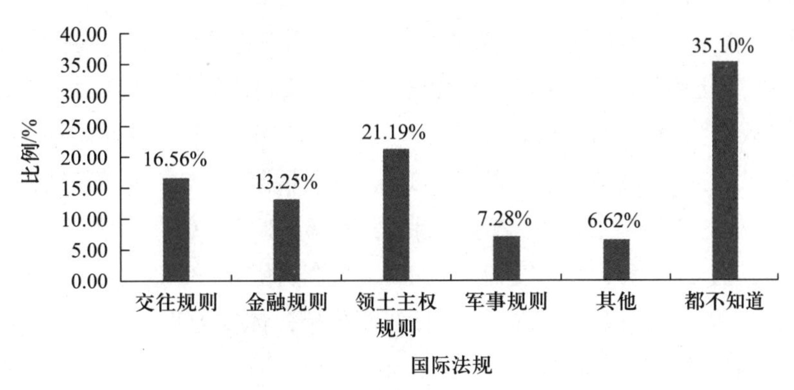

图 6-31　涉猎国际法律法规情况

三十一、对专业国际化人才培养影响要素的评价

地质学博士研究生认为，影响国际化培养的要素主要包括专业设置、课程结构、课程内容、教学方法、教学手段、师资队伍、文化交流、学术交流、参与项目等 9 个要素，并且每个要素对地质学博士生国际化培养的影响程度也不一样，详见表 6-2、图 6-32。

表 6-2　博士生对专业国际化人才培养影响要素及其重要程度评价　　单位：%

重要程度	参与项目	学术交流	文化交流	师资队伍	教学手段	教学方法	课程内容	课程结构	专业设置
很重要	43.70	44.54	30.25	29.66	28.81	29.41	31.93	19.33	18.49
重要	33.61	40.34	39.50	39.83	38.14	41.18	43.70	51.26	45.38
一般	16.81	10.92	22.69	23.73	29.66	24.37	17.65	20.17	21.85
不重要	3.36	3.36	5.04	4.24	1.69	5.04	5.04	8.40	10.08
无所谓	2.52	0.84	2.52	2.54	1.69	0.00	1.68	0.84	4.20

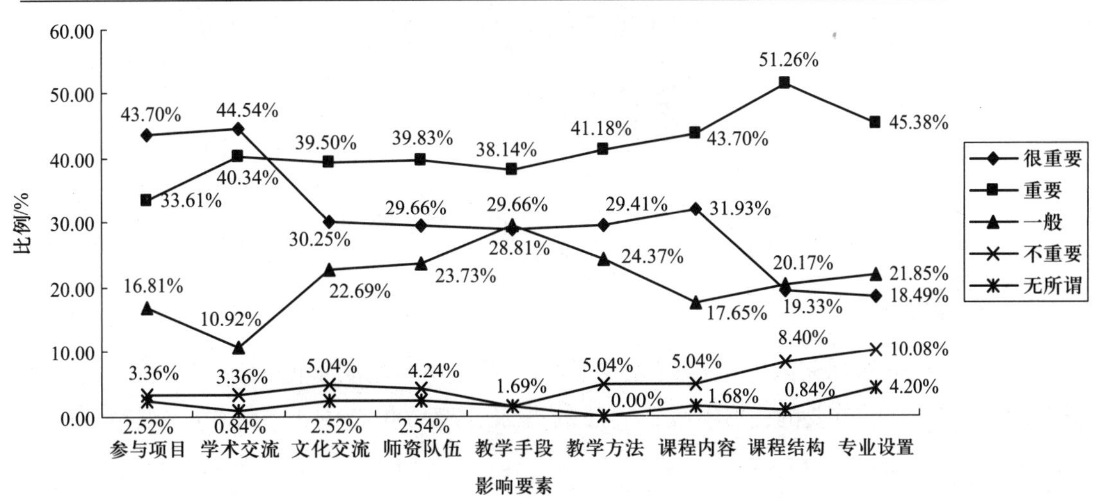

图 6-32　博士生对专业国际化人才培养影响要素及其重要程度的评价

从表 6-2、图 6-32 数据分析和变化趋势来看，影响地质学博士研究生国际化培养的9 个要素有一定变化趋势，而且影响程度也有差异。从调研数据分析可以看出，从很重要的维度分析，依次为学术交流 44.54%、参与项目 43.70%、课程内容 31.93%、文化交流30.25%、师资队伍 29.66%、教学方法 29.41%、教学手段 28.81%、课程结构 19.33%、专业设置 18.49%；从重要维度分析，依次为课程结构 51.26%、专业设置 45.38%、课程内容43.70%、教学方法 41.18%、学术交流 40.34%、师资队伍 39.83%、文化交流 39.50%、教学手段 38.14%、参与项目 33.61%；从一般维度分析，依次为教学手段 29.66%、教学方法 24.37%、师资队伍 23.73%、文化交流 22.69%、专业设置 21.85%、课程结构 20.17%、课程内容 17.65%、参与项目 16.81%、学术交流 10.92%；从认为影响不重要的分析，依次为专业设置 10.08%、课程结构 8.40%、文化交流 5.04%、教学方法 5.04%、课程内容5.04%、师资队伍 4.24%、参与项目 3.36%、学术交流 3.36%、教学手段 1.69%；从认为无所谓的分析，依次为专业设置 4.20%、师资队伍 2.54%、参与项目 2.52%、文化交流 2.52%、教学手段 1.69%、课程内容 1.68%、学术交流 0.84%、课程结构 0.84%、教学方法 0.00%。

（一）专业设置

专业设置是国际化人才培养的重要影响要素之一。地质学博士研究生认为，无所谓的占 4.20%，不重要的占 10.08%，一般的占 21.85%，重要的占 45.38%，很重要的占18.49%，如图 6-33 所示。

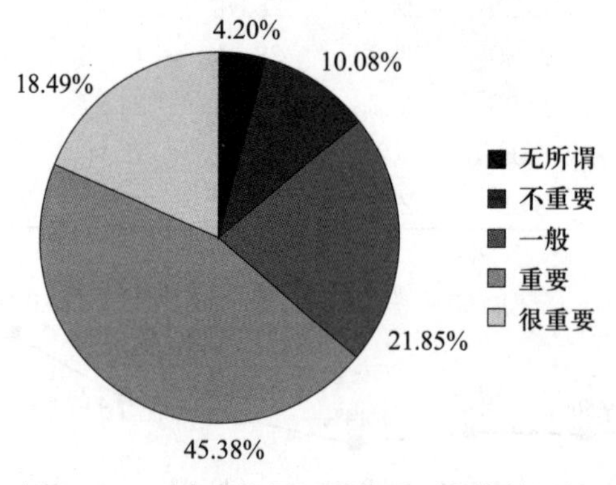

图 6-33　对专业设置国际化重要程度的评价

（二）课程结构

课程结构是国际化人才培养的重要影响要素之一。地质学博士研究生认为，无所谓的占 0.84%，不重要的占 8.40%，一般的占 20.17%，重要的占 51.26%，很重要的占19.33%，如图 6-34 所示。

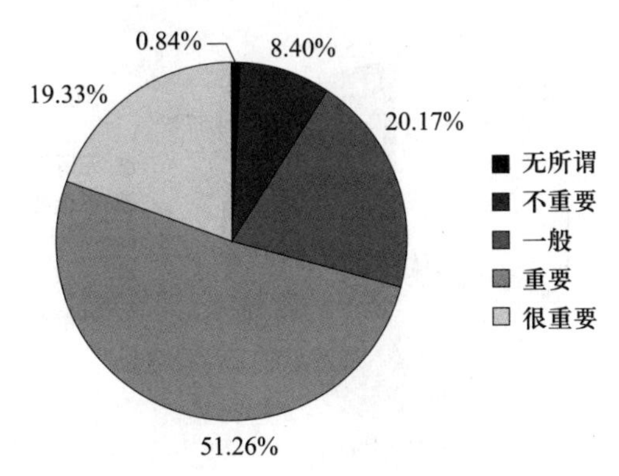

图 6-34 对课程结构国际化重要程度的评价

（三）课程内容

课程内容国际化是国际化人才培养的重要影响要素之一。地质学博士研究生认为，无所谓的占 1.68%，不重要的占 5.04%，一般的占 17.65%，重要的占 43.70%，很重要的占 31.93%，如图 6-35 所示。

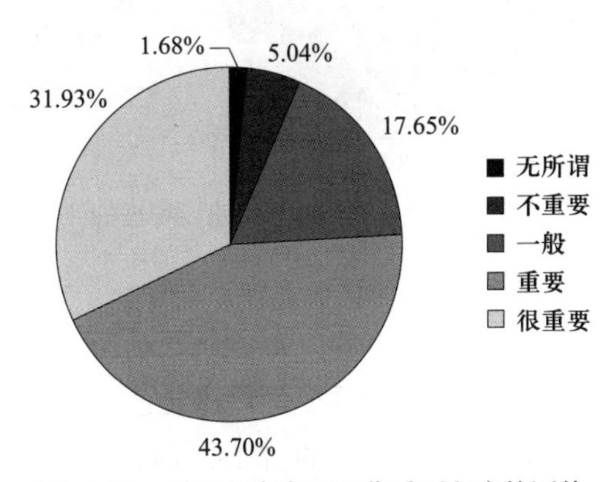

图 6-35 对课程内容国际化重要程度的评价

（四）教学方法

教学方法国际化是国际化人才培养的重要影响要素之一。地质学博士研究生认为，无所谓的占 0.00%，不重要的占 5.04%，一般的占 24.37%，重要的占 41.18%，很重要的占 29.41%，如图 6-36 所示。

（五）教学手段

教学手段国际化是国际化人才培养的重要影响要素之一。地质学博士研究生认为，无所谓的占 1.69%，不重要的占 1.69%，一般的占 29.66%，重要的占 38.14%，很重要的占 28.81%，如图 6-37 所示。

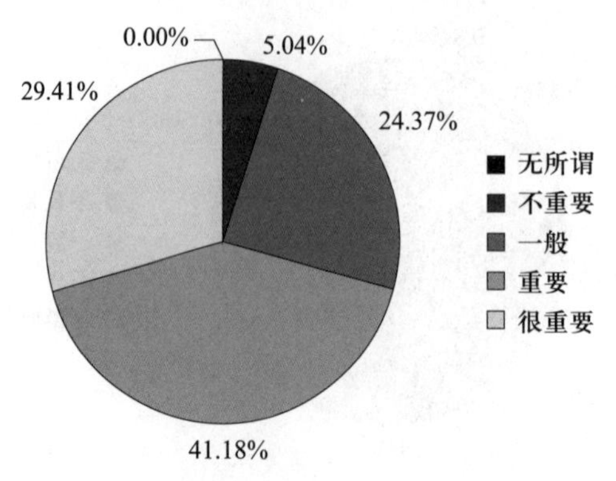

图 6-36　对教学方法国际化重要程度的评价

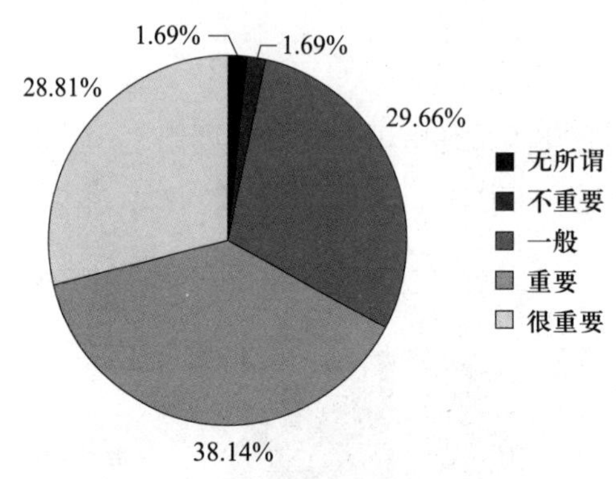

图 6-37　对教学手段国际化重要程度的评价

（六）师资队伍

师资队伍国际化是国际化人才培养的重要影响要素之一。地质学博士研究生认为，无所谓的占 2.54%，不重要的占 4.24%，一般的占 23.73%，重要的占 39.83%，很重要的占 29.66%，如图 6-38 所示。

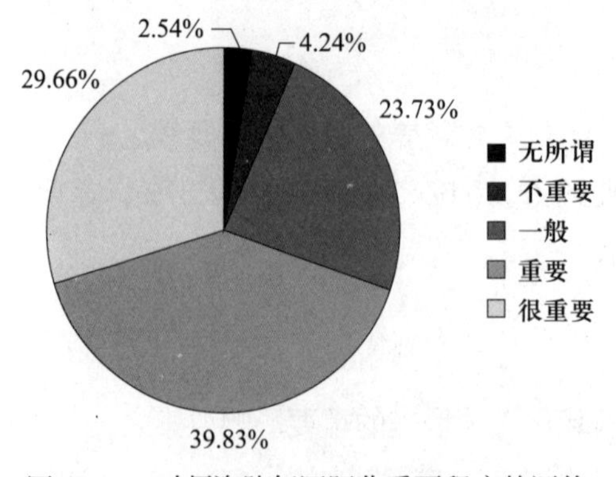

图 6-38　对师资队伍国际化重要程度的评价

（七）文化交流

文化交流国际化是国际化人才培养的重要影响要素之一。地质学博士研究生认为，无所谓的占 2.52%，不重要的占 5.04%，一般的占 22.69%，重要的占 39.50%，很重要的占 30.25%，如图 6-39 所示。

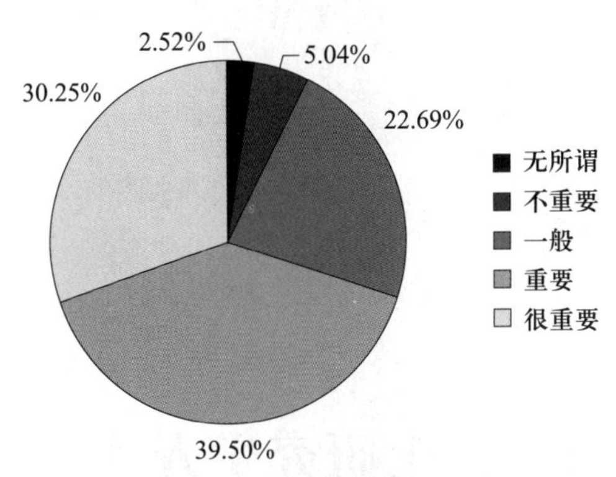

图 6-39　对文化交流国际化重要程度的评价

（八）学术交流

学术交流国际化是国际化人才培养的重要影响要素之一。地质学博士研究生认为，无所谓的占 0.84%，不重要的占 3.36%，一般的占 10.92%，重要的占 40.34%，很重要的占 44.54%，如图 6-40 所示。

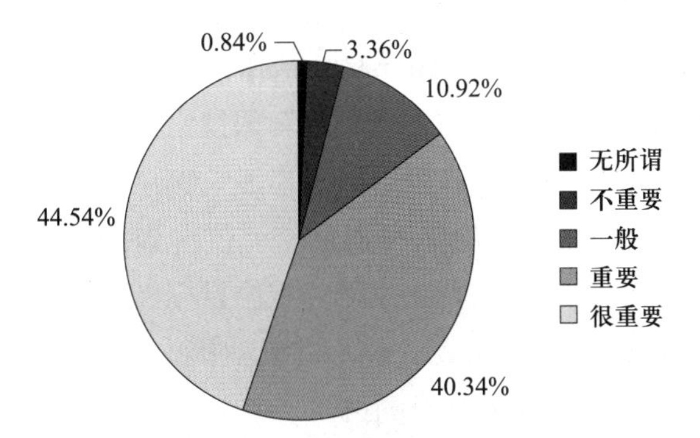

图 6-40　对学术交流国际化重要程度的评价

（九）参与项目

参与项目国际化是国际化人才培养的重要影响要素之一。地质学博士研究生认为，无所谓的占 2.52%，不重要的占 3.36%，一般重要的占 16.81%，重要的占 33.61%，很重要的占 43.70%，如图 6-41 所示。

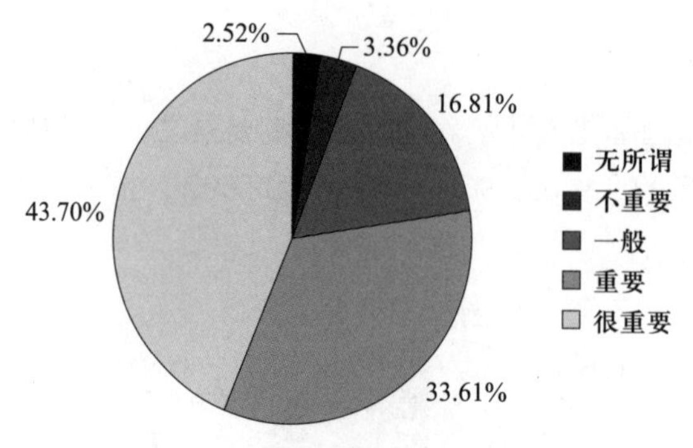

图 6-41 对参与项目国际化重要程度的评价

第三节 地质学博士研究生人才培养问题及成因

一、外语水平与国际合作交流实际要求有差距

地质学博士研究生英语水平大多以考级为主，参加 CET-4、CET-6 的近 60%，而国际合作交流需要的雅思达到 6 分及以上的仅占 25%，托福达到 80 分及以上的只有 14.19%。与外籍专家学者交流的外语水平，无法与之流利交流的近 60%。另外，语言单一，除英语外，学习并掌握日语的占 15.69%，法语的占 9.80%，德语的 6.86%，韩语的 13.73%，俄语的 5.88%，学习并掌握“一带一路”倡议沿线国家语言的则更加缺少；地质学博士研究生与外籍人士进行交流大多采用电子邮件、QQ，MSN 的约占 60%，而直接交流水平能力相对较弱，电话交流仅 7.74%，面对面交流仅占 14.19%，会议方式交流占 9.03%，“哑巴式”外语现象依然存在，这与博士生培养定位目标极不相符，也极不应该。地质学博士研究生中，阅读地质学类外文原版书籍、期刊、报纸或浏览相关网站的频率，每周 0 次的仍占 7.94%，看不大懂外文学术文章的占 4.76%。

二、对国际化人才内涵的理解认识有待提高

地质学博士生大多认为人才培养国际化对自身学术水平、语言能力、就业能力等有着重要影响。但认为国际化人才的理解仅仅限于在国际交流中能够理解他国、懂英语且能流利地与外国人交流、联合写论文等，且这些初步认识现象大有人在。不过，可喜的是认为能够用国际化的视野看待问题、做国际一流的研究工作、具有一流学术研究能力的占到了

近60%。虽然地质学博士研究生参加国际学术交流的比例较高，但没有参加过任何国际学术交流的仍然占到四分之一，没参加过国际合作活动的高于三分之一，而没有出国交流学习的原因80%的是因为缺少机会、条件不允许、语言能力不足并有交流障碍等。地质学博士研究生在国际上的话语权还不算高，如在国际SCI上发表学术论文的仅占28.4%，在国际EI上发表过论文的只有3.70%，发表过国际会议论文的只有5.56%。

三、地质学学科与国际地学前沿接轨的程度不够深

关于拓展自身国际化能力，80%的地质学博士研究生认为有必要和很有必要，但仍有少量存在没有必要的认识误区。地质学博士研究生多半认为所在学校地质学科与国际接轨程度较好，但仍然有近50%的学生认为一般甚至较差，甚至认为不重视国际化人才培养的占9.52%，一般重视的占26.98%。地质学博士研究生中仍然有24.22%从未参加过任何类型国际合作交流活动，如交换生项目、寒暑假夏令营、国际学术会议、国际间交流实习、海外研修学习等。要加强国际法律法规教育，如涉及交往规则、金融规则、领土主权规则、军事规则等，地质学博士生没有涉猎过国际法律法规甚至都不知道的达35.10%。反映出地质学学科与国际接轨程度不够深。

四、留学目的国与国家发展战略需求不够一致

提升自身国际化水平的有利方式多种多样，其中参与各类国际学术交流、出国留学占六成，另外还有阅读书籍、境外实习等。加强地质学博士研究生国际化培养应该在引进优秀国际师资、定期参与各国地质论坛和会议、吸收引进他国地质学课程、增加资金支持学生对外交流、加大海外研修学习力度、直接使用英语授课、与海外大学长期联合办学等方面加强。地质学博士研究生中有三分之一的人想去美国深造，其次是英国、法国、德国、澳大利亚、意大利、加拿大、日本、韩国、新加坡等，这与国家战略和社会发展实际目标要求不太相符，如愿意去一带一路倡议沿线国家留学的地质基础研究人才缺少。

五、对专业国际化人才培养影响要素的改进完善不够

影响地质学博士研究生国际化培养的要素主要包括专业设置、课程结构、课程内容、教学方法、教学手段、师资队伍、文化交流、学术交流、参与项目等。且每个要素对地质学博士生国际化培养的影响程度都不一样。本学科领域教育教学满足国际化人才培养需求有较大差距，调查数据显示，地质学博士研究生认为目前教育教学满足和完全满足国际化的不足20%，而认为不能满足国际化人才培养需求的占29.37%，仅有一半的人认为基

本满足。对于国际化人才培养不足的原因，19.83% 的人认为是因为国外优秀师资不足，32.23% 的人认为是可提供留学名额较少，22.31% 的人认为可提供资金不充足，19.83% 的人认为校内与国外高校合作交流较少。另外，外籍教师太少、所学专业学科领域采用国外原版教材较少等也是重要原因。影响地质学博士研究生国际化培养的 9 大要素有一定变化趋势，而且影响程度也有差异。从调研数据分析可以看出，从很重要程度维度看，依次为学术交流、参与项目、课程内容、文化交流、师资队伍、教学方法、教学手段、课程结构、专业设置。地质学博士研究生认为，在专业知识能力方面较为薄弱的占 18.48%，在专业外语水平方面比较薄弱的占 27.49%，在外语交流水平上比较薄弱的占 28.44%，在身心素质方面比较薄弱的占 6.64%，在异国文化差异方面比较薄弱的占 13.27%，其他占 5.69%，这中间虽然不少是博士研究生个人的原因，但作为政策部门和培养单位也有不可推卸的责任。

本章小结

地质学博士研究生培养阶段是地质学基础研究人才国际化能力培养和提升的关键环节。本次对地质学博士研究生问卷采取随机抽样的调查方式，重点从英语水平、第二种外语学习情况、与外籍专家学者交流能力与方式、对国际化人才内涵的理解、对地质学与国际接轨程度的评价、对所学专业重视国际化人才培养的评价、提升或拓展自身国际化的能力、阅读地质学类外文原版书籍期刊报纸或浏览相关网站的频率、外文学术文章阅读能力、参加国际合作交流情况、参加国际合作与交流的时长、在国际合作与交流中的薄弱环节、专业教育教学满足国际化人才培养需求的程度、所接触的外籍教师在本专业教师中所占的比例、所学专业采用国外原版教材在专业书籍中所占比例、提升自身国际化水平方式、对出国学习途径的了解与知晓程度、出国研修计划打算、愿意赴外交流的国家、涉猎国际法律法规情况、对地质学专业国际化人才培养影响要素的重要程度评价等进行综合调研详细分析。调查发现我国地质学博士研究生培养国际化目前存在外语水平与国际交流实际要求有差距，对国际化人才内涵的理解认识有待提高，地质学学科与国际接轨程度不高等问题。对提升博士研究生培养国际化水平和培养方式，对专业国际化人才培养影响要素及其重要程度等都提出了很好的建议。地质学博士研究生出国研修、学术会议交流、联合培养等均比较普遍。国家、学校、导师对博士生的支持力度很大，关键问题是博士研究生创新能力不足，这已经成为十分突出的短板弱项，急需在国际化进程中提升，也急需培养方式上的有效破解。

第七章 地质科学成果国际化分析

国际学术论文的数量与质量是基础研究成果的影响力指标和表现形式之一，同时反映着一个学科领域甚至一个国家的国际化学术水平。本章从文献计量学角度，依托汤森路透公司（Thomson Reuters）的 WOS（Web of Science）及 InCites 平台数据，挖掘地球科学领域数据加以研究分析，进而从国际学术交流研究能力的维度，对我国地球科学队伍国际化和科研影响力进行分析评价。

第一节 数据来源与检索策略

汤森路透公司的 WOS 及 InCites 平台提供了世界最重要、最有影响的学术研究成果信息，其所收录的科技期刊集中了世界上各学科论文的精粹。目前，它不仅成为世界上极具权威性的检索工具，还成为衡量大学、科研机构和科学工作者学术水平的重要标尺。

ESI（Essential Science Indicators）——基本科学指标数据库对全球所有高校及科研机构的 SCIE、SSCI 库中近 11 年的论文数据进行统计，按被引次数的高低确定出衡量研究绩效的阈值，分别排出居世界前 1% 的研究机构、科学家、研究论文，居世界前 50% 的国家 / 地区和居前 0.1% 的热点论文。ESI 针对 22 个专业领域，通过论文数、论文被引次数、论文篇均被引次数、高被引论文数、热点论文数和前沿论文数等 6 大指标，从各个角度对国家 / 地区科研水平、机构学术声誉、科学家学术影响力以及期刊学术水平进行全面衡量。本研究基于汤森路透公司的 InCites 平台，以 ESI 为统计分析源，采用国际通用的全作者统计口径，对 2006—2016 年国际及中国地球科学的发展现状和发展态势从文献计量学的角度进行统计分析，分析国际地球科学论文产出的主要领域、国家、机构、科学家和期刊，着重对中国地球科学论文产出的主要领域进行比较分析，并通过论文产出数、被引次数、篇均被引次数和国际 1% 顶尖论文数量（高被引文数）对比反映我国的地球科学影响力。

考虑到与国际话语体系的对接，本研究中所指“地球科学”涵盖了地质科学、地球化学、地球物理学、空间物理学、大地测量学、大气科学、海洋科学、地理科学（自然地理、人文地理和经济地理）、土壤学、景观生态学、环境地理学、化学地理学等。因此在 ESI 数据库中，所属学科就涵盖固体地球科学（Geosciences）和环境 / 生态学（Environment/ Ecology）领域内容。

第二节　地质科学论文产出指标

本节重点分析国际地球科学及中国（含港澳台地区）地质科学论文的产出指标。

一、国际地球科学领域论文指标

据 ESI 对 2006—2016 年的统计数据表明，国际上 108 个国家和地区被 WOS 收录的论文总数为 13 586 805 篇，论文篇均被引数为 11.67 次。其中，固体地球科学论文收录数为 405 165 篇，环境 / 生态学论文收录数为 403 455 篇，两个学科占 ESI 22 个学科论文收录数的比例分别为 2.98% 和 2.97%；两个学科论文总收录数占全球 22 个学科论文收录数的 5.95%，固体地球科学论文篇均被引次数为 11.55 次，环境 / 生态学论文篇均被引次数为 12.42 次，详见表 7-1。

表 7-1　地球科学及全学科 ESI 论文指标

ESI 指标	固体地球科学		环境 / 生态学		全学科	
	国际	中国	国际	中国	国际	中国
论文数	405 165	69 418	403 455	59 502	13 586 805	2 160 788

续表

ESI 指标	固体地球科学		环境 / 生态学		全学科	
	国际	中国	国际	中国	国际	中国
总被引次数	4 681 478	672 345	5 012 890	567 608	158 502 949	19 508 145
篇均被引次数	11.55	9.69	12.42	9.54	11.67	9.03
高被引次数	4 199	792	3 995	478	136 637	21 532

中国的论文数在国际的占比为 15.90%，其中固体地球科学在国际的占比为 17.13%、环境 / 生态学的占比为 14.75%，详见图 7-1。

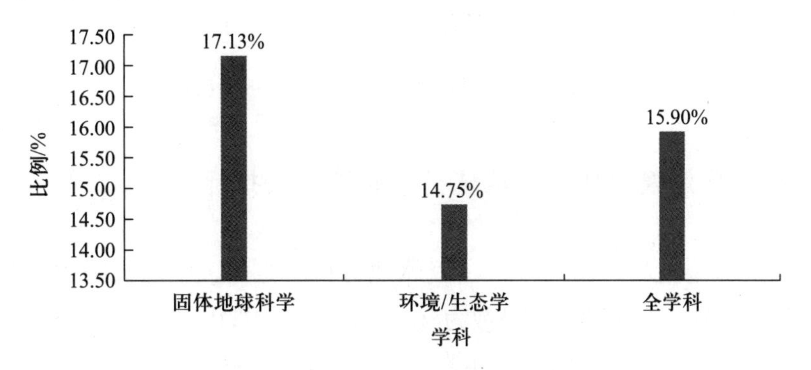

图 7-1　中国论文数在国际的占比

论文数在国际的占比 = 中国论文数 / 国际论文数

篇均被引次数中，国际和中国分别为 11.67 和 9.03，其中固体地球科学分别为 11.55 和 9.69，环境 / 生态学分别为 12.42 和 9.54，详见图 7-2。

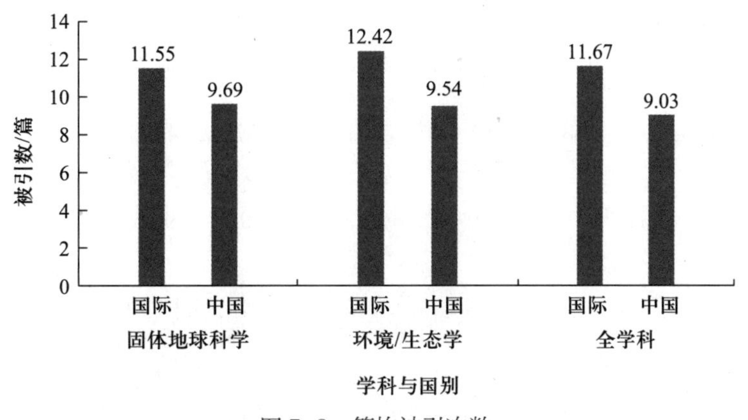

图 7-2　篇均被引次数

中国高被引论文数在国际上占比为 15.76%，其中固体地球科学为 18.86%，环境 / 生态学为 11.96%，详见图 7-3。

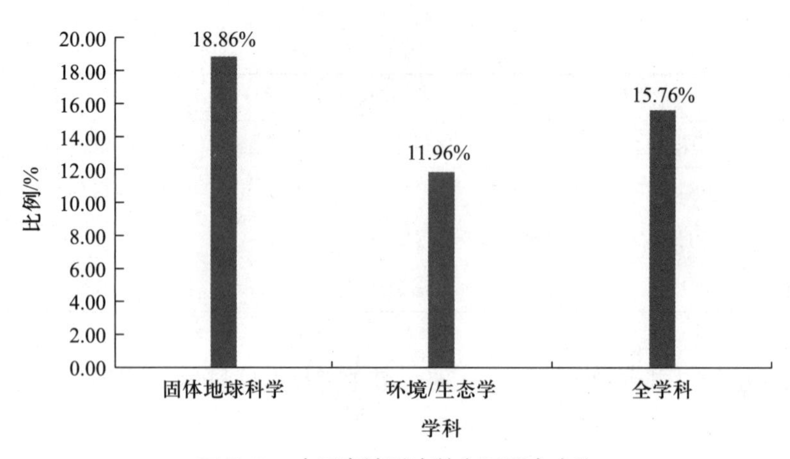

图 7-3 中国高被引次数在国际上占比

占比 = 中国高被引次数 / 国际高被引次数

二、中国（含港澳台地区）地球科学领域论文指标

中国作为全球论文高产出国家，在固体地球科学方面，中国大陆收录数为 61 355 篇，篇均被引 9.19 次；台湾论文收录数为 5 261 篇，篇均被引 11.55 次；香港论文收录数 2 802 篇，篇均被引 17.12 次。环境 / 生态学方面，中国大陆收录数为 51 228 篇，篇均被引 9.09 次；台湾论文收录数为 5 174 篇，篇均被引 9.94 次；香港论文收录数 3 100 篇，篇均被引 16.23 次，澳门在本次检索中暂未有地球科学论文收录，详见表 7-2。

表 7-2 中国地球科学及全学科 ESI 论文指标

ESI 指标	固体地球科学			环境 / 生态学			全学科		
	台湾	香港	大陆	台湾	香港	大陆	台湾	香港	大陆
论文数	5 261	2 802	61 355	5 174	3 100	51 228	260 325	112 834	1 787 629
总被引次数	60 788	47 969	563 588	51 411	50 322	465 875	2 488 693	1 501 222	15 518 230
篇均被引次数	11.55	17.12	9.19	9.94	16.23	9.09	9.56	13.30	8.68
高被引论文次数	51	74	667	32	46	400	1 730	2 003	17 799
高被引论文次数合计	792			478			21 532		

备注：澳门地区暂无学科数据。

中国 2006—2016 年 ESI 文献总量为 2 160 788 篇，其中大陆为 1 787 629 篇占 82.73%，香港为 112 834 篇占 5.22%，台湾为 260 325 篇占 12.05%。中国 2006—2016 年固体地球科学 ESI 文献总量为 69 418 篇，其中大陆为 61 355 篇占 88.38%，香港为 2 802 篇占 4.04%，台湾为 5 261 篇占 7.58%。中国 2006—2016 年环境 / 生态学 ESI 文献总量为 59 502 篇，其中大陆为 51 228 篇占 86.09%，香港为 3 100 篇占 5.21%，台湾为 5 174 篇占 8.70%，详见图 7-4。

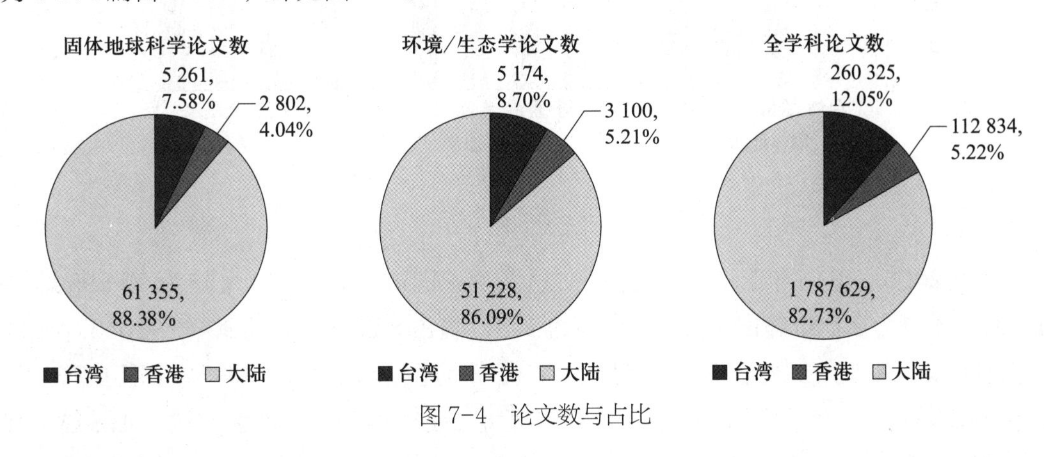

图 7-4　论文数与占比

中国 2006—2016 年 ESI 总被引次数为 19 508 145，其中大陆为 15 518 230 占 79.55%，香港为 1 501 222 占 7.70%，台湾为 2 488 693 占 12.76%；中国 2006—2016 年固体地球科学 ESI 总被引次数为 672 345，其中大陆为 563 588 占 83.82%，香港为 47 969 占 7.13%，台湾为 60 788 占 9.04%；中国 2006—2016 年环境 / 生态学 ESI 总被引次数为 567 608，其中大陆为 465 875 占 82.08%，香港为 50 322 占 8.87%，台湾为 51 411 占 9.06%，详见图 7-5。

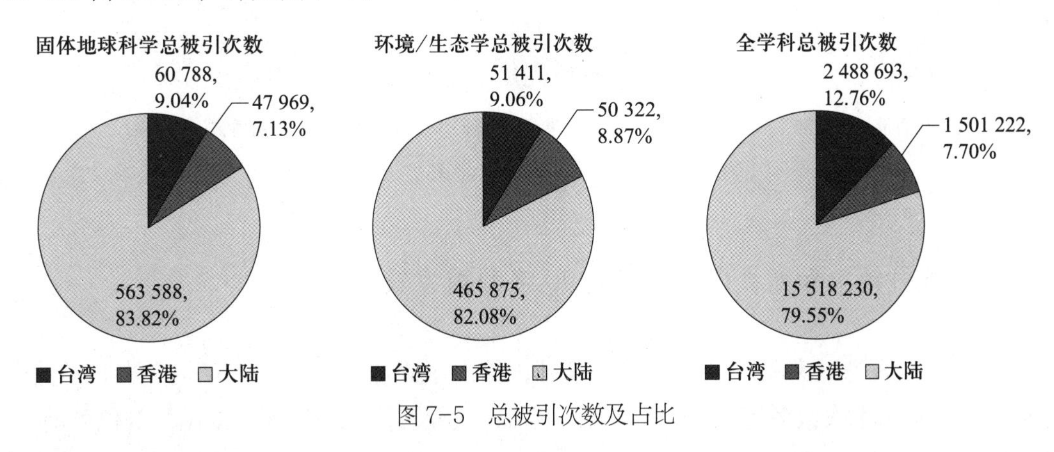

图 7-5　总被引次数及占比

中国 2006—2016 年 ESI 篇均被引次数为 9.03，其中大陆为 8.68，香港为 13.30，台湾为 9.56；中国 2006—2016 年固体地球科学 ESI 篇均被引次数为 9.69，其中大陆为 9.19，香港为 17.12，台湾为 11.55；中国 2006—2016 年环境 / 生态学 ESI 篇均被引次数为 9.54，其中大陆为 9.09，香港为 16.23，台湾为 9.94，详见图 7-6。

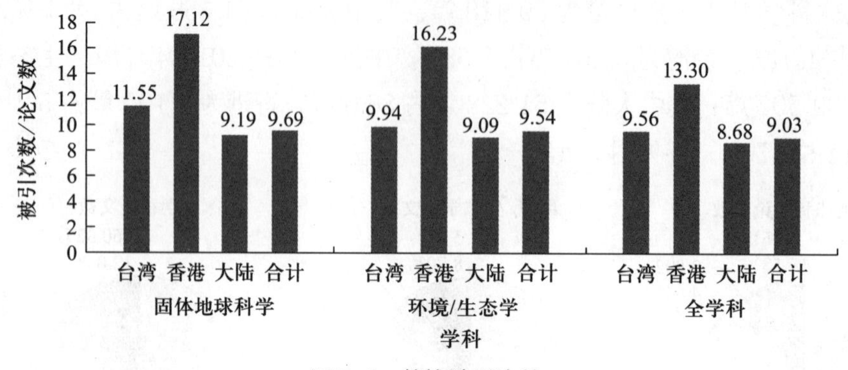

图 7-6　篇均被引次数

中国 2006—2016 年 ESI 高被引论文总数为 21 532 篇，其中大陆为 17 799 篇占 82.66%，香港为 2 003 篇占 9.30%，台湾为 1 730 篇占 8.03%；中国 2006—2016 年固体地球科学 ESI 高被引次数为 792 篇，其中大陆为 667 篇占 84.22%，香港为 74 篇占 9.34%，台湾为 51 篇占 6.44%；中国 2006—2016 年环境 / 生态学 ESI 高被引次数为 478 篇，其中大陆为 400 篇占 83.68%，香港为 46 篇占 9.62%，台湾为 32 篇占 6.69%，详见图 7-7。

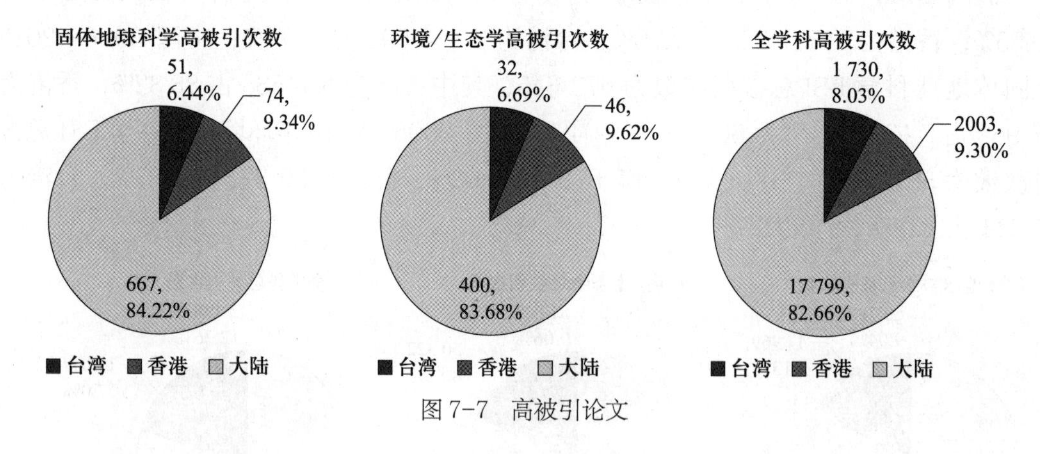

图 7-7　高被引论文

三、被引频次和高被引论文数前 10 名的国家及地区分布

本文以 108 个国家和地区的数据为基础，给出了固体地球科学、环境 / 生态学被引用频率高、被引用次数多的前 10 个国家，包括新兴经济体最多的国家中国。与位列前 10 的发达国家（美国、英国、德国、法国、加拿大、澳大利亚、意大利、日本、瑞士）相比，中国虽然拥有大量的论文，具有绝对的优势，但在论文数、被引次数和高被引次数上仍有差距，详见表 7-3。在固体地球科学方面，中国（大陆）排名第四。与美国相比，我国的

论文数量约为美国的 1/2，引文次数约为其 2/7，平均引文次数约为其 1/2，高被引论文次数约为其 1/4。由此看来，我们无论在论文的数量和质量方面都有很大差距。

表 7-3　ESI 固体地球科学论文引文次数前 10 名的国家及地区

序号	国家或地区	WOS 论文数	引文次数	引文次数 / 论文数	高被引文次数
1	美国	120 169	2 062 396	17.16	2 582
2	英国	34 114	633 724	18.58	937
3	德国	38 007	609 335	16.03	768
4	中国（大陆）	61 355	563 588	9.19	667
5	法国	32 619	519 781	15.93	629
6	加拿大	25 097	353 437	14.08	431
7	澳大利亚	21 005	329 468	15.69	482
8	意大利	22 590	292 900	12.97	286
9	日本	22 798	290 801	12.76	346
10	瑞士	11 849	238 233	20.11	371

从表 7-3 中可见，2006—2016 年 ESI 固体地球科学论文引文数前 10 名的国家及地区总被引次数为 5 893 663，其中美国为 2 062 396 占 34.99%，英国为 633 724 占 10.75%，德国为 609 335 占 10.34%，中国（大陆）为 563 588 占 9.56%，法国为 519 781 占 8.82%，加拿大为 353 437 占 6.00%，澳大利亚为 329 468 占 5.59%，意大利为 292 900 占 4.97%，日本为 290 801 占 4.93%，瑞士为 238 233 占 4.04%，详见图 7-8。

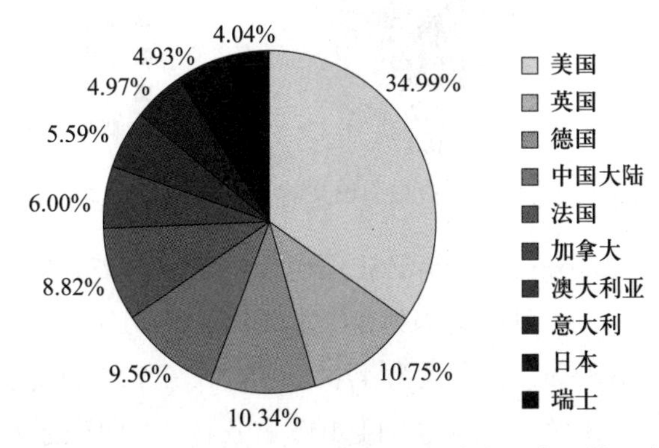

图 7-8　ESI 固体地球科学论文引文数前 10 名的国家及地区占比情况

从表 7-4 中可见，2006—2016 年 ESI 地球科学学科高被引论文前 10 名的国家及地区高被引论文总次数为 7553，其中美国为 2582 占 34.19%，英国为 937 占 12.41%，德国为 768 占 10.17%，中国大陆为 667 占 8.83%，法国为 629 占 8.33%，澳大利亚为 482 占 6.38%，加拿大为 431 占 5.71%，瑞士为 371 占 4.91%，日本为 346 占 4.58%，荷兰为 340 占 4.50%，详见图 7-9。

表 7-4　2006—2016 年 ESI 固体地球科学论文高被引文次数前 10 名的国家及地区

序号	国家或地区	WOS 论文数	引文次数	引文次数 / 论文数	高被引文次数
1	美国	120 169	2 062 396	17.16	2 582
2	英国	34 114	633 724	18.58	937
3	德国	38 007	609 335	16.03	768
4	中国（大陆）	61 355	563 588	9.19	667
5	法国	32 619	519 781	15.93	629
6	澳大利亚	21 005	329 468	15.69	482
7	加拿大	25 097	353 437	14.08	431
8	瑞士	11 849	238 233	20.11	371
9	日本	22 798	290 801	12.76	346
10	荷兰	10 383	205 548	19.8	340

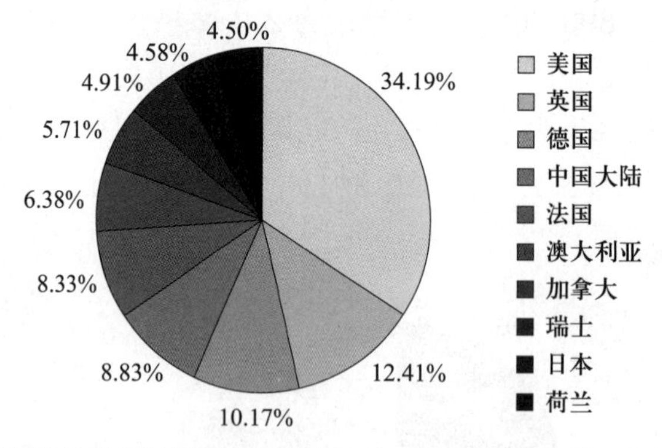

图 7-9　ESI 固体地球科学学科高被引论文前 10 名的国家及地区高被引论文占比

从表 7-5 中可见，2006—2016 年 ESI 环境 / 生态学论文引文次数前 10 名的国家及地区总被引次数为 5 559 489，其中美国为 2 074 069 占 37.31%，英国为 524 689 占 9.44%，中国大陆为 493 485 占 8.88%，加拿大为 476 253 占 8.57%，德国为 444 779 占 8.00%，澳大利亚为 406 136 占 7.31%，法国为 344 400 占 6.19%，西班牙为 316 318 占 5.69%，荷兰为 242 687 占 4.37%，瑞士为 236 673 占 4.26%，详见图 7-10。

表 7-5　ESI 环境 / 生态学论文引文次数前 10 名的国家及地区

序号	国家或地区	WOS 论文数	引文次数	引文次数	高被引文次数
1	美国	117 629	2 074 069	17.63	2 294
2	英国	26 270	524 689	19.97	763
3	中国（大陆）	53 194	493 485	9.28	439
4	加拿大	27 617	476 253	17.24	554
5	德国	26 203	444 779	16.97	570
6	澳大利亚	23 601	406 136	17.21	651
7	法国	20 391	344 400	16.89	469
8	西班牙	20 935	316 318	15.11	356
9	荷兰	12 168	242 687	19.94	400
10	瑞士	9 823	236 673	24.09	375

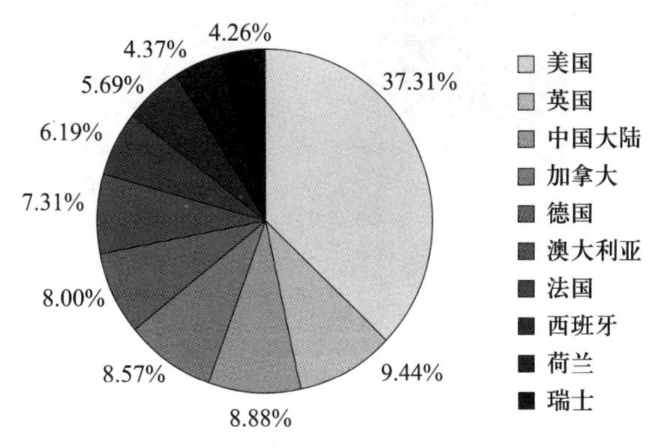

图 7-10　ESI 环境 / 生态学论文引文次数前 10 名的国家及地区占比情况

从表 7-6 中可见，2006—2016 年 ESI 环境 / 生态学论文高被引文次数前 10 名的国家及地区高被引文总次数为 6 871 篇，其中美国为 2 294 篇占 33.39%，英国为 763 篇占 11.10%，澳大利亚为 651 篇占 9.47%，德国为 570 篇占 8.30%，加拿大为 554 篇占 8.06%，法国为 469 篇占 6.83%，中国大陆为 439 篇占 6.39%，荷兰为 400 篇占 5.82%。瑞士为 375 篇占 5.46%，西班牙为 356 篇占 5.18%，详见图 7-11。

表 7-6　ESI 环境 / 生态学论文高被引文次数前 10 名的国家及地区

序号	国家或地区	论文数	被引次数	被引次数 / 论文数	高被引文次数
1	美国	117 629	2 074 069	17.63	2 294
2	英国	26 270	524 689	19.97	763

续表

序号	国家或地区	论文数	被引次数	被引次数 / 论文数	高被引文次数
3	澳大利亚	23 601	406 136	17.21	651
4	德国	26 203	444 779	16.97	570
5	加拿大	27 617	476 253	17.24	554
6	法国	20 391	344 400	16.89	469
7	中国（大陆）	53 194	493 485	9.28	439
8	荷兰	12 168	242 687	19.94	400
9	瑞士	9 823	236 673	24.09	375
10	西班牙	20 935	316 318	15.11	356

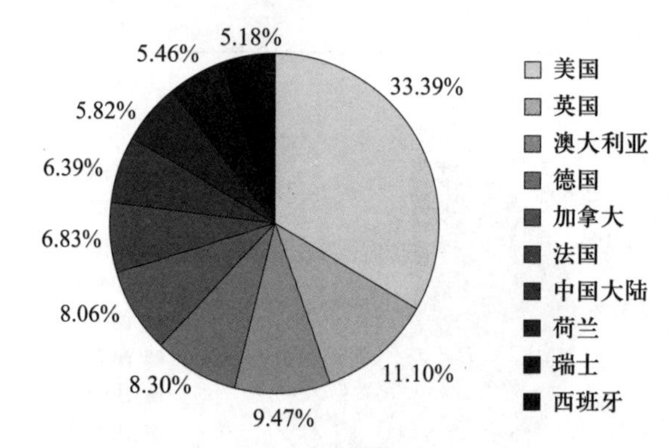

图 7-11　ESI 环境 / 生态学论文高被引文次数前 10 名的国家及地区高被引论文占比

四、高被引文次数前 10 名的期刊分布

依据 2006—2016 年十余年 ESI 高被引文次数的数据，给出了 EARTH SCIENCE 单刊论文数前 10 名的期刊分布。可以看出，期刊在学科排名中处于优势。如环境 / 生态学学科：ENVIRON SCI TECHNOL、WATER RES、SCI TOTAL ENVIR，这些期刊在环境 / 生态学学科中排名分别为 1/200、3/200、4/200（表 7-7）。在固体地球科学学科中，ATMOS CHEM PHYS、PROC NAT ACAD SCI USA、PRECAMBRIAN RES 期刊的排位分别为 2/242、12/242、29/242，但文献量不容乐观。文献量突破 50 篇的文献仅有 GONDWANA RES 期刊，ESI 10 年间收录的论文篇数 58 篇，但该刊是暂存有争议的期刊；而在 SCIENCE、NATURE 等世界公认的高影响力期刊上，论文总量仅有 31 和 30 篇次，相比 SCI 论文总数而言，高被引论文数比例不高（表 7-7）。

表 7-7 ESI 地球科学高被引论文的期刊论文数前 10 名的分布 单位：篇

期刊来源	2006	2007	2008	2009	2010	2011	2012	2013	2014	2015	2016	总计	ESI	
													论文总量	期刊排名
ENVIRON SCI TECHNOL	4	4	9	15	9	9	8	7	10	21	1	97	15 720	1/200
GONDWANA RES	1	2		1	3	9	4	15	11	8	4	58	1 422	32/242
WATER RES	2	4		3	1	4	8	9	9	10	4	54	6 491	3/200
PRECAMBRIAN RES	3	3	5	3	4	4	13	3	2			40	1 875	29/242
SCI TOTAL ENVIR	4			1	3	1	6	3	9	10	2	39	10 959	4/200
ATMOS CHEM PHYS		2		1	2	5		10	4	8	1	33	7 076	2/242
SCIENCE		2	1	8	4	2	1	4	5	2	2	31	933	8/242
NATURE	1	2	1	1	2	1	4	4	8	5	1	30	953	10/242
PROC NAT ACAD SCI USA		1	3	1	2	2	2	4	8	3	2	28	1 344	12/242

备注：

1. 地球科学包含 ESI 22 个学科中的固体地球科学和环境 / 生态学学科；

2. ESI 排名是指期刊的引文数排名，如 1/200 环境，是指在环境 / 生态学学科中所有刊引文数排名第一；12/242 是指在固体地球科学学科中所有刊引文数排名第 12 名。

从 ESI 的固体地球科学、环境 / 生态学看，排名前 10 的期刊，全球高被引文占比并不容乐观（表 7-8、表 7-9）。以同行认定的学术期刊 GEOPHYS RES LETT 为例，该刊被 SCI 收录的论文数为 13 823，被引次数为 257 240，篇均被引次数 18.61，近 11 年高被引论文数仅为 206 篇，国内高被引论文数仅为 7 篇，占比并不高。同样，国内同行认定的地球科学领域学术声望较高的 6 种期刊，学科排位靠前的 ENVIRON SCI TECHNOL 期刊，全球高被引论文数为 415 篇，国内高被引论文数为 97 篇，年分布文献量相对较好，虽然其他期刊也有文献，但是文献量较少，如 GEOLOGY 期刊，10 余年间仅有 6 篇（表 7-10）。

表 7-8　ESI 固体地球科学学科引文次数前 10 名的期刊及中国高被引情况

排序	刊名	论文数	被引次数	被引次数 / 论文数	高被引文数	中国高被引文数
1	GEOPHYS RES LETT	13 823	257 240	18.61	206	7
2	J GEOPHYS RES-ATMOS	9 116	178 402	19.57	107	8
3	ATMOS CHEM PHYS	7 076	166 042	23.47	245	33
4	ATMOS ENVIRON	8 331	145 825	17.5	79	17
5	EARTH PLANET SCI LETT	5 950	134 799	22.66	74	17
6	J CLIMATE	5 013	131 204	26.17	185	11
7	GEOCHIM COSMOCHIM ACTA	4 835	107 702	22.28	51	8
8	SCIENCE	939	99 464	105.93	314	31
9	REMOTE SENS ENVIRON	3 429	92 817	27.07	145	13
10	NATURE	953	87 204	91.5	289	30

表 7-9　ESI 环境 / 生态学学科引文次数前 10 名的期刊及中国高被引情况

排序	刊名	论文数	被引次数	被引次数 / 论文数	高被引文次数	中国发表论文数
1	ENVIRON SCI TECHNOL	15 720	421 559	26.82	415	97
2	CHEMOSPHERE	11 192	190 089	16.98	74	20
3	WATER RES	6 491	168 819	26.01	181	54
4	SCI TOTAL ENVIR	10 959	156 088	14.24	152	39
5	MOL ECOL	4 268	124 905	29.27	118	—
6	ENVIRON HEALTH PERSPECT	2 838	108 507	38.23	127	1
7	ECOLOGY	3 379	105 191	31.13	59	6
8	GLOB CHANGE BIOL	2 927	104 625	35.74	172	8
9	ENVIRON POLLUT	5 277	103 707	19.65	67	15
10	MAR ECOL PROGR SER	5 835	92 244	15.81	12	1

表 7-10 ESI 地球科学领域国内同行认定的重要期刊中国高被引论文情况

期刊来源	2006	2007	2008	2009	2010	2011	2012	2013	2014	2015	2016	总计	ESI	
													论文总量	期刊排名
ENVIRON SCI TECHNOL	4	4	9	15	9	9	8	7	10	21	1	97	15 720	1/200
EARTH PLANET SCI LETT	4	1	2	1	3	3		1	1	1		17	5 811	5/242
GEOCHIM COSMOCHIM ACTA	2				1	1		1	1	1	1	8	4 771	7/242
GEOLOGY	1			1		3	1					6	2 965	12/242
NAT GEOSCI				4	3	4	3	3	2	3	1	23	1 274	17/242
EARTH-SCI REV			1		1	2	3		4			11	804	41/242

五、2016 年地球科学领域高被引科学家

根据 WOS 2006—2016 年间收录的所有自然和社会科学论文，2016 年汤森路透在“其他被引用学科数量”中，将排名前 1% 者，被列为——高被引用科学家。能够进入 21 个学科前 1% 榜单，表明这些学者在其学科领域内作出了重要和持续性贡献，具有极高的国际影响力。中国学者虽发表了大量的文献，其中有不少高影响因子的论文，但入选高被引科学家榜单的学者非常稀少。在 2016 年度中国共有 183 名学者进入全球 1% 的榜单，占全球所有学者的比例为 6%；而地球科学（固体地球科学和环境 / 生态学学科）的中国学者入选 15 人，占比仅为 5%（表 7-11），学者集中分布在中国科学研究院及高等院校，从而可以看出中科院和高校的科研人员是科研产出的主力军。

表 7-11 地球科学高被引用科学家榜单中国学者分布

属学科	全球学者	中国学者			占比
		中科院	高校	小计	
固体地球科学	149	4	9	13	9%
环境 / 生态学	147	1	1	2	1%
合计	296	5	10	15	5%

第三节　地质科学文献分析

ESI 对 WOS 数据库收录的 1 万多种自然科学和社会科学期刊分成 22 个学科领域，不能反映大学科下各分支学科的状况。而 WOS 数据库将所有期刊文献分为 156 个研究方向，可利用 SCIE 数据子库进行分支学科文献量的统计。采用 OECD 学科分类体系来检索相应的文献，一级学科理学，二级学科选取地球与环境相关学科，其涵盖的内容有：地球科学及交叉学科、矿物学、古生物学、地球化学、地球物理学、自然地理学、地质学、火山学、环境科学（含相关的社会学）、气象学、气候学、大气科学、海洋学、水文学、水资源等方面。

通过对 WOS 数据库中采用 OECD Category Mapping 2012 学科体系中的学科领域，选择大地球科学的覆盖领域（表 7-12）。通过全文献的检索，对近 11 年的论文数进行梳理，给出全球排名前 10 位的国家或地区在地球科学领域的年分布图（图 7-12）、分布表（表 7-13）。数据显示，在过去十余年里，全球地球科学领域的文献量一直处于增长态势。表明全球地球领域的学者一直在地球科学领域进行着多方面、多层次的研究和探索。其中，美国的论文数居世界第一，中国紧随其后。从论文数增长率来看，近 11 年里，中国在环境科学、水资源、地质学，以及海洋学、地球物理学等多个研究领域的文献量是逐年增加的，地球科学文献在以大于 10% 的速度增长。而其他几个国家其文献数基本趋于平稳，增长幅度很小（表 7-14）。在高被引文数和热点论文数方面，通过梳理近 11 年的数据可以看出，在文献总量居世界第一的美国，在高被引文数和热点论文方面，其仍然居全球第一，紧随其后的即是中国，在近 11 年里，高被引文数 1690 篇次，热点论文 36 篇。这表明论文不仅在数量上呈现快速增长态势，在国际影响力也在逐步增强（图 7-13、图 7-14、表 7-15）。

表 7-12　学科领域一览表

OECD 学科领域	限制条件
环境科学（ENVIRONMENTAL SCIENCES）	出版年：2006—2016 数据库：SCI-EXPANDED
水资源（WATER RESOURCES）	
固体地球科学（GEOSCIENCES MULTIDISCIPLINARY）	
地质学（GEOLOGY）	
古生物学（PALEONTOLOGY）	
矿物学（MINERALOGY）	
自然地理学（GEOGRAPHY PHYSICAL）	

续表

OECD 学科领域	限制条件
大气科学（METEOROLOGY ATMOSPHERIC SCIENCES） 地球化学与地球物理学（GEOCHEMISTRY & GEOPHYSICS） 海洋学（OCEANOGRAPHY）	出版年：2006—2016 数据库：SCI-EXPANDED

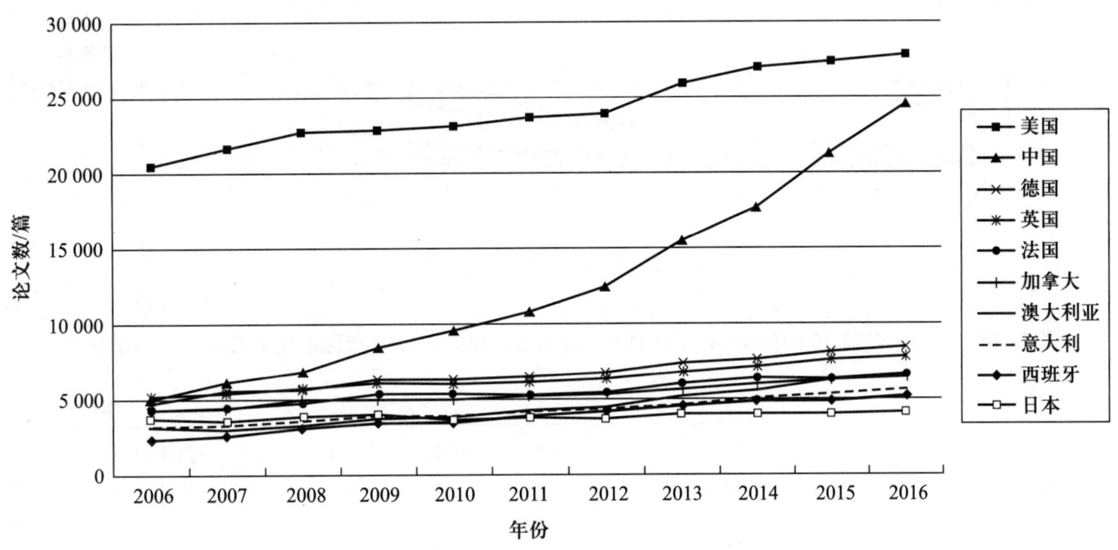

图 7-12　国际地球科学发表论文数前 10 名国家的年分布

表 7-13　全球论文数排名前 10 位的高被引论文数及热点论文数的国别分布　　单位：篇

国别	论文数	高被引论文数	热点论文数
美国	266 468	3 867	83
中国	138 818	1 690	36
德国	73 759	1 113	24
英国	70 111	1 391	31
法国	60 098	865	26
加拿大	58 029	751	16
澳大利亚	49 106	953	28
意大利	46 439	545	16
西班牙	42 239	535	16
日本	42 051	442	20

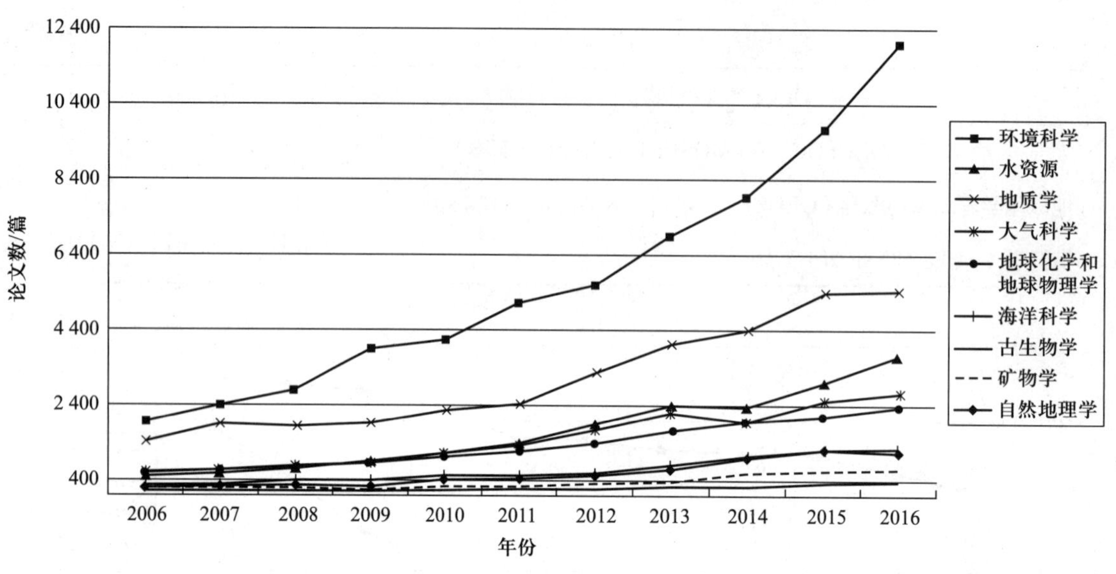

图 7-13　国内地球科学研究领域文献分布

表 7-14　全球排名前 10 的国家 / 地区的地球科学领域 2006—2016 年国家论文数较上年的增长率

单位：%

国家 / 地区	2006 年	2007 年	2008 年	2009 年	2010 年	2011 年	2012 年	2013 年	2014 年	2015 年	2016 年
美国	—	5.86	4.79	0.70	1.47	2.12	1.04	8.37	4.20	1.83	1.17
中国	—	22.61	10.55	25.33	12.97	12.26	15.91	24.18	14.26	20.36	14.87
德国	—	17.22	1.43	11.37	0.84	2.94	4.12	8.03	3.60	7.60	3.89
英国	—	3.96	5.42	6.85	−0.74	1.83	2.97	7.38	4.76	7.29	2.85
法国	—	4.75	5.74	14.37	−2.00	0.21	0.87	11.66	6.28	−0.97	4.60
加拿大	—	2.39	14.35	−1.11	0.82	6.02	1.09	6.45	5.76	5.29	1.13
澳大利亚	—	−2.57	7.80	11.32	3.51	12.03	6.89	14.34	6.04	10.67	4.80
意大利	—	3.23	9.77	10.95	−1.13	6.78	4.80	6.62	8.93	6.02	5.64
西班牙	—	10.85	18.77	10.48	1.65	12.49	6.32	8.72	7.69	−0.64	7.44
日本	—	−2.89	9.42	1.89	−6.08	2.52	−3.41	9.30	−1.00	0.05	3.19

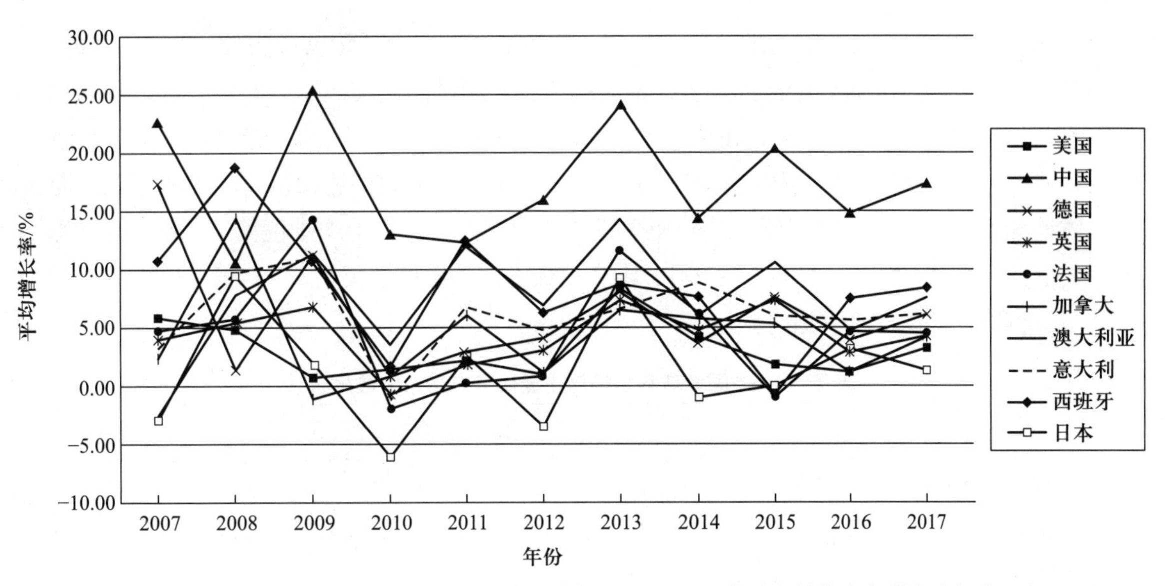

图 7-14　全球前 10 的国家的地球科学领域 2006—2016 年论文数较上年增长率折线图

平均增长率 = 各年增长率之和 /10

表 7-15　中国地球科学各研究方向论文数分布　　单位：篇

研究方向	2006年	2007年	2008年	2009年	2010年	2011年	2012年	2013年	2014年	2015年	2016年
环境科学（ENVIRONMENTAL SCIENCES）	1 987	2 395	2 768	3 917	4 120	5 128	5 612	6 934	7 964	9 800	12 047
水资源（WATER RESOURCES）	530	562	690	940	1 147	1 394	1 914	2 454	2 374	3 025	3 710
地质学（GEOLOGY）	1 440	1 923	1 855	1 925	2 278	2 450	3 290	4 041	4 385	5 395	5 437
大气科学(METEOROLOGY ATMOSPHERIC SCIENCES）	456	671	808	865	1 138	1 337	1 756	2 212	1 931	2 517	2 706
地球化学与地球物理学（GEOCHEMISTRY & GEOPHYSICS）	631	679	724	933	1 005	1 163	1 376	1 713	2 009	2 162	2 312
海洋学（OCEANOGRAPHY）	244	264	368	405	529	549	610	846	1 052	1 228	1 277
古生物学（PALEONTOLOGY）	101	151	140	135	154	160	193	228	273	321	378
矿物学（MINERALOGY）	97	140	134	202	227	268	329	386	558	661	664
自然地理学（GEOGRAPHY PHYSICAL）	190	250	242	247	430	447	552	743	997	1 237	1 182

从表 7-16 来分析，国内地球科学领域，SCI 论文数在全球论文数占比平均为 10%，环境 / 生态学领域的研究论文数居多，地学相关学科领域的论文比例也比较大，但我国生态研究论文在国内 22 个学科产出中的比例或在全球领域的论文比例，无论是从论文数量上，还是从全球该方向的占比，其增长势头与排位第 1 的美国相比，仍有较大的差距；而固体地球方面，除古生物学外，其他几个研究方向在论文总数上均排位第 2。古生物学相比其他几个国家，其论文数仅有 2 237，占全球该方向的比例也仅为 8%，仍落后于美国、德国、英国、法国和俄罗斯等国。

表 7-16 中国地球科学领域主要研究方向论文数分布

学科领域	中国 / 篇	全球 / 篇	排名	占比 /%
环境科学（ENVIRONMENTAL SCIENCES）	62 672	394 331	2	16
水资源（WATER RESOURCES）	18 740	123 222	2	15
古生物学（PALEONTOLOGY）	2 237	27 200	6	8
海洋学（OCEANOGRAPHY）	7 372	65 146	2	11
自然地理学（GEOGRAPHY PHYSICAL）	6 517	49 919	2	13
矿物学（MINERALOGY）	3 666	26 195	2	14
大气科学（METEOROLOGY ATMOSPHERIC SCIENCES）	16 397	116 875	2	14
地球化学与地球物理学（GEOCHEMISTRY & GEOPHYSICS）	14 707	97 191	2	15
地质学（GEOLOGY）	34 419	224 728	2	15

会议文献是科学研究者在研究过程中研究内容、研究方向以及研究观点表达的另一方式。通过参加国际会议，不仅可以了解同行的研究进展，还可以在交流的过程中促进自己的研究思路。通过对国内文献的梳理发现：在 11 年内 SCI 收录的多个国际会议的论文中，环境 / 生态学论文数分布的会议有 236 个、水资源会议 115 个、地质学会议 179 个、大气学会议 69 个、地球化学和地球物理学会议 87 个、海洋学 55 个、古生物学会议 24 个、矿物学会 30 个、自然地理学会议 64 个，每个会议的论文发表数占总学科的比例均小于 1%。

另外，地球科学学术研究的国际合作程度很高，从中可以看出，国内学者和美国、加拿大、澳大利亚、德国、日本、英国等国的合作程度较高。

中国学者在环境科学、水资源、大气科学、海洋学、矿物学、自然地理学研究方向的文献占比整体呈上升趋势，地质学、地球化学与地球物理学、古生物学研究方向论文数占比整体呈下降趋势，详见图 7-15。

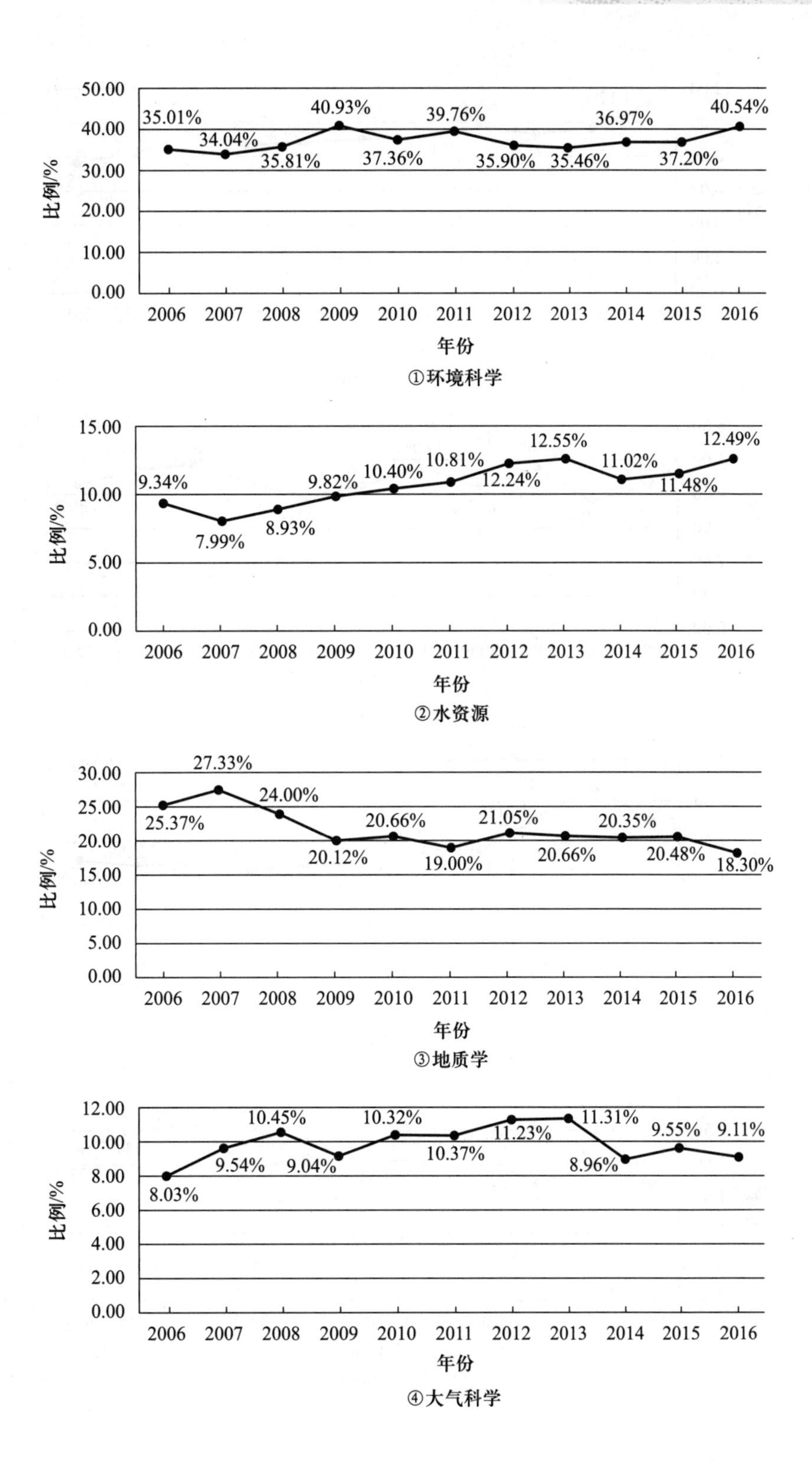

50.00
40.00
30.00
20.00
10.00
0.00
比例/%
35.01%
34.04%
35.81%
40.93%
37.36%
39.76%
35.90%
35.46%
36.97%
37.20%
40.54%
2006 2007 2008 2009 2010 2011 2012 2013 2014 2015 2016
年份
①环境科学
15.00
10.00
5.00
0.00
比例/%
9.34%
7.99%
8.93%
9.82%
10.40%
10.81%
12.24%
12.55%
11.02%
11.48%
12.49%
2006 2007 2008 2009 2010 2011 2012 2013 2014 2015 2016
年份
②水资源
30.00
25.00
20.00
15.00
10.00
5.00
0.00
比例/%
25.37%
27.33%
24.00%
20.12%
20.66%
19.00%
21.05%
20.66%
20.35%
20.48%
18.30%
2006 2007 2008 2009 2010 2011 2012 2013 2014 2015 2016
年份
③地质学
12.00
10.00
8.00
6.00
4.00
2.00
0.00
比例/%
8.03%
9.54%
10.45%
9.04%
10.32%
10.37%
11.23%
11.31%
8.96%
9.55%
9.11%
2006 2007 2008 2009 2010 2011 2012 2013 2014 2015 2016
年份
④大气科学

⑤地球化学与地球物理学

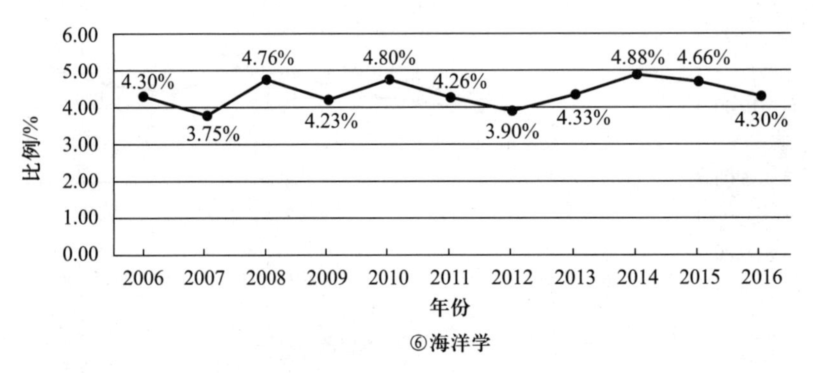

⑥海洋学

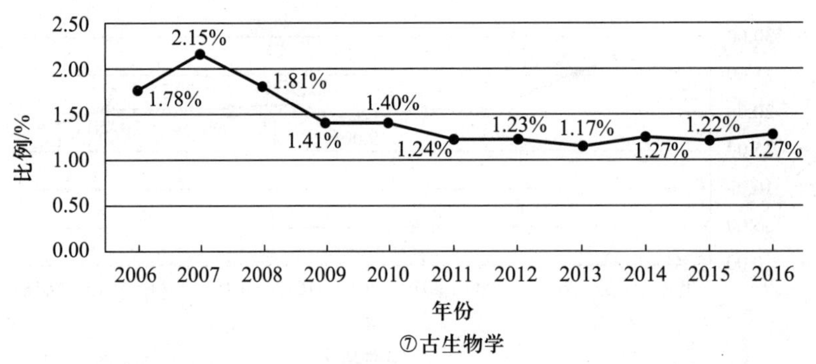

⑦古生物学

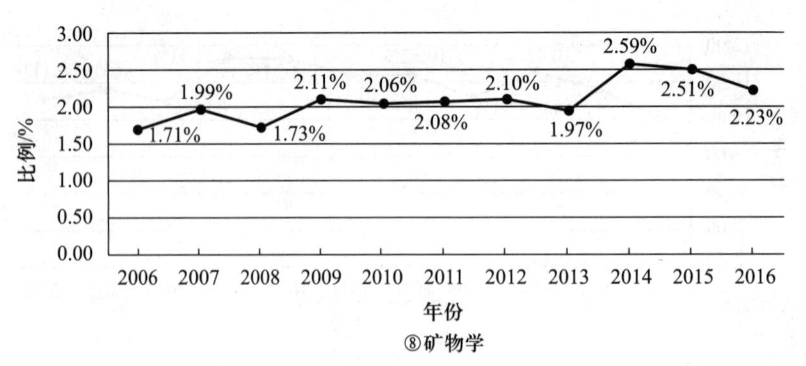

⑧矿物学

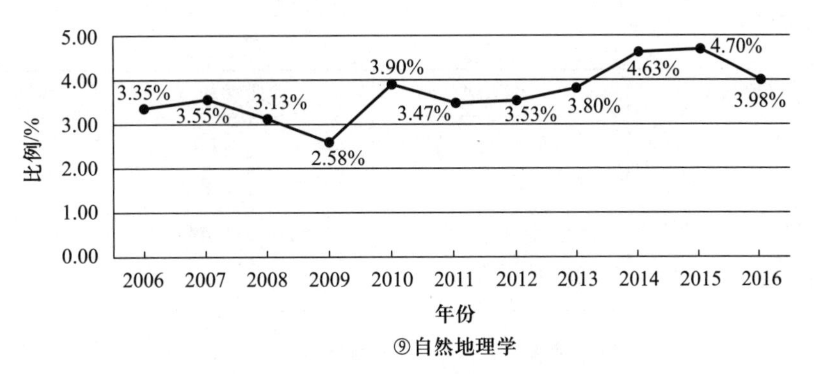

图 7-15　中国地球科学各研究方向文献占比折线图

从图 7-16、表 7-17 中可见，2006—2016 年地球科学各研究方向论文总数为 166 724，其中中国在环境 / 生态学方向为 62 672 占 37.59%，水资源方向为 18 740 占 11.24%，地质学方向为 34 419 占 20.64%，大气科学方向为 16 397 占 9.83%，地球化学与地球物理学方向为 14 707 占 8.82%，海洋学方向为 7 372 占 4.42%，古生物学方向为 2 234 占 1.34%，矿物学方向为 3 666 占 2.20%，自然地理学方向为 6 517 占 3.91%。

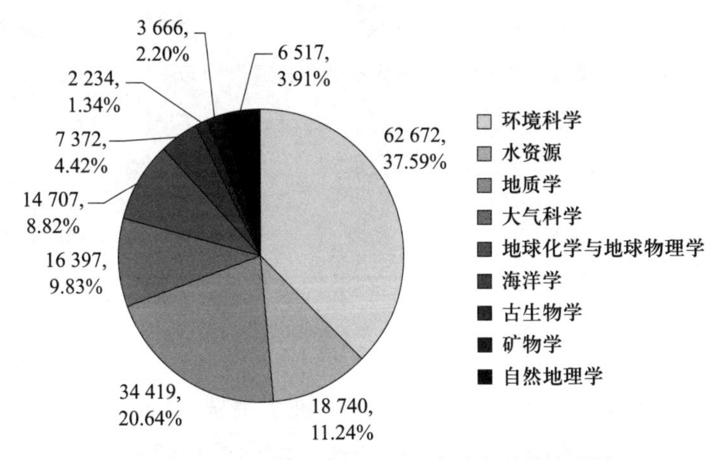

图 7-16　中国地球科学各研究方向论文总数占比情况

表 7-17　中国地球科学领域文献国际合作情况

序号	环境科学		水资源		地质学		大气科学	
1	中国	62 672	中国	18 740	中国	34 419	中国	16 397
2	美国	9 022	美国	2 354	美国	5 115	美国	4 088
3	加拿大	2 091	澳大利亚	665	澳大利亚	1 826	日本	710
4	澳大利亚	1 897	加拿大	551	德国	1 357	德国	673
5	日本	1 610	日本	420	英国	1 269	加拿大	624
6	德国	1 322	英国	377	加拿大	1 145	英国	554

续表

序号	环境科学		水资源		地质学		大气科学	
7	英国	1 320	德国	299	日本	1 141	澳大利亚	436
8	瑞士	689	瑞士	234	法国	803	法国	400
9	法国	595	新加坡	160	中国台湾	447	中国台湾	262
10	中国台湾	553	法国	158	瑞士	362	韩国	256

序号	地球化学和地球物理学		海洋科学		古生物学		矿物学		自然地理学	
1	中国	14 707	中国	7 372	中国	2 234	中国	3 666	中国	6 517
2	美国	2 429	美国	1 133	美国	559	澳大利亚	444	美国	1 397
3	澳大利亚	756	澳大利亚	218	德国	270	美国	402	德国	427
4	德国	560	加拿大	190	英国	237	加拿大	176	英国	347
5	日本	545	中国台湾	187	法国	158	日本	167	澳大利亚	295
6	加拿大	503	日本	183	加拿大	149	德国	110	加拿大	218
7	英国	492	英国	164	澳大利亚	117	英国	97	日本	171
8	法国	389	德国	164	俄罗斯	110	法国	64	法国	167
9	中国台湾	212	法国	101	日本	109	中国台湾	53	瑞士	129
10	英国苏格兰	174	韩国	99	瑞典	54	俄罗斯	29	西班牙	95

注：中国为总论文数，其他国家为与中国的合作数。

从表 7-18 数据得知，文献的分布及文献的被引情况，除中科院外，国内外还有很多高校在从事着相关领域的研究工作，这一科研群体产生的科研成果也处于主体。以 2006—2016 年环境 / 生态学研究方向为例，文献量超过 30 篇的机构就有 500 个，中国科学院参与的文献数为 16 463 篇，401 个高等院校中，清华大学、浙江大学、北京大学、南京大学、中国科学院大学、同济大学、中国地质大学等国内高校在该学科领域表现突出；而在地质学方面，文献集中在中国科学院系统以及老牌地学院所，如中国地质大学、北京大学、南京大学、同济大学，以及武汉大学、香港大学等，详见表 7-18 和表 7-19。

表 7-18 中国环境 / 生态学方向文献数量排名前 10 位的机构分布

机构	记录数 / 个	占国内本学科文献总数的比例 / %
中国科学院	16 463	26.27
清华大学	2 571	4.10

续表

机构	记录数 / 个	占国内本学科文献总数的比例 / %
浙江大学	2 352	3.75
北京大学	2 315	3.69
北京师范大学	2 239	3.57
南京大学	2 237	3.57
中国科学院大学	2 234	3.57
同济大学	1 758	2.81
中国环境科学研究院	1 285	2.05
哈尔滨工业大学	1 172	1.87

表 7-19　中国地质学论文数排名前 10 的机构分布

机构	记录数 / 个	占国内本学科文献的比例 / %
中国科学院	11 347	32.97
中国地质大学	4 672	13.57
中国科学院地质与地球物理研究院	2 385	6.93
北京大学	1 681	4.88
南京大学	1 488	4.32
中国科学院大学	1 316	3.82
北京师范大学	946	2.75
同济大学	864	2.51
武汉大学	855	2.48
香港大学	817	2.37

综上所述，我国地球科学基础研究国际论文产出快速增长，超过了国际相关学科的平均增长水平。论文的快速增长对学科发展起到了巨大的推动作用，研究论文的质量和国际影响力不断提高，呈现出良好的发展态势，反映出了我国地质学基础研究人才队伍的国际化水平和能力，取得了与发达国家相比的国际影响力，与我国众多科研人员相比，我们的主要研究成果相对很少，优秀国际研究人才团队的比例仍明显低于欧美发达国家。

本章小结

国际学术论文是基础研究的影响力指标和表现形式。它是一个学术标志，也是一种国际学术话语权，代表我国地质基础研究能力和国际交流合作水平。地球科学学术论文作为地球科学基础研究成果的结晶，凝聚着地质专家学者的“汗水”“心血”。本章依托汤森路透公司的WOS及InCites平台数据，对地球科学领域进行数据挖掘、分析研究，进而从国际学术交流和研究能力的维度，对地球科学队伍的现状和科研影响力进行评价。研究认为，我国地球科学研究国际论文产出快速增长，超过了国际相关学科的平均增长水平。论文数量的快速增长对学科发展起到了巨大推动作用，论文质量和国际影响力不断提高，取得了与发达国家相比的国际影响力，反映出了我国地质学基础研究人才队伍的国际化水平和原始创新能力。

第八章　NSFC地学项目人才国际化研究

第一节　NSFC 海外及港澳学者合作研究

一、概况

国家自然科学基金委员会（National Natural Science Foundation of China:NSFC)的海外及港澳学者合作研究基金项目是科学基金人才项目系列的重要类型，为充分发挥海外及港澳科技资源优势，吸引海外及港澳优秀人才为国（内地）服务，国家自然科学基金委员会（以下简称基金委）设立海外及港澳学者合作研究基金，资助海外及港澳 50 岁以下华人学者与国内（内地）合作者开展高水平的合作研究。海外及港澳学者合作研究基金项目采取“2+4”的资助模式，获两年期资助项目期满后可申请延续资助。

从表 8-1、表 8-2、图 8-1、图 8-2，对这些项目申请和受资助情况的统计数据分析可以发现：8 个科学部中，地球科学部 2 年期和 4 年期项目平均申请占比分别为 7.14% 和 6.34%，平均资助占比分别为 7.39% 和 6.93%，申请量和资助量均排名第 6。在发挥海外及港澳科技资源优势，吸引海外及港澳优秀华人人才为国家服务方面，地球科学领域有较大潜力需要提升，有很大发展空间需要拓展，需要国内各科研单位与海外及港澳华人学者合作交流。

表 8-1 基金委两年期项目地球科学部申请占比和资助占比情况

年度	地球科学部申请项数	地球科学部批准项数	基金委申请项数	基金委批准项数	地球科学部申请占比 /%	地球科学部资助占比 /%
2011	29	6	411	80	7.06	7.50
2012	28	8	393	117	7.12	6.84
2013	25	9	383	120	6.53	7.50
2014	27	9	405	122	6.67	7.38
2015	28	9	327	116	8.56	7.76
合计	205	66	3 052	934	6.71	7.04

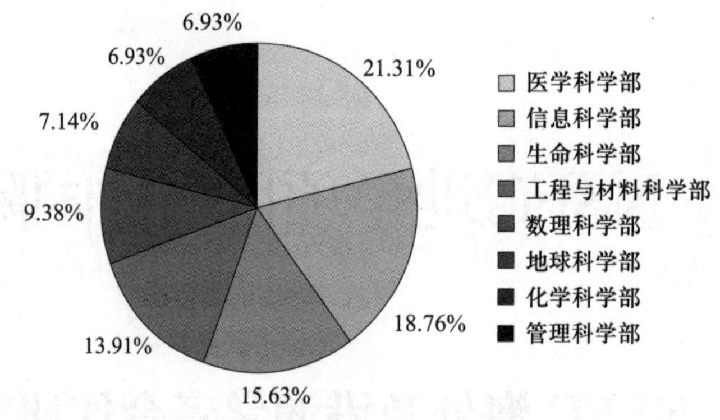

图 8-1 两年期项目各科学部申请总数占比

通过近年来两年期海外及港澳学者合作研究基金项目分析可知，在 7 个科学部门中，获得资助最多的为医学科学部，达到总资助项目的 21.31%，其次是信息科学部达 18.76%、生命科学部 15.63%、工程与材料科学部 13.91%、数理科学部 9.38%、化学科学部和管理科学部均为 6.93%，地球科学部为 7.14% 且呈现出相对稳定趋势，详见表 8-1 和图 8-1。

表 8-2 基金委四年期项目地球科学部申请占比和资助占比情况

年度	地球科学部申请项数	地球科学部批准项数	基金委申请项数	基金委批准项数	地球科学部申请占比 /%	地球科学部资助占比 /%
2011	3	1	46	20	6.52	5.00
2012	3	1	49	20	6.12	5.00
2013	4	2	61	20	6.56	10.00
2014	5	2	56	21	8.93	9.52
2015	3	1	72	20	4.17	5.00
合计	18	7	284	101	6.34	6.93

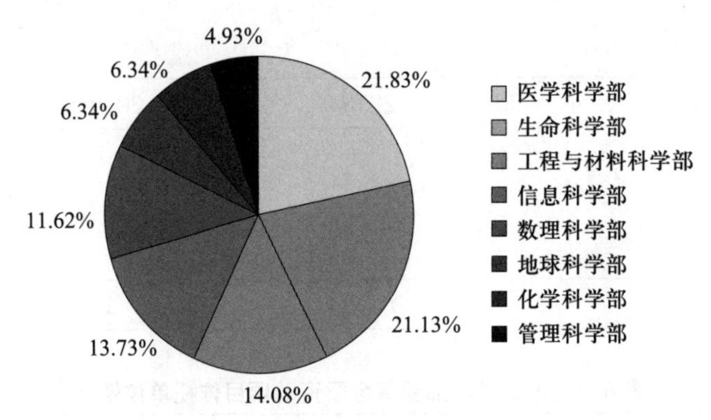

图 8-2　四年期项目各科学部申请总数占比

通过近年来海外及港澳学者合作研究基金项目四年期分析可知，在 7 个科学部门中，获得资助最多的为医学科学部，占到总资助项目的 21.83%，其次是生命科学部 21.13%、工程与材料科学部 14.08%、信息科学部 13.73%、数理科学部 11.62%、化学科学部 6.34%、管理科学部为 4.93%，而地球科学部为 6.34% 且有好的发展势头，详见表 8-2、图 8-2。

二、地球科学部受资助项目情况

2011—2015 年，地球科学部海外及港澳学者合作研究基金共资助 48 项，其中 2 年期项目 41 项、4 年期项目 7 项。表 8-3 表明，受资助者的国别或地区排名中，美国高居第一，占比 72.92%，其次澳大利亚 4.17%、加拿大 4.17%、英国 4.17%、德国 2.08%、芬兰 2.08%、新加坡 2.08%、中国台湾和香港地区也位居第二，各为 4.17%，“一带一路”倡议沿线国家或地区相对极少。表 8-4 表明，受资助项目依托单位主要在高校，高校占 60.42%，其次是中国科学院占 31.25%，其他科研院所 8.32%。表 8-5 表明，受资助者所在单位以高校为主，高校人员高达 77.08%，其次为研究机构人员占 22.92%。表 8-6 表明，受资助项目所属学科，地理学占 25%、海洋科学占 18.75%、地质学占 16.67%、大气科学占 16.67%、地球物理学和空间物理学占 12.50%、地球化学占 10.42%。

表 8-3　地球科学部受基金委资助者所在国别或地区情况

序号	国别或地区	2011 年	2012 年	2013 年	2014 年	2015 年	总计	占比 /%
1	美国	5	8	7	7	8	35	72.92
2	澳大利亚	—	—	—	1	1	2	4.17
3	加拿大	1	—	1	—	—	2	4.17
4	中国台湾	1	—	—	1	—	2	4.17
5	中国香港	—	1	1	—	—	2	4.17
6	英国	—	—	1	1	—	2	4.17

续表

序号	国别或地区	2011 年	2012 年	2013 年	2014 年	2015 年	总计	占比 /%
7	德国	—	—	—	—	1	1	2.08
8	芬兰	—	—	—	1	—	1	2.08
9	新加坡	—	—	1	—	—	1	2.08
	总计	7	9	11	11	10	48	100.00

表 8–4 地球科学部受基金委资助项目依托单位情况

序号	依托单位情况	2011 年	2012 年	2013 年	2014 年	2015 年	总计	占比 /%
1	高校	4	4	7	8	6	29	60.42
2	中国科学院	3	4	3	2	3	15	31.25
3	其他科研院所	—	1	1	1	1	4	8.33
	总计	7	9	11	11	10	48	100.00

表 8–5 地球科学部受基金委资助者所在单位情况

序号	负责人所在单位情况	2011 年	2012 年	2013 年	2014 年	2015 年	总计	占比 /%
1	高校	5	6	9	9	8	37	77.08
2	研究机构	2	3	2	2	2	11	22.92
	总计	7	9	11	11	10	48	100.00

表 8–6 地球科学部受基金委资助项目所属学科情况

序号	申请代码	2011 年	2012 年	2013 年	2014 年	2015 年	总计	占比 /%
1	地理学	1	1	4	3	3	12	25.00
2	海洋科学	2	2	1	3	1	9	18.75
3	地质学	1	2	—	2	3	8	16.67
4	大气科学	1	1	3	1	2	8	16.67
5	地球物理学和空间物理学	2	3	—	1	—	6	12.50
6	地球化学	—	—	3	1	1	5	10.42
	总计	7	9	11	11	10	48	100.00

第二节 地球科学海外资助情况

一、受理申请项数

受理地球科学海外资助项目的数量，最高年份为 2005 年 39 项，最低年份为 2018 年 15 项。30 项以上的 9 个年份、20 ~ 30 项的 8 个年份、20 项以下仅仅 2018 年度，如图 8-3 所示。

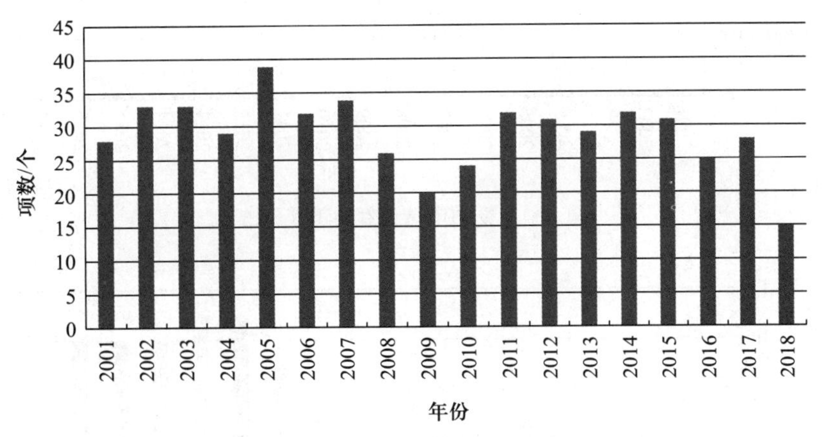

图 8-3 受理申请项数的年度分布

二、受理申请金额

受理地球科学海外资助项目的金额数，最高年份 2008 年高达 200 537.2 万元。2 000 ~ 1 500 万元的有 2001 年为 1 965.9 万元、2005 年为 1 896.03 万元、2002 年为 1 969.2 万元、2003 年为 1 651.53 万元、2006 年为 1 535.36 万元、2017 年为 1 800 万元，1 500 ~ 1 000 万元的有 2004 年为 1 373.15 万元、2007 年为 1 426.2 万元、2011 年 1 000 万元、2012 年为 1 175 万元、2013 年为 1 300 万元、2014 年为 1 539.6 万元、2016 年为 1 422 万元、 2018 年为 1 242 万元；1 000 万元以下的有 2009 年为 401 万元，2010 年为 541 万元，2015 年为 983.46 万元，可见 2008 年一枝独秀，如图 8-4 所示。

三、批准资助项数

批准地球科学海外资助项目的数量，10 项以上的有 2013 年 11 项、2014 年 11 项、2015 年 10 项、2016 年 10 项、2017 年 10 项，其他年份者在 10 项以下，即 2001 年 6 项、

2002 年 8 项、2003 年 7 项、2004 年 7 项、2005 年 7 项、2006 年 7 项、2007 年 8 项、2008 年 6 项、2009 年 6 项、2010 年 6 项、2011 年 7 项、2012 年 9 项、2018 年 5 项，如图 8-5 所示。

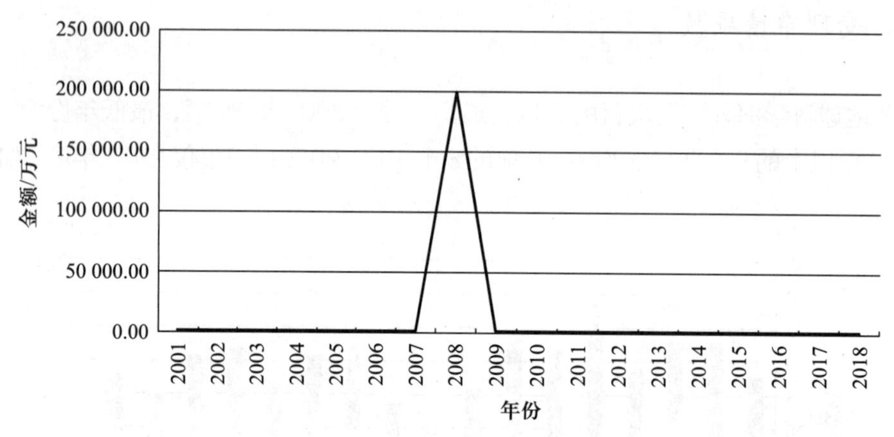

图 8-4　受理申请金额的年度分布

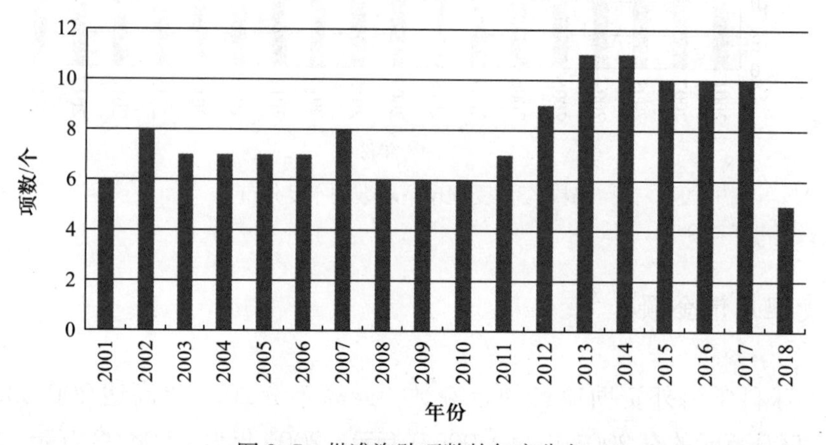

图 8-5　批准资助项数的年度分布

四、批准资助金额

批准地球科学海外资助项目的金额，最高的达到 580 万元，最低的为 120 万元。500 万元以上的有 2013 年 580 万元、2014 年 580 万元、2016 年 504 万元、2017 年 504 万元，500 ～ 300 万元的有 2002 年 320 万元、2007 年 320 万元、2012 年 360 万元，2015 年 342 万元、 2018 年 414 万元；300 万元以下的有 2001 年 240 万元、2003 年 280 万元、2004 年 280 万元、2005 年 280 万元、2006 年 280 万元、2008 年 120 万元、2009 年 120 万元、2010 年 120 万元、2011 年 240 万元，如图 8-6 所示。

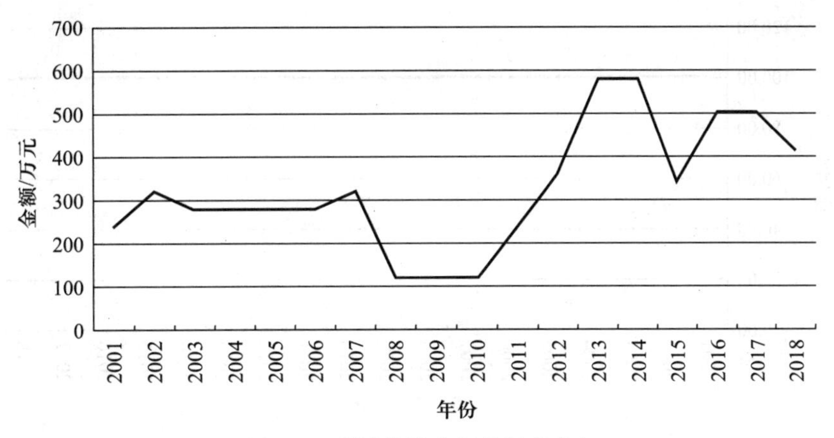

图 8-6　批准资助金额的年度分布

五、资助金额占全委的比例

批准地球科学海外资助项目占全委的比例，最高只有 10.17%，为 2001 年度；最低仅 5.68% 在 2012 年度；其中 2001 年为 10.17%、2002 年为 10.13%、2003 年为 8.97%、2004 年为 8.86%、2005 年为 8.75%、2006 年 8.75%、2007 年 9.88%、2008 年 7.95%、2009 年 7.79%、2010 年为 7.23%、2011 年为 6%、2012 年为 5.68%、2013 年为 9.06%、2014 年为 8.73%、2015 年为 6.01%、2016 年为 8.89%、2017 年为 8.24%、2018 年为 7.67%，如图 8-7 所示。

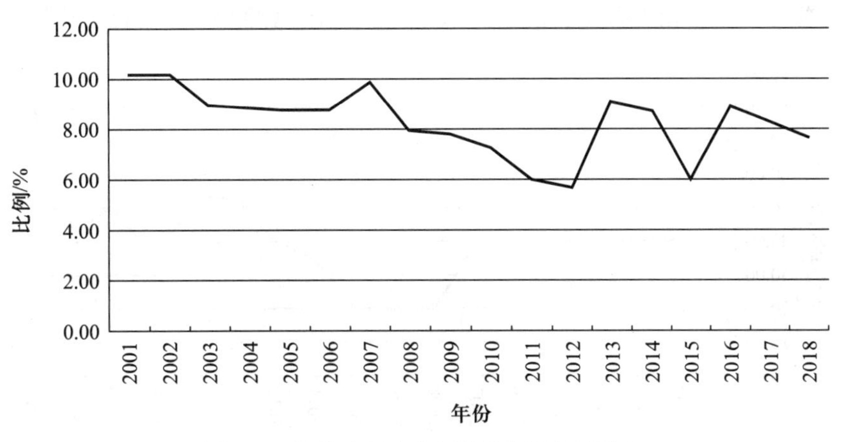

图 8-7　资助金额占全委的比例的年度分布

六、资助金额占学部的比例

批准地球科学海外资助项目占全委的比例，从 2001 年至 2016 年均为 100%，如图 8-8 所示。

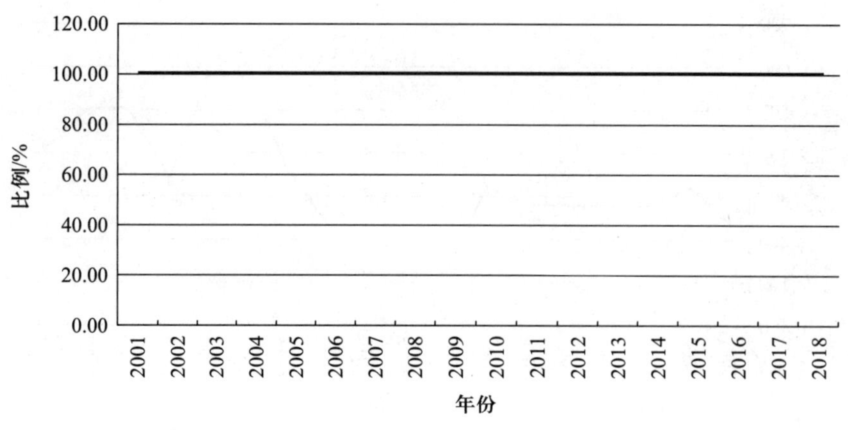

图 8-8　资助金额占学部的比例的年度分布

七、单项平均资助金额

批准地球科学海外资助项目的单项平均资助金额，最高达 82.8 万元，在 2018 年；最低仅 20 万元。其中 2001 年为 40 万元、2002 年为 40 万元、2003 年为 40 万元、2004 年为 40 万元、2005 年为 40 万元、2006 年为 40 万元、2007 年为 40 万元、2008 年为 20 万元、2009 年为 20 万元、2010 年为 20 万元、2011 年为 34.29 万元、2012 年为 40 万元、2013 年为 52.73 万元、2014 年为 52.73 万元、2015 年为 34.2 万元、2016 年为 50.4 万元、2017 年为 43.1 万元、2018 年为 82.8 万元，如图 8-9 所示。

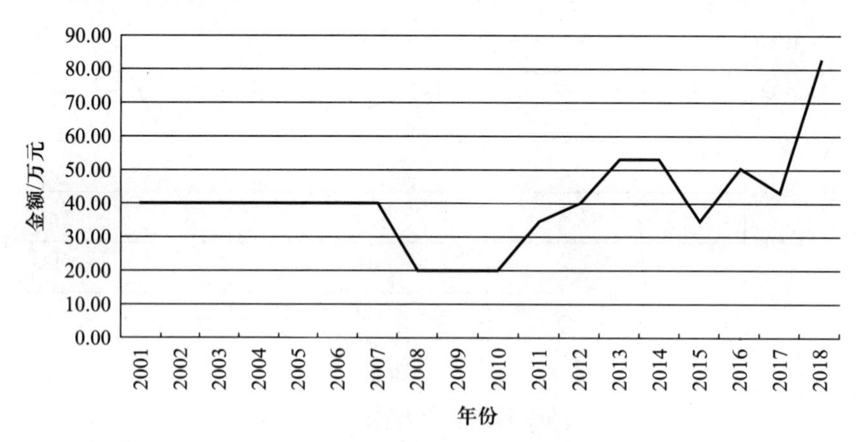

图 8-9　单项平均资助金额的年度分布

八、项目资助率

地球科学海外资助项目数量的资助率，2001 年为 21.43%、2002 年为 24.24%、

2003 年为 21.21%、2004 年为 24.14%、2005 年为 17.95%、2006 年为 21.88%、2007 年为 23.53%、2008 年为 23.08%、2009 年为 30%、2010 年为 25%、2011 年为 21.88%、2012 年为 29%、2013 年为 37.9%、2014 年为 34.3%、2015 年为 32.26%、2016 年为 40%、2017 年为 34.55%、2018 年为 30.36%，如图 8-10 所示。

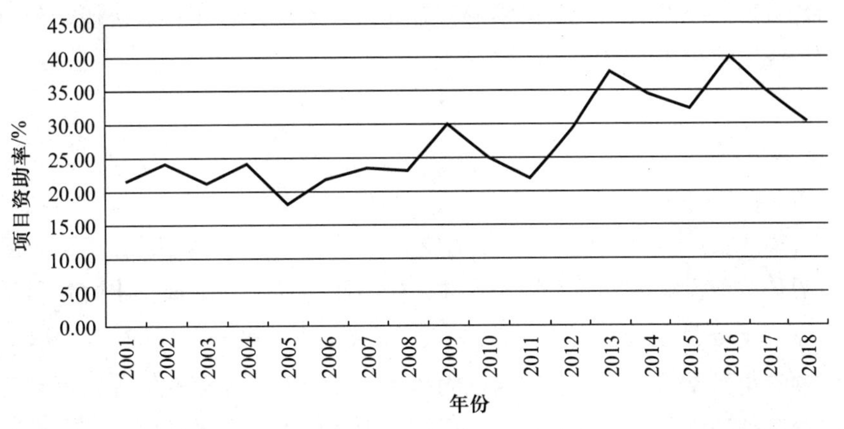

图 8-10　项目资助率的年度分布

九、项目金额资助率

地球科学海外资助项目资金的资助率，2001 年为 12.21%、2002 年为 16.25%、2003 年为 16.95%、2004 年为 20.39%、2005 年为 14.77%，2006 年为 18.24%、2007 年为 22.44%、2008 年为 0.06%、2009 年为 29.93%、2010 年为 22.18%、2011 年为 24%、2012 年为 30.64%、2013 年为 44.62%、2014 年为 37.67%、2015 年为 34.78%、2016 年为 35.44%、2017 年为 29.59%、2018 年为 33.33%，如图 8-11 所示。

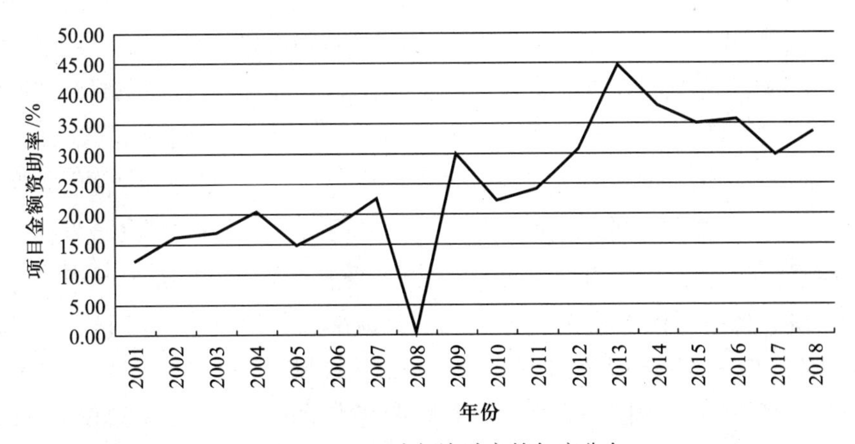

图 8-11　项目金额资助率的年度分布

第三节 地球科学国家杰出青年科学基金资助情况

本研究对地球科学领域的国家杰出青年科学基金项目获得者进行了样本调研分析，主要采取问卷调查、网络调查、资料检索等方式，经过统计分析和对象访谈，分析得出我国地质学基础研究人才培养使用国际化情况。

一、基本情况

1994 年，为促进青年科学技术人才的成长，鼓励海外学者回国工作，加速培养造就一批进入世界科技前沿的优秀学术领军人才，国务院批准设立国家杰出青年科学基金，由国家自然科学基金委员会负责实施。这是我国国家层面上第一个面向 45 岁以下科学工作者设立的专项青年科学基金，资助国内及尚在境外即将回国工作的优秀青年学者，在国内进行自然科学基础研究和应用基础研究。根据《国家自然科学基金项目管理规定》，国家杰出青年科学基金申请者必须具有良好的学风和科学道德；申请当年 1 月 1 日未满 45 周岁；具有博士学位或具有高级专业技术职务（职称）；在自然科学基础研究方面已取得国内外同行承认的突出的创新性成绩，或对本学科领域或相关学科领域的发展有重要的推动作用；在应用基础研究方面取得国内外同行承认的突出的创造性科技成果，或对国民经济与社会发展有较大影响；具有在国内从事研究所必需的主要实验条件以及人力、物力等，有充分的时间和精力从事本项基金资助的研究工作；申请者应具有中华人民共和国国籍；在我国内地有固定的受聘单位且聘期覆盖该项基金的执行期限；资助期内每年在我国内地从事研究工作的时间至少在 9 个月以上。国家杰出青年科学基金的申请者必须通过同行专家评议、评审组评审、异议期公示、评审委员会评定等程序，最后由国家自然科学基金委员会公布。国家杰出青年科学基金设立以来，始终把将帅人才的培养放在重要的战略位置。国家杰出青年科学基金项目在立项伊始就重视和强调研究队伍的合理布局，把形成良好的研究团队作为项目管理的一项重要目标。同时通过资助“创新研究群体”工作，不断加大对将帅人才的培养力度，在促进他们自身学术水平不断提高的同时，使他们成为凝聚和带动研究团队的核心。在有关部门的大力支持下，国家杰出青年科学基金获得者已经和正在成为我国基础研究创新的中坚力量。地学领域的国家杰出青年科学基金获得者，在高校工作的占 38.35%、在中国科学院的占 54.51%、其他部委研究机构的占 7.14%；35 岁及以下的占 3.01%，36 ~ 40 岁占 29.32%、41 ~ 45 岁占 56.39%、46 ~ 50 岁占 9.02%、51 岁及以上的占 2.26%；获得国内高校或科研院所博士学位的人员占 71.05%、获得国外博士学位者占 22.18%；另外国内外联合培养博士学位人员占 5.64%、博士以外其他学位为 1.13%；国家及省部级奖励均有的占 13.16%、只有国家级奖励的占 5.64%、只获省部级奖励的占 46.62%；入选中科院百人计划者占 24.06%、入选国家人事部百千万人才计划人选者占 17.67%、入选教育部长江学者特聘教授者占 5.26%、入选国务院特殊津贴和国家突出贡献专家的占 15.41%、享受省级突出贡献专家和省级特殊津贴待遇者占 4.89%、入选省级人才计划者占 9.02%。

二、国际交流合作

（一）担任国际学术组织职务情况

在国际学术组织内担任学术职务体现了中国在国际学术领域话语权程度，是地质学乃至各个领域国际合作交流的重要指标和标志。地学领域的国家杰出青年获得者在现有主要地学类国际学术组织中担任学术职务人员占 25.19%。这些国际学术组织主要包括：国际生态模拟学会、国际岩石圈计划（Task-IV）、国际地层委员会寒武系分会、亚洲有机物循环协作网、加拿大地质矿业协会 GIS 分会、国际水文地质学家协会中国国家委员会、国际大陆科学钻探中国委员会、美国纽约科学研究会、国际全球环境变化人文因素计划中国国家委员会（CNC-IHDP）、国际地圈生物圈计划中国委员会（CNC-IGBP）、国际大陆科学钻探中国委员会（ICDP-China）、国际空气与废弃物管理学会中国分会、亚洲气溶胶研究会、国际地貌学家协会（IAG）、联合国教科文组织国际水文计划干旱区水与发展全球信息网络（UNESCO IHP G-WADI）、国际“气候变异及其可预测性”研究计划委员会、国际化石刺丝胞和海绵协会、亚洲和太平洋地区流体包裹体协会、国际地层委员会新元古代地层分会、国际奥陶系分会、志留系分会、国际土壤科学联合会土壤发生委员会、国际景观生态学会（IALE）中国分会、国际景观生态学会中国分会、国际地圈生物圈计划中国委员会（CNC-IGBP）土地利用与土地覆被变化工作组以及“全球变化与陆地生态系统”工作组等。

（二）出国研修的国家或地域

国家杰出青年科学基金获得者中出国进修的国家大都在美国、日本、英国、德国、澳大利亚、加拿大、法国等发达国家，分别占 28.57%、14.29%、13.91%、11.65%、7.14%、9.40%、1.88%，其他国家占 13.16%，如图 8-12 所示。

（三）在国（境）外研修周期时段

国家杰出青年科学基金获得者在出国研修时间上有所差异。出国 6 月以下的占 9.40%，6 至 12 个月的占 16.17%，13 至 18 个月的占 10.90%，19 至 24 个月的占 9.77%，24 个月以上的占 50.75%，没有出国研修的占 3.01%，如图 8-13 所示。

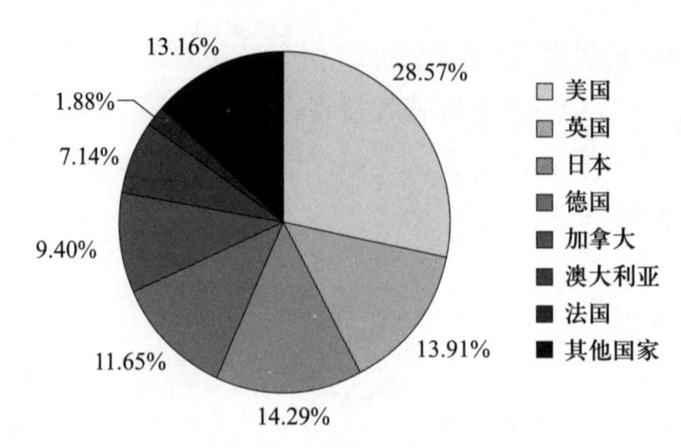

图 8-12 出国研修国家分布

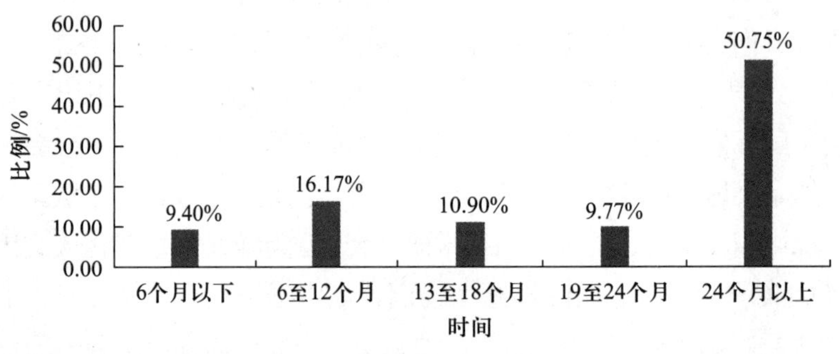

图 8-13 出国研修时间分布

（四）攻读博士学位和从事博士后科学研究

国家杰出青年科学基金获得者中获得国外博士学位者占 22.18%，国内外联合培养博士学位人员 5.64%。有 32.08% 的人经历了博士后研修，其中有 19.81% 的人是在国外从事博士后研修工作的，如图 8-14 所示。

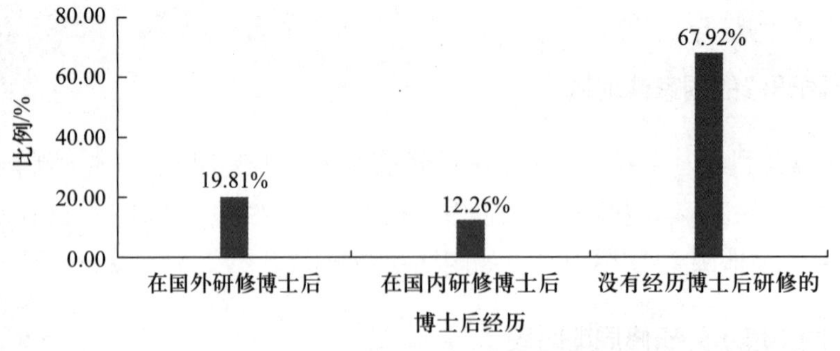

图 8-14 博士后经历的分布

研究发现，国际知名地质学家都或多或少地具备他国留学或实习经验，如德国柏林大学校长费迪南·冯·李希霍芬（Richthofen，Ferdinand von），在其大学期间就曾去欧洲各国进行地质考察；火山构造和火山岩专家道格·杰拉姆（Dougal Jerram）生于英国曼彻斯特，除在本国内学习外，他还具有德国维尔兹堡大学的留学经历；俄罗斯古生物学家米哈伊尔·费登林（Mikhail Fedonlin，1971）在大学期间便参与了加拿大、挪威、西班牙和美国进行野外实习；美国地质学教授威廉·里卡德·迪金森（William Ricard Dickinson）除了对科罗拉多高原有深入的研究外，还对加拿大的地盾有研究。

本章小结

基于对国家自然科学基金海外及港澳学者合作研究基金情况、地球科学海外资助情况、地球科学国家杰出青年科学基金获得者基金资助情况的数据统计，从中分析我国地学领域领军人才国际化现状。研究发现，在海外及港澳学者合作研究基金项目中，地学部在发挥海外及港澳科技资源优势，吸引海外及港澳优秀华人人才为国（内地）服务方面，在全委处于劣势；在地学领域国内各科研单位与海外及港澳50岁以下华人学者合作尚不充分；近年受资助项目所属学科，地理学排名第一，地球化学排名最后。近年来地球科学海外资助情况波动变化较大，而在地球科学杰出青年基金资助方面，本章采取专家访谈、网络调查、资料检索等方式，对地球科学领域获得国家杰出青年科学基金获得者国际化资料进行分析，从中可以看出目前我国地质学基础研究人才培养国际化状况和趋势。

第九章　创新人才培养国际化理念

理念是行动的先导。先进的国际合作交流理念是开展高等教育国际化、高校人才培养国际化、培养一流国际人才的基础前提。人才培养国际化是一个系统工程，内容非常丰富，它涉及政治、经济、文化等各个方面。高质量做好人才培养国际化工作，提高地质学基础研究人才培养国际化能力和水平，必须充分认识并提升人才培养国际化对民族、国家、高校、学科、自身发展的重要意义。

第一节　树立新时代人才培养国际化新理念

树立新时代人才培养国际化新理念，是开展新时代人才培养国际化的行动先导。高等教育国际化理念是一个国家发展高等教育国际化战略的总体思路和基本方向，具体指导高校人才培养国际化。高校要树立与国际接轨的办学理念，全员、全过程、全方位推进国际化人才培养。转变教育观念，坚持对外开放中学习交流合作，积极与世界接轨，推进高等教育开放进程，走向世界，影响世界。

一、坚持用新理念引领人才培养国际化

不同的时代会塑造不同的人才，不同的时代有不同的人才培养要求。创新、协调、绿色、开放、共享，是新的发展理念。新发展理念是引领着我国各项伟大事业高质量发展的新引擎。习近平总书记在全国高校思想政治工作会议上的讲话中强调指出，教育强则国家强。高等教育发展水平是一个国家发展水平和发展潜力的重要标志。实现中华民族伟大复兴，教育的地位和作用不可忽视。我们对高等教育的需要比以往任何时候都更加迫切，对科学知识和卓越人才的渴求比以往任何时候都更加强烈。党中央作出加快建设世界一流大学和一流学科的战略决策，就是要提高我国高等教育发展水平，增强国家核心竞争力。只有培养出一流人才的高校，才能够成为世界一流大学。办好我国高校，办出世界一流大学，必须牢牢抓住全面提高人才培养能力这个核心点，并以此来带动高校其他工作。

坚持新理念引领我国新时代高等教育高质量发展，科学指导新时代高校人才培养工作，是新时代人才培养国际化的行动指南。人才培养国际化必须坚持以习近平新时代中国特色社会主义思想为指引，全面贯彻落实新时代党的教育方针，构建人才培养国际化新目标新理念，深入推进教育对外开放和国际交流合作，弘扬中国特色的国际化高等教育和人才培养理念，从面向未来、面向世界、面向现代化的世界胸怀和全球视角，从面向世界科技前沿，面向经济主战场，面向国家重大需求，面向人民生命健康的历史责任和使命担当，认识新时代中国高等教育和人才培养。国内外研究与实践证明，国际通用规则和规范的掌握应用、世界多元文化的认识理解、国际复杂多变环境的准确研判、人类共同问题的有效关注和妥善解决、跨文化的有效交流合作等，都要求从全球视角出发，重新审视高等教育定位，确立高校人才培养目标，培养具备国际化视野、全球化意识和国际合作交流素养能力的国际化人才。

“一带一路”倡议是进一步扩大我国对外开放的重大战略构想，为进一步提高我国高等教育国际化水平提供了重大战略机遇。培养国际化人才是“一带一路”倡议的深层推进。因此，推进与“一带一路”沿线国家的国际合作交流，必须坚持人才优先发展战略。培养一批精通他国语言、理解他国文化、熟悉国际规则、具有国际视野，善于在全球化竞争中把握机遇和争取主动权的国际化人才。高校要围绕“一带一路”沿线国家发展急需的学科专业开展来华留学生教育。结合自身办学特色和学科学术资源优势，深度参与“一带一路”倡议建设，突出重点和特色，设立专门国际化人才计划项目，加快培养推进“一带一路”建设需要的高水平国际化人才。扩大“一带一路”沿线国家来华留学生招生培养规模，推进“一带一路”沿线国家来华留学生教育发展，培养更多知华友华的国际化人才。

二、拓展高校办学功能新内涵

高等教育的国际交流合作是通过相互联系、相互作用的各自教育要素，融为具有相对

稳定教育结构功能的有机整体。高校功能变化是随着社会变迁和时代赋予的不同使命而不断演进的。每一次高校功能的拓展、演进和超越，都与高校人才培养这一根本任务相联系、相伴随。《国家中长期教育改革和发展规划纲要（2010—2020年）》明确提出：加强国际交流与合作，开展多层次、宽领域的教育交流与合作，提高我国教育国际化水平，培养大批具有国际视野、通晓国际规则、能够参与国际事务和国际竞争的国际化人才。2015年10月，国务院《关于印发统筹推进世界一流大学和一流学科建设总体方案的通知》中指出，“加强与世界一流大学和学术机构的实质性合作，将国外优质教育资源有效融合到教学科研全过程，开展高水平人才联合培养和科学联合攻关。加强国际协同创新，积极参与或牵头组织国际和区域性重大科学计划和科学工程。”2017年2月，中共中央、国务院印发《关于加强和改进新形势下高校思想政治工作的意见》，将“国际交流合作”与“人才培养、科学研究、社会服务、文化传承创新”并列为新时代高校的重要功能和使命要求。国际交流合作是党的教育方针的最新体现，是我国高等教育和高校的新使命，是党和国家的新要求，这也是高校发展到一定阶段必然产生的内在需求，有助于重新认识教育对外开放战略，拓展高校“双一流”建设视角，创新人才培养理念模式。随着我国对外改革开放力度加大，高等教育国际化和人才培养国际化高质量稳步推进。中共中央办公厅、国务院办公厅印发的《关于做好新时期教育对外开放工作的若干意见》，教育部印发的《推进共建“一带一路”教育行动》等都提出了建设世界一流大学和一流学科的办学目标，推进高校要把培养具有国际视野和全球意识的高素质复合型人才作为人才培养观，把适应未来、面向世界，具有国际视野、国际竞争力的国际化人才培养等概念和理念纳入高校人才培养理念、目标任务和办学定位。高校具体承担了世界各国高等教育相互交流、相互借鉴、相互作用、相互竞争、相互合作的活动项目，营造了良好的国际化教学科研环境。加强请进来、走出去战略管理和细节过程的管理服务，对出国师生有助于师生将中国的民族文化、学术思想、特色教育理念、高校学术风格带到国际学术平台，从而增进国际文化体验、培养师生国际视野。

高校具有人才培养、科学研究、社会服务、文化传承创新、国际交流合作等五项功能，培养人才是高校的根本所在。这五者之间相互依存、相互促进、相互补充，整体划一，缺一不可。只有紧紧把五项功能一体化设计，统筹兼顾，才能确保一所大学的“完美”，形成良性循环体。这也是世界一流大学提高学术水平和教育教学质量的秘诀。人才培养是高等教育的根本出发点和落脚点；科学研究是对知识传播、人才培养的支撑，要求高校成为基础研究和高技术领域创新成果的重要源泉；社会服务是现代大学的目的，要求高校要紧紧围绕科学发展这个主题、加快转变经济发展方式这条主线，不断增强服务国家战略、服务经济社会发展能力；文化传承创新明确了高等教育是社会主义先进文化传承的重要载体和思想文化创新的重要源地；国际交流合作是培养国际化人才、巩固并延续对外开放的重要路径。高校要始终把人才培养放在学校工作首位，将科学研究、社会服务、文化传承创新、国际交流合作引入教育教学全过程全方位，在科学研究中深化学习，在文化传承创新中守初心，在社会服务中担使命，在国际交流合作中实现人类命运共同体的价值取向。国际交流合作是高校的新办学功能。要求高校在人才培养国际化过程中坚持学术研究无国界，学术服务胸怀祖国的思想境界。将人才培养国际化的先进理念和办学目标要求，全部融入人才联合培养、科学联合攻关、国际科学研究计划协同、国际教育规则制定、国际教育教学评估认证之中，融入中外合作办学、国外学习模式、基础 + 专业模式、双学位联合培养、学生对外交流、海外实习计划、暑期研习、出国旅游、交流生项目、奖学金和助学金项目之中，融入海外境外人才引进、国际学术会议、互访交流活动、国外实践经验、国外大学经历等师资队伍建设之中，融入留学生教育、国际文化节、外国文化区、中外文化交流营等来华学生培养过程之中，融入科学合理引进原版教材、共建基础研究基地平台、合作科学研究项目之中，融入学生国际交流协会、海外校友会、海外学生会之中。

三、坚持新时代人才培养国际化特色发展理念

综合地质学科特点、发展趋势和地质学基础研究人才成长成才规律，我国新时代地质学基础研究人才培养国际化应充分考虑，地质学科与地质科技人才对“世界人类命运共同体”“人与自然和谐共生”的贡献，中华优秀传统文化与地质学国际化，世界一流国际化和本土化的协调发展，中国特色高等地质教育国际化体系构建等命题。培养新时代地质学基础研究国际化人才，必须从地质科学国际化人才强国视角审视，立足中国特色、具有世界眼光、拓展国际视野。牢固树立国际化教育理念与意识，建立清晰的教育国际化发展规划目标，搭建强有力的国际化组织架构，打造具有国际影响的高水平专业学科，探索高等教育国际化制度，设置科学合理的国际化视野课程，培养具有国际化视野的师资队伍，拓展海外人才培养计划项目，促进生源国际大流动、大交流、大合作。

随着经济全球化发展，在高等教育国际化大背景之下，培养具有国际视野的创新型人才是当前各国教育改革与发展的重要战略和发展趋势。提升国际交流合作能力水平，是高等教育面向现代化、面向世界、面向未来的重要途径和战略举措，是高校人才培养国际化的显著标志。地质学研究具有全球性和地域性。许多地质问题的宏大空间尺度和漫长时间尺度要求国际地学界的广泛深入合作研究。随着我国国力增强和学术地位的提高，中国地质科学研究成为世界地质研究不可或缺的重要组成部分。在地质学基础研究人才培养国际化进程中，必须坚持原创性为根基，国际化目标为驱动，传承创新并重，合作互利共赢，开展地质科学引智工程，促进国际和国内人才双向交流，鼓励利用多种方式和灵活机制，从海外引进核心人才团队，注重吸引和培养熟悉国外的国际化地质科技人才，使地质人才队伍呈现国际化人才和人才国际化的新局面。发挥我国地质区位优势，充分利用国际地学组织，实现我国地质学国际合作交流工作研究更深入、领域更宽广、层次更高远。找准目

标定位，彰显中国特色，提升能力水平，促进国际化与民族化融合、协同发展，不能为了国际化而国际化，丧失民族特色和中国优势。要充分利用国际化平台，根据自身特点和发展需要，促进跨国别、跨种族、跨学科、跨文化的交流、认同和尊重，培养更多优秀的中国特色、世界一流、扎根祖国大地开展地球科学基础研究的高水平国际化人才。

第二节　把握地质人才培养国际化发展趋势

事实证明，任何工作都需要人去做。科学问题提出的再明确再合适，技术设备条件再先进，资金资本投入再充足，如果没有高水平高质量的专业人才，也不能够产出重大而影响深远的原始创新成果，更不可能解决好人与自然和谐共生中的重大科学问题。人与自然和谐共生，促进地球健康应是地球科学存在与发展的价值遵循和目标追求。人与自然是生命共同体，人类必须尊重自然、顺应自然、保护自然。这对地质学人才培养使用提出了更新和更高的要求，加强并提升地质学基础研究人才国际化水平必然成为一种新趋势。因此，加快新时代地质学基础研究人才培养国际化是我国地球科学发展进入国际前列的关键，更是当务之急。

一、科学审视新时代人才培养国际化

打破传统狭义思维，更新人才培养国际化内涵理解。按照新时代人才培养要求和国际化人才特征，进一步拓展人才培养国际化的内涵。努力培养具有国际视野和思维、能参加国际学术组织或有任职、善于参与国际项目合作研究、在国际交流合作中能理解他国文化、精通外语、能进行流利交流、能将研究工作做到国际一流的人才。

我国的高等地质教育国际化目标有一个由简单到复杂，从单一到多元的发展过程，新中国成立初期是我国地质教育初建与艰难发展阶段，全国设有地质专业的学校共有 18 所，累计培养人才 700 多人。国家经济社会发展急需地质类人才，地质类高校主要由地矿部和行业部门管理，地质教育主要为地质勘探行业办学。所以培养目标较单一，人才去向主要面向地质勘探行业、相关科研院所及高等学校。1978 年国家迎来改革开放，邓小平提出“教育要面向现代化、面向世界、面向未来”，指出了我国教育走国际化道路的方向，我国高等地质教育也随之走向开放，培养目标形成了从培养国家需要的地质专业人才到培养面向世界的地质专业人才。2001 年中国加入世界贸易组织 (WTO)，进一步明确了培养国际化人才的重要性和必然性。2015 年 12 月，国家颁布《统筹推进世界一流大学和一流

学科建设总体方案》，明确将“推进国际交流合作”“加强与世界一流大学和学术机构的实质性合作”“加强国际协同创新，切实提高我国高等教育的国际竞争力和话语权”作为改革任务之一。提出，中国“到 2020 年，若干所大学和一批学科进入世界一流行列，若干学科进入世界一流学科前列。到 2030 年，更多的大学和学科进入世界一流行列，若干所大学进入世界一流大学前列，一批学科进入世界一流学科前列，高等教育整体实力显著提升。到 21 世纪中叶，一流大学和一流学科的数量和实力进入世界前列，基本建成高等教育强国。”加快国际化进程、提升国际交流合作程度，建设“双一流”已经成为高校响应党的号召，体现教育强国梦使命，实现中国梦向世界梦延伸的有效路径。不仅是向世界贡献中国智慧中国方案、展示中国印象中国风采，更要把“中国特色、世界一流”的中国教育梦转化成为高校师生的国际视野、世界胸怀与全球责任，实现国际化目标多元化。

国际交流合作程度是推进国家高等教育国际化和建设世界一流大学、一流学科的重要标志。1998 年，联合国教科文组织在世界高等教育大会《宣言》中指出：在当今日新月异的世界，高等教育显然需要以学生为中心的新视角和新模式。《宣言》要求高校决策者要把学生及其需要作为关心的重点、把学生视为教育改革的主要参与者。同时预言，以学生为中心的新理念，必将对整个世界 21 世纪高等教育产生深远影响。“以学生为中心”已成为世界高等教育发展的新理念，成为现代大学的出发点和落脚点。

随着全球经济一体化深入发展，新知识和新技术迅速传播，国际合作交流日益频繁，中国经济社会发展对人才国际化要求越来越高，国际知识结构和跨文化交际能力日益增强。经济社会发展需求变化导致人才需求导向变化。具有国际化视野和理念、国际化知识结构和跨文化交际能力的人才尤其受到青睐，其职业生涯和个人发展也受益于自身国际化教育。反之，缺乏国际认识视野、国际观念意识、国际知识结构、国际交流合作和国别文化理解的人才，明显缺乏竞争力。因此，国际和国内经济社会发展对人才的新期盼，要求高校要考虑所培养人才实际需求和自我实现需求，在人才培养过程中强化国际化思想和教育理念，构建国际化知识和技能结构，培养国际化学习能力和沟通能力。世界一流大学和一流学科建设，要求高校关注所培养人才国际化需求。从世界、国家、高校、学生多角度多层面，全员全方位全过程满足国际化需求，将之作为衡量高校办学水平和人才培养质量的重要标准，顺应新时代新需求，承担起国际社会期盼的时代责任。

《国家中长期教育改革和发展规划纲要（2010—2020 年）》明确提出，“在全国公开选拔优秀学生进入国外高水平大学和研究机构学习”“要扩大教育开放，开展多层次、宽领域的教育交流与合作”“扩大公派出国留学规模”“培养大批具有国际视野、通晓国际规则、能够参与国际事务和国际竞争的国际化人才”“创新人才培养模式，建立国内培养和国际交流相衔接的开放式培养体系”“加快创建世界一流大学和高水平大学的步伐，培养一批拔尖创新人才，形成一批世界一流学科，产生一批国际领先的原创性成果，为提升我国综合国力贡献力量”等，这为新时代高等教育国际化和高校人才培养国际化指明了新方向、提出了新目标、明确了新任务。在人才培养中开展国际合作交流，不仅提升在校大学生综合素质和学术素养，更能营造校园国际化氛围，提升高等教育竞争力和高校综合办学实力。人才培养国际化要求以更加宽阔的视野、更加开放的姿态、更加执着的努力，积极吸收借鉴国际先进教育理念和治理模式，充分利用国际和国内优质资源，培养具有国际竞争力的人才，提高高校办学水平和国际影响力，抢占国际教育制高点，为实现中国梦做出新贡献。

二、国际交流合作助推人类命运共同体建设

党的十九大报告指出，人与自然是生命共同体，人类必须尊重自然、顺应自然、保护自然。人类只有遵循自然规律才能有效防止在开发利用自然上走弯路，人类对大自然的伤害最终会伤及人类自身，这是无法抗拒的规律。这一节约资源和保护环境的空间格局、产业结构、生产方式、生活方式，还自然以宁静、和谐、美丽的愿望与构想，是新时代对地质工作者提出的新要求、新任务、新目标、新使命。报告同时指出，着力解决突出环境问题，实施大气污染防治行动，加快水污染防治，强化土壤污染管控和修复，积极参与全球环境治理，加强地质灾害防治，这是地质工作要从传统生产方式向现代发展模式转型升级的基本遵循和行动指南。而“积极参与全球环境治理”则是地质学基础研究国际化的责任与使命，是地质学基础研究人才培养国际化的教育事业新发展领域。

地球系统科学的核心理念需要定量化数据分析，与定性理论知识体系相辅相成、相互补充，定量表述具有逻辑结构清晰、易于形成工作方案、指导野外工作等优势，这是地球系统科学要解决的问题，也是大数据时代的地质学研究的发展特征。地球系统科学（ESS）一经提出立即得到了广泛认可，一些传统地质学科和新兴交叉学科以此为基础展开研究攻关。联合国环境与发展大会通过的《21 世纪议程》着重指出，地球系统科学是可持续发展战略的科学基础。与此同时，各个国家和地区的科学家纷纷加入到了地球系统科学研究行列。1992 年，美国开始组织 22 个大学发展地球系统科学教育，出版了包括经济、社会、政治等内容的地球系统科学百科全书，互联网（Internet）也开通了许多地球系统科学网站。法国地球科学学会每年召开地球系统科学论坛。世界知名高校纷纷开设了地球系统科学相关课程。地球系统科学研究机构在世界范围内纷纷建立起来。我国南京大学于 2000 年 11 月率先设立国际地球系统科学研究所（ESSI）。

地质学基础研究具有研究灵感瞬间性、研究方式随意性、研究路径不确定性、研究模型无定数等显著特点，这充分体现出了地质学基础研究的复杂性和独特性，从而决定了地质学基础研究人才培养国际化的特殊性。地球系统科学源自对全球变化和可持续发展的认识，其研究命题能够紧密结合经济社会发展需求，它易于自然引发学生学习研究兴趣，唤醒青年学生对“人与自然和谐共生”的责任感、使命感。高等地质教育是青年学生迈向社

会、全身心投入地质科学研究事业的重要阶段，其智力发育、学习能力、交流合作和科研水平处于一个峰值，是进行创新的黄金时期。他们毕业后，无论是否继续从事地质科学领域教育、科研工作，都能够较好地理解地质科学的社会价值，并以自己所学地球系统科学知识融入社会、融入世界。

三、地球科学发展加速人才培养国际化

高等地质教育国际化发展与国民经济发展密切相关。从我国地质教育发展历程来看，呈阶梯式发展。长期以来，我国处于传统工业化阶段，对资源、能源高度依赖。国家经济建设快速发展，也推进了地质事业和地质教育的快速发展。我国很多学科也都是能源学科，因此经济快速发展也牵动了能源产业快速增长，对能源专业人才需求不断增加，能源研究课题增加，推动了地质教育快速发展。2013 年后，中国经济进入新常态，发展速度由高速向中高速转变。国际能源价格下降，国内在地质勘探领域投资下降，地质教育发展放缓，地质专业毕业生就业困难。但经济放缓与 20 世纪 90 年代不同，当时不仅毕业生就业困难，而且学校资金非常紧张。而现在只是学生就业困难，办学经费并不紧张。由于国家加大了教育投入，一些学校由中央和省级行政区政府共同建设，行业低迷压力并没有直接传导到学校。地质院校立足行业，面向社会，实施通识教育和专业教育，学生就业观念得到转变，面向社会就业能力也随之增加。这充分显示了高等地质教育国际化发展与国民经济发展密切相关。

当今社会竞争，与其说是人才竞争，不如说是人的创造力的竞争。现实工作中，一个研究所，一个高新技术企业，都有一个研究梯队，我们不能要求，也不可能要求这个梯队都是顶尖人才。实践证明，这个梯队一定要有一两个、两三个顶尖人才，而恰恰是这一两个、两三个顶尖人才的水平，决定了这个梯队在整个国际竞争中的地位。这一不成定律的规律同样适用于地质学基础研究人才团队的建设与发展。

地质学是地球系统科学的核心基础学科，在开发利用矿产资源、保护生态环境、防灾减灾和应对全球变化，建设资源节约、环境友好社会，促进人类社会经济可持续发展中，发挥着基础性、支撑性、战略性重要作用。2012 年 5 月 19 日，时任国务院总理温家宝在中国地质大学重要讲话中明确指出，地质科学的研究方向包括六个方面：第一，地球、环境与人类的关系。如果再大一点，还应该包括天体。第二，地质构造，特别是板块运动给地壳带来的变化。第三，矿产资源和能源，尤其要重视新的实践与理论。地质科学要同经济、社会、环境紧密结合，主要表现在合理开发、利用、保护和节约资源，实现资源的永续利用。有两件事情可能大家注意到了：一是我国地质工作者最近在内蒙古煤田勘探中发现铀矿与煤共生。过去我也很关注煤层里经常含有铀、钍、锗、镓、铟这类稀有和放射性元素，但是煤层中的大型铀矿还很少发现。二是页岩气的发现和开发。应该说我们在这方面起步稍晚，在开发实践上落后了一些。有人说，页岩气的开发与利用可能改变世界能源格局。

美国页岩气开采已经到了实用的地步。一些天然气很丰富的国家由此感到忧虑。我们国家具备页岩气的储存和开发条件，但是它的开采技术以及对环境的影响、管道输送的要求是很高的。在矿产和能源开发利用的理论和实践上，不要局限于书本，而要不断地探索新的实践和理论。第四，地质灾害与防治。这已经成为涉及人民利益的重大问题。从汶川大地震到舟曲泥石流，无一不与地质灾害有关。但是有效的预报、预防和治理，我们还差很多。在参加汶川地震抢险的过程中，对此深有体会。在舟曲发生泥石流以后，又认识到，从甘肃到四川直至云南，这一带由于地质构造等原因造成岩石的崩塌，再加上多年的冲积物堆积，有许多冲沟都有突发泥石流的危险，必须提早预报、提早防治。第五，现代科学在地质学的应用。作者上大学的那个时代，从大的方面讲，地质学的综合性主要表现在地质学与地球物理、地球化学等的结合，地质勘察工作运用遥感、测试、钻探、掘进等技术手段。现在看来不够了，它要涉及天体、地球、环境、生物的变化和相互作用，以及信息、航天、海洋、生命等现代科学技术的应用。第六，地质科学要开发新的领域。过去讲微观，小到原子、分子，现在不够了，要研究粒子。过去讲宏观是由地壳到地球深部，现在也不够了，宏观要研究天体，大到宇宙。过去讲古生物只研究环境对生物的影响，现在还要研究生物对环境的影响。人、环境、地球、天体构成一个整体。这是对地质学发展方向的把脉，也是对地质工作者的鼓励，是对地球科学人才培养国际化的要求。

在科学技术迅猛发展的今天，地质学研究已步入地球系统科学发展时代，从各分支学科分别致力于不同圈层研究，进入到对地球系统整体行为及其各圈层相互作用研究；从区域尺度研究，步入以全球视野对诸多自然现象与难题研究；从以往偏重于自然演化的漫长时间尺度，发展到重视人类活动的影响及其调控；从关注地球表层居多，发展到“一核三深”的人、环境、地球、天体一体化、人与自然和谐共生、地球健康内容研究。地球科学前沿领域的一批交叉学科、横断学科和综合学科将引领未来地质学的发展，促使地质学朝着系统化、整体化方向迈进。地球系统科学对地质学基础研究人才的知识结构、综合素质、创新能力、全球视野、国际化水平等均提出了更新、更高要求。除了必备传统地质学知识外，地质学基础研究人才还必须掌握探测技术、分析技术、模拟仿真技术、信息技术、环境科学与技术、生物技术、人文与社会科学等跨学科领域的知识和技能。地球系统科学要求从数学、物理、化学和生物学等基础知识体系上重新审视地球系统过程，给地质学国际人才以学科交叉思维方式和研究方法训练，使他们能够获得较广阔的学术视野和全球时空观。地质学基础研究人才的责任使命不再是局限于过去传统资源能源、人类生产、生活资料的开发、利用和保障，而要从人与自然和谐共生的角度，更好地服务于经济社会可持续发展，促进人类命运共同体构建，谋求人类与自然和谐发展，形成生活、生产和生态一体化新格局。地球系统科学的快速发展，要求地质学基础研究人才培养国际化的加速提速提质增效。

四、地质学人才培养国际化孕育着高等地质教育新使命

国际交流合作是高校办学的五大任务之一，已经发展为高校重要职能，这也是国际化人才必须具备的重要素质和能力。高等地质教育和地质学基础研究人才培养也不例外。

在我国目前高等地质教育中，依然存在着重国内轻国际、重前沿轻基础、重理论轻实践、重知识轻能力、重先进技术轻常规方法的现象，甚至于十分突出。特别是地质科学领域本科生、硕士研究生、博士研究生的培养过程中，全员、全方位、全过程育人的国际化元素更加欠缺。高校是培养国际化人才的重要基地，是基础研究和高技术领域原始创新的主力军，是解决国民经济重大科技问题、实现技术转移、成果转化的生力军。发达国家成功经验表明，高等教育对人力资源开发和经济增长有着重要推动作用。地质类高校和研究机构是我国建设中国特色社会主义现代化强国的重要组成部分，是建设世界科技强国、实现地学强国的行为主体，汇聚了最优秀的师资力量，集聚了最先进的仪器设备，是地质学基础研究人才培养国际化的重要基地。在建设世界科技强国和地学强国的进程中，培养具有开放意识、国际视野、国际水平为特征的地质学国际化人才已成为我国新时代高等地质教育的重要任务和时代使命。

我国高等教育和人才培养，尽管受到过他国人才培养模式的深刻影响，但始终坚持世界一流、中国特色。新中国成立以来，我国高等地质教育人才培养模式整体模仿苏联专业教育模式，以培养未来地质工程师为主；改革开放以来，在继续坚持专业教育模式合理性的基础上，我国高校积极引入一些其他发达国家通才教育模式。进入新时代后，探讨实践世界一流、中国特色的地质学人才培养模式已经蔚然成风。《国家中长期教育改革和发展规划纲要（2010—2020年）》指出，“加强国际交流与合作。坚持以开放促改革、促发展。开展多层次、宽领域的教育交流与合作，提高我国教育国际化水平。借鉴国际上先进的教育理念和教育经验，促进我国教育改革发展，提升我国教育的国际地位、影响力和竞争力。适应国家经济社会对外开放的要求，培养大批具有国际视野、通晓国际规则、能够参与国际事务和国际竞争的国际化人才。”“加强国际理解教育，推动跨文化交流，增进学生对不同国家、不同文化的认识和理解。”建设世界科技强国和地学强国，离不开教育对外开放、离不开人才培养国际化，地质学基础研究人才培养国际化已成为我国新时代高等地质教育的新任务、新目标。为适应国家发展战略对国际化人才的需求，需要及时合理地调整人才培养专业结构，设置与国际学科接轨的人才培养国际化教育体系，培养国际合作交流能力，建立国际化人才培养机制，鼓励本科生参加国际视野训练项目，支持研究生开展国际科研合作、知识学习交流，在国际化教育教学中培养国际意识、国际交流、国际合作的能力。

第三节　明晰人才培养国际化原则

随着人口、资源、环境问题的日益突出，为保护地球环境，保护人类家园，世界各国地质学家都在共同关注、解决这一可持续发展问题，参与全球变化研究和环境治理，通过对现代地质过程及人类活动对全球变化的影响研究，直接了解掌握全球变化趋势，但这却需要地质学家具备全球视野、思维方式，具有把握不断变化的世界与地球演化趋势的能力，善于提出问题、思考问题、解决问题。善于进行深度交流、广泛合作，共同完成全球性研究任务。在讨论交流中，通过不同观点的交锋、交流、交融，达到补充、修正直到趋同，加深各方对研究问题的认同理解，促进实验技能提升，推动地质科技知识发展。在国际学术组织中，需要掌握运用一定的交流交际手段依照国际礼仪，甚至通过一定的沟通、交流和融洽的艺术愉快地进行合作，不仅在学术领域还要从文化领域、社会领域，增强适应性，以相互理解、相互尊重、相互促进。原则是保障行动方向的基本规范。我国地质学基础研究人才培养国际化必须把握以下基本原则。

一、国际性

国际性原则是地质学基础研究人才培养国际化的最基本原则。一方面，地质学各类研究成果受益方是全人类，而并非某个个体或某个国家，地质学基础研究应该体现无国别、跨国界原则；另一方面，随着地质学基础研究规模日益扩大，技术手段日益增加，研究路径多样多元，单凭一个国家已很难完成对地球系统科学，特别是深地、深空、深海的研究，包括综合开发利用、地球观测、冰冻圈研究、北极圈研究、全球气候变化等大科学、大工程、大项目，如果没有广泛的国际合作，则很难产出原创性大成果。多国地质学家通过国际合作共同完成则是未来地球系统科学基础研究发展的必然趋势。

二、系统性

高等地质教育和人才培养国际化急需体系化，以全面完善系统化设计。一方面要求高校在制定地质学基础研究人才培养国际化目标、教育教学体系时要有全球观、全局观和整体观。既要考虑到国家内部地质科技发展要求，又要考虑全球性地质科学发展需求，既要立足于当代现实社会，又要关注全球性未来发展。另一方面要求重视地质学基础研究人才的思想道德建设、专业能力发展、个性发展和身心健康发展，培养全面协调发展的人才，杜绝片面性。经过改革开放政策推动，我国高等教育国际化水平有了大幅提升，但整体办学体制、质量标准、评价机制、管理模式等与国际水准差距依然较大，高等教育体系核心不符合国际标准，阻碍着高等教育国际化发展。随着跨国技术服务的扩大，对技术人员国际认可已不可或缺。在人才培养国际化发展战略中，按照国际规则建立高等教育认证体系，地质高等教育领域存在较大空白，教育质量的评价指标与国际标准不符，很大程度上影响了人才培养国际化的整体质量和国际化程度，制约了在国际教育服务市场上的影响力。要注重观念更新和制度借鉴，把学校、学科、学生的发展纳入国际参照体系进行比较和检验。要尽快建立与国际接轨的高等地质教育质量认证体系，地质学基础研究人才培养国际化学分、学历、学位互认体系，高等地质教育质量评价体系。

三、合作性

事实证明，一些大科学、大工程、大计划、大项目的顺利完成，均不可能是单一学科、单一技术、单一力量可以实现的，均离不开跨学科、跨领域、跨团队甚至跨国界的共同合作。在当下科学分工十分精细化的背景下，需要集团作战、需要科技集成、需要团结合作。在人与自然和谐共生、人类与自然和谐发展的过程中，更加需要合作共赢体制机制和团结协作的精神，地质学基础研究人才培养国际化尤其要做到。通过完善中外合作办学和共同培养人才机制，同世界一些发达国家的一流地质大学建立兄弟合作关系，与“一带一路”沿线国家高等地质学府建立合作伙伴关系。吸收借鉴他们在地质教育的先进理念、先进教学内容及教育方法，为人才培养国际化建立起国际交流合作的桥梁。

四、卓越性

追求卓越是国内外一流高等教育和世界高水平大学的价值取向和发展战略。随着地质科学不断向高精尖新的发展目标迈进，以卓越理念推进高水平国际化人才培养，实现高等地质教育国际化发展；以培养卓越的国际化人才，实现一流大学卓越目标，以提供卓越的社会服务，实现高等教育的卓越，以创造卓越的学术成果价值，实现一流人才的学术卓越，以传承创新文化，彰显中华民族优秀传统和中华文明的卓越魅力正在形成共识。地质学基础研究及人才创新、国际化能力水平的提升是永无止境的，卓越是一种精神、也是一个导向。

五、实践性

实践出真知，实践是检验真理的唯一标准。行胜于言、知行合一是中华优秀传统文化。强化实践是新时代高等教育改革目标中的一个重要原则，实践原则也是我国各专业教育教学改革的重点。实践最根本目的是帮助学生在内化吸收掌握书本知识的同时，能科学地将其外化为实践活动，完成从理论到实践的飞跃。高等地质教育国际化实践性是由地质工作性质决定的。地质学各类专业都具有极强的实践性，学科知识宽广、实践能力高效的地质学人才是国际化发展对地质学人才的基本要求。地质教育由于其自身特点，人才培养中实践教育成为必不可少的重要环节。仅仅在课堂上通过课程进行地质教育，终归是“纸上得来终觉浅”，学生难以将理论知识与实践经验有机结合起来。我国目前地质学人才培养采用的实践教育方式还较单一，以通过校内实验室模拟和每年的短时间到野外实践学习为主，这虽然在一定程度上让学生了解并熟悉了业务操作主要环节，但与学生将来的实际工作环境仍存在着很大差距。在国际化人才培养过程中，应为学生提供更多赴国外的实习机会，应大力促进学生国际化交往、实践能力的形成。

六、创新性

创新处于发展理念之首，是新时代科技发展的灵魂。创新性原则是在前人基础上研究探讨未知的东西，创新是各类科学研究的本质与核心。地质学人才培养国际化中，要继承老一辈地质学家科学精神，在前人科学研究成果基础上及时学习消化，进行创新性研究、创造性转化，打破传统固有思维范式，掌握发散思维能力，学会寻找超前发现新问题和及时解决新问题的方法。

七、灵活性

灵活性多与原则性相伴而生，地质工作者在参与国际性交流活动时，由于文化、信念、生活习惯的差异，经常会遇到与以往知识背景、价值取向、文化理念、生活方式等不同，甚至完全相悖的境遇，这就要求地质工作者在坚守祖国至上和政治定力基础上，保持学术灵活性，在多变的国际环境中追求科学之真、尊重文化差异，发挥变通能力，能够在出现困难阻力时保持清晰的是非判断力与应变能力。

八、民族性

民族性是一种政治本色，是正确的立场和观点。倡导学术研究无禁区，但科学家要始终胸怀中华民族，服务祖国人民。培养什么样的人、怎样培养人和为谁培养人是每一个大学都要认真思考回答的问题。培养出色的人才应该是有“根”的，也就是说处理好为谁服务的问题。我国是社会主义国家，培养德才兼备、又红又专、全面发展的中国特色社会主义建设者和接班人是新时代高校的神圣职责与初心使命。因此，新时代高校人才培养工作必须坚持为人民服务，为中国共产党治国理政服务，为巩固和发展中国特色社会主义制度服务，为改革开放和社会主义现代化建设服务。地质学基础研究人才培养国际化要体现中华民族本色。

第四节　打造人才培养国际化新标准

国际合作交流是开展地球科学教育、研究的必然趋势。地球是一个整体，区域地质过程是在全球背景条件下发生的，区域地质作用对全球环境都有影响。特别是板块构造理论建立起的全球构造观念，更加显示出地质学基础研究全球宏观研究的重要价值。地质学界，从早在 20 世纪 70 年代开始通过国际合作交流推动大量多学科、全球性调查与研究，启动国际科学计划，如深海钻探计划（DSDP）、大洋钻探计划 (ODP)、国际地质对比计划 (IGCP)、国际减轻自然灾害计划 (IDNHR) 等。均体现了国际合作交流为人类全面认识地球、改善全球环境所做出的贡献。这决定了地质科技工作者比其他学科专业领域的科技工作者视野要更加国际化，使得地质学基础研究人才培养国际化目标、标准、特征更具有明显的学科特点和独特要求。

一、人才培养国际化目标

高等教育和人才培养国际化核心目标是培养国际化人才。适应国际环境、服务国家战略、满足民族需求、具有民族本色，这是一个国家推进高等教育国际化和人才培养国际化始终不渝的目标追求。

（一）世界胸怀

在人才培养国际化过程中，要注重培养新时代地质学基础研究人才的世界胸怀。胸怀世界是中华民族优秀传统文化。从古人的天下观，到毛泽东“全世界人民大团结万岁”；从邓小平“教育要面向未来、面向世界、面向现代化”，到习近平“面向世界科技前沿、面向经济主战场、面向国家重大需求、面向人民生命健康”，无不体现了中华民族和中华儿女的世界胸怀和担负人类更好生存发展的责任。加强世界观教育，培养世界胸怀的新时代大学生，应是高校开展国际合作交流的应有之义。

（二）全球视野

在人才培养国际化过程中培养新时代地质学基础研究人才的全球眼光。包括具有国际视野和全球意识；具备国际性理解意识；热爱和平，关心地球环境变化和全人类发展；具有世界主人翁意识，着眼全球，树立人类命运共同体的全球服务观念；关注国际时事，善于吸收运用他国文化精华；尊重他国成员，正确认识到不同国别成员的独特性和差异性。

（三）知识技能

在人才培养国际化过程中培养新时代地质学基础研究人才的国际化知识与技能。包括掌握扎实的地质学知识，精于地质学技能运用，能在实践中学以致用；吸收国际地质知识，善于融会贯通，能主动了解并加以学习；获得国际学历学位证书，具备学术科研能力，拥有终身学习的观念。

（四）外语能力

在人才培养国际化过程中培养新时代地质学基础研究人才的国际交流合作能力。包括基本掌握英语等外国语言的听、说、读、写、译能力，能十分流利地用外语与他国专家学者进行学术交流合作和日常生活交流；掌握至少一种外语的阅读能力，能熟练阅读他国地质文献和地质类工具书；掌握地质类外语操作软件，能熟练用之分析地球科学实验和实践结果。

（五）交往能力

在人才培养国际化过程中培养新时代地质学基础研究人才的国际交往能力。包括尊重他人，能以真诚、平和的态度与他人沟通，善于听取他人建议；善于换位思考，能站在他人的立场上分析问题，保持人际关系的广泛与良好；熟练掌握国际合作交流平台，能熟练利用网络新媒体技术进行远程交往；熟悉合作交流国家背景，关注文化差异和禁忌，能够得体参与国际交往。

（六）职业能力

在人才培养国际化过程中培养新时代地质学基础研究人才分析解决全球实际问题的能力。具体包括：能够在国际学术组织、世界公益组织中任职，热爱自身职业，充满工作热诚和工作激情；主动将个人努力与实现团队目标相结合，能根据团队的战略目标来协调自身；合理竞争，能贯彻实施本国或他国管理人员安排，良好处理合作与竞争的关系；理性思考，在出现紧急问题时能保持冷静，用乐观积极的心态对待问题。

二、国际化人才素质

一个人的素质表现为知识、技能、个性与内驱力。只有具有优秀国际化素质的人，才能在全球专业领域和其他相关领域起到关键作用，发挥主导作用和影响力。国际化人才基本素质包括：全球视野、国际理念、时代精神、问题意识，以及对世界发展历史趋势的正确判断；拥有民族情怀，熟悉国家传统文化，了解国情，有为国家为民族服务的社会责任感；有创新精神，善于学习，适应变化，敢于参加竞争；有必要的专业知识和能力，在参与国际事务和国际商务活动当中，至少精通一门外语，精通听、说、读、写、译，具有跨文化交际能力，能够理解和尊重不同文化，能够输出本国本民族文化。对于地质学专业特色来说，地质学是研究地球的物质组成、内部构造、外部特征、各圈层之间的相互作用和演变历史的知识体系。地质学基础研究国际化人才除具有以上基本素质外，还存在独有特征，主要包括：

（一）拥有国际化视野和思维模式

国际化视野和思维模式要求从国际社会和全人类的角度来判断事物，深刻理解多元文化、交流传播国际文化。地质科学研究对象涉及庞大的地球及其悠远的历史，决定这门学科具有特殊的复杂性。随着社会生产力发展和科学技术进步，人类活动对地球作用影响加大，地质环境对人类活动制约作用也会越来越明显，这要求从事地质学研究必须具备国际化视野和思维模式，运用国际化视野和思维模式处理学术问题和其他复杂环境中的人地关系。

（二）掌握相关国际惯例与通用知识

通用知识是全球范围内达成共识的行为准则。《联合国国际货物销售合同公约》中第九条规定：双方当事人业已同意的任何惯例和他们之间确立的任何习惯做法，对双方当事人均有约束力。除非另有约定，双方当事人应视为已默示同意对他们的合同或合同的订立适用双方当事人已知道或理应知道的惯例。无论是规范性惯例，还是合同性惯例，都强化了不成文原则规则在国际交往中的“效力”。这要求在地质学基础研究人才培养国际化中，教会学生对他国的政治文化、法律法规、民间风俗、社会人文要有所了解，要学习掌握国际政策法律法规，研究国际惯例式条文与日常习惯做法经验，能熟练运用国际惯例和通用知识。

（三）熟练掌握国际前沿技术和专业知识

前沿技术和专业知识具有前瞻性、先导性和探索性，是原始创新能力的综合体现。地质学源于人类社会对石油、煤炭、金属、非金属等矿产资源的需求，由地质学所指导的地质矿产资源勘探工业是人类社会生存与发展的技术先导。当今环境污染、全球变暖、环境渐呈恶劣之势，石油、煤矿等传统能源过度开采和不规范使用导致的恶果严重，需要地质学在探讨地球如何演化的同时，发展地质科学先进技术，特别是经济高效、清洁利用和新型能源开发的地质先进技术，如地质信息技术、能源资源勘探技术和综合开发应用技术等。

（四）具备国际沟通与合作能力

国际沟通与合作能力是国际合作交流成功顺利的重要基础。需要准确理解把握不同语言、文化思维方式之间的差异，随时调整沟通交流、协调合作方式。信息技术全球化虽拉近了不同国别、不同文化人们之间的距离，但跨国别、跨文化沟通交流仍然存在着较多语言障碍与文化冲突，特别是不同文化背景会造成人们国际合作交流行为方式差异，如果始终按照自己的文化价值观去理解合作对方，可能产生对合作方动机和目的误解，甚至出现完全错误的结论与结局。地质学基础研究国际化人才只有具备熟练的外文阅读能力，出色的表达交流磋商，才能够在纷繁复杂的国际环境中游刃有余，只有通过强强联合，才能共谋发展实现共赢。地质科学以整个地球为研究对象，以地球健康为研究目标，地质学基础研究国际化人才具备国际沟通与合作能力尤为重要。

（五）拥有较高政治素养和健康心理素质

政治素养是对祖国、对人民、对专业的理想信念、态度立场、专业情怀的价值内化，并通过言行表现出来的内在品质。心理素质是基于遗传基础，通过教育实践训练所形成的性格品质与心理能力的综合体现。政治素养和心理素质既有思想政治教育的一般性要求，又要体现特殊性或个性化需要。地质学基础研究人才培养国际化，要涵养过硬的思想素质、坚定的政治立场、健康的人文情怀、敬业的道德品质，涵养高尚的民族荣誉感，捍卫祖国尊严，坚持文化自信。

三、把握人才培养国际化动因

地质学是我国高等教育领域重要学科之一。在地学大国迈进地学强国的进程中，地质学基础研究人才培养国际化承担着不可替代的重要作用。地质学人才培养国际化动因包括内在动因和外在动因。内在动因，地质科学自身发展规律的必然要求，需要与世界科技前沿接轨。外在动因，包括政治、经济、社会等因素，如影响国家发展战略进程且制约经济社会可持续发展的环境污染、资源匮乏等对地质学基础研究人才培养的强烈需求。党的十九大报告明确提出，构筑美丽中国、加强生态文明建设。这为地质科学和地质学基础研究人才培养国际化提出了更高、更明确的要求。地质学基础研究人才培养国际化涉及全方位培养要素的知识领域，多管齐下的全过程管理领域、学习、成长和成才中的教育环节，因此应妥善处理好本土化与国际化、共性与个性、理论与实践、培养与学习这四个关系。

（一）本土化与国际化的关系

国际化过程是本土化与国际化双向循环的过程，地质学基础研究人才培养国际化亦然如此。要把握好本土化与国际化的平衡。古人云，过犹不及，过分保守的本土化将造成狭隘的学术思想，终有一日触碰天花板壁垒而止步不前。极度的国际化将会造成国际先进知识技术引进国内水土不服、难以消化。首先要正确处理国内知识掌握和国外知识吸收的关系。在地质学基础研究人才培养中，要结合国内地质科学发展状况和地质学基础研究人才知识结构情况，设计与之相符的人才培养计划，注重对国外优秀地学文化的吸收和容纳，增加地质科技人才的跨文化理解能力，最大限度地调动学生积极性、主动性、创造性。其次，在师资国际化人才引进方面，应适度而行，重在质量，不能一味追求数量。国际名师固然可贵，由于完全不同的学术经历沉淀，具有传播国际化知识和氛围极大反差。但同时也因这种极度差异，在讲授知识中很难令不同成长环境、不同文化、不同氛围的学生迅速接纳、理解、吸收，有时内化为己用效果不佳。

（二）共性与个性的关系

地质学基础研究人才培养国际化要思考，如何将一个国际化人才培养转化为本领域国际领军人才。培养新时代地质学基础研究国际化人才必须满足中国特色、世界眼光、国际视野的要求。首先坚持以人为本，尊重学生的主体地位，是一个时代性的重大课题。马克思全面发展理论告诉我们，不同的时代会塑造不同的人格，不同的时代对人才培养的要求也不同。正如我们不能用过去的人才尺度来衡量今天的人才发展一样。其次，在新时代国际化背景下，地质学人才发展应紧密联系地球资源、环境和国内外形势政策深刻变化，紧密联系本民族和国家对地质人才提出的新素质要求。正确处理地质人才与国际化人才的关系，在培养地质人才时，对标国际化人才标准，又始终坚持自身本色，开创独具特色的国际化人才培养模式。

（三）理论与实践的关系

正确处理好理论与实践的关系是一个亘古未变且历久弥新的话题。马克思主义哲学实践观提出：理论是系统化、体系化的认识，凡是认识都来源于实践，实践是认识的来源，所以理论不可能脱离实践。我们既要坚持实践出真知的观点，在实践中认识和发现真理，在实践中检验和发展真理，又要重视科学理论的指导作用，坚持理论与实践相结合的原则。纸上得来终觉浅，绝知此事要躬行。地质学因自身学科特性，地质学实践是获取地质学事实的基本手段，是地质学理论得以产生的基本前提，是验证地质学理论的基点，是驱动地质理论发展的动力源泉。这决定了实践在地质科学发展中成为不可或缺的重要环节。地质学实践性教学环节包括：课程实验和实习、野外地质认识实习、区域地质测量实习和毕业设计实习等。对于一个合格地质学基础研究国际化人才培养来讲，实践学时应占多数。

（四）培养与学习的关系

人才培养是对人才教育、培训的过程。被选拔人才一般都需经过专门培养训练，才能成为各种职业和岗位所需要的人才。学习是通过阅读、听讲、思考、研究、实践等途径获得知识或技能的过程。二者都是一个单向输出的过程，只有将二者结合起来，才能发挥最大收益。在地质学基础研究人才培养国际化过程中，要尊重学生主体地位，尊重学生发展规律，重视学生需求，以最科学的方法将教与学融合。地质学基础研究人才培养实践性强，需要带领学生踏遍大好河山，实地领略大自然鬼斧神工神奇的地质构造。野外实地教学中，学生真正看懂多少，记住多少，理解多少，野外记录本上有多少是真正理解而记录的，值得深思改进。要启发学生主动自觉学习，主观能动性在一定程度上决定了学习效果。在课堂教学、实践教学、能力素质培养中，需要最大限度地启发学生学习研究兴趣。兴趣是最好的老师，一次生动有趣的课堂教学、一次知行合一的社会实践、一次引人入胜的文化活动、一项科学严谨的课题研究等都至关重要。正确处理好培养与学习的关系要在地质学基础研究人才培养国际化重点考虑。

四、人才培养国际化特征

（一）开放

开放是地质学基础研究人才培养国际化的根本理念。国家繁荣发展必由之路就是开放，改革开放过去的40多年，我国牢牢抓住经济全球化战略机遇，对外开放取得举世瞩目成就。面向未来，“中国开放的大门不会关闭，只会越开越大”“推动形成全面开放新格局”，党的十九大报告掷地有声。生态破坏、环境污染、资源匮乏、能源稀缺等问题已经成为当前和今后一个时期人类生存、生活和生产发展的严重障碍。我国明确提出要构筑美丽中国、加强生态文明建设。地质科技可直接为此提供最可靠支撑与保障。地质学基础研究国际化人才队伍将是我国办好高等地质教育和推进生态文明建设的核心与关键。只有秉持开放理念，跟进国家战略部署步伐，适应滚滚而来的国际化大潮，地质学基础研究人才培养才能在牢牢扎根在祖国大地，在本土化资源基础上蓬勃生长，枝繁叶茂，桃李天下。

（二）交流

交流是地质学基础研究人才培养国际化的根本途径。交流是彼此间把自己的所有提供给对方并相互沟通。地质学基础研究人才培养国际化中的交流包括人员交流、信息技术交流和民族文化交流。这要求参与跨文化交流个体具备跨文化交流能力，在国际化人才培养过程中构建多元化交流空间，营造国际化交流氛围。使学生通过充分融入国际化学习氛围中，获得多样化学习体验。注重培养地质学基础研究国际化人才综合素质，包括具备国际化视野，掌握国际标准、国际惯例，培养过硬专业业务能力、跨文化能力、团结协作能力、及时妥善处理国际交往中疑难问题能力等。

（三）跨界

跨界是地质学基础研究人才培养国际化的必然要求。随着经济全球化发展，社会发展复杂程度越来越高，解决问题已经不能再靠单一学科知识、技能方法方式，越来越需要来自不同学科知识方法进行交叉综合解决。如今的传统专才教育模式已经不能满足这一目标要求，其中学科壁垒则成为专才教育模式最突出的矛盾。突破学科壁垒，推进学科交叉及人才培养成为解决这一矛盾的最有效路径。只要紧紧结合世界经济社会实际需求和地质学自身学科特点，跨界培养地质学基础研究人才，就能培养出不被国际社会淘汰的地质精英。

（四）融合

融合是地质学基础研究人才培养国际化的必然趋势。如果说跨界是地质学基础研究人才培养国际化的必然要求，那么融合则是跨界的目的。大量孤立单一的地质学及其相关专业知识需要通过融合碰撞出新的思维花火，而不是简单体现在地质学学术思想交融中，更是思维方式系统、综合的体现。学科交叉方式多种多样，交叉的广度和层次随着科学发展日益拓展延伸。自然现象和人类发展呈现复杂性、多样性，仅从单一视角研究问题，难以突破局限和揭示问题本质，只有采用学科交叉思维方式进行跨学科研究才能认识事物本质规律。只有将其融合一起，产生“化学反应”、形成新知识体系，才能让地质学基础研究领军人才如雨后春笋般涌现，使地质科学与时俱进、长盛不衰。

（五）合作

合作是地质学基础研究人才培养国际化的必要手段。实践证明，科学家个人单打独斗已经不能适应地质科学和地球系统科学发展需要。同理，一个国家或组织单方研究也不可能穷尽解决全球化发展中的所有辩难问题。要建设人类命运共同体，必须通过合作才能达成。合作是不同个人或群体为了实现共同愿望目标，自觉或不自觉地组合在一起，共同促进双方甚至多方预期结果实现而产生的意志与行为。国际合作作为高等教育国际化的重要内容，为促进世界各国交流合作，不仅给予政策、资金等支持，还需要在项目合作、人员互访等方面立体化参与到高等教育国际化。作为发展中国家，我国高等教育国际交流合作方式相对简单，大多限于简单办学、经验交流、信息交流、参与国际学术活动、访问学者交流等方式。虽然有一些国际组织兼职、国际合作研究项目等，但远远达不到国际化基本需求。如主导国际大科学、大计划、大项目、大工程等；校际合作水平相对更低，大多以学生互换为主。地质学基础研究要求，只有善于与人与组织全面合作才能顺利完成研究任务，传统单独学科、单个团队或人、单一国家的工作方式，越来越不能适应地球系统科学研究发展的需要，也不能更好地服务于全球人类社会的发展。

（六）平等

平等是地质学基础研究人才培养国际化的理想追求。平等即主导权、话语权、民族人权的对等。地质学基础研究人才培养国际化是追求人与人之间平等，人与自然之间平衡的过程。经济全球化进程中的个人经济自由和经济平等，必须从平等着手，把劳动力的平等培养与再分配平等结合起来，从而实现个人在经济平等基础上的真正自由。在地质学人才培养国际化进程中也一样，从平等着手，共同致力于发展国际地质科学先进科学技术再分享给全世界，从而实现全世界地质科技蓬勃发展，实现人与自然和谐共生、人类社会可持续发展。

第五节　培育自然教育新思维

自然教育是培育人对自然的态度、人与自然打交道的能力，让人们珍惜自然资源、保护生态环境、爱护地球家园。开展自然教育，重在让学生和社会大众充分认识自然界、地球科学的重要价值，践行人与自然和谐共生的价值理念，实现生活、生产、生态融合，达到人类与自然和谐发展、和谐相处。

一、将自然教育纳入人才培养教育体系

人与自然和谐共生，体现了人类热爱自然、善待自然的生态伦理观，唤醒人们正确审视人与自然的关系。“道法自然”“赞天地之化育”“天地与我并生，而万物与我为一”等，蕴涵了博大精深而朴素的人与自然和谐共生的思想，是中华民族优秀传统文化和中华文明成果。在地球极其漫长的自然演化进程中，人类社会无论如何进化，都不可能超脱自然而独立存在。人类必须正确认识人与自然的关系，通过认识自然、热爱自然、敬畏自然，做到尊重自然、顺从自然、利用自然，维系自身与大自然相互依存、共生伴生关系和谐，践行人与自然和谐共生的价值理念，不仅要根植到自身思想意识中，更应该落实到自身言行实践中，做到知行合一。

“坚持人与自然和谐共生”是党的十九大报告提出的新时代坚持和发展中国特色社会主义的基本方略之一。它是习近平新时代中国特色社会主义思想的重要组成，是习近平生态文明思想的核心内容。人与自然是生命共同体，人类必须尊重自然、顺应自然、保护自然。党的十九大报告不仅对这一基本方略内涵实质作了高度凝练、集中表述，还与“加快生态文明体制改革，建设美丽中国”的报告内容交互贯通，全维度、多层次地阐释了人与自然和谐共生的丰富内涵。习近平总书记在党的十八届三中全会对《中共中央关于全面深化改革若干重大问题的决定》的说明强调指出：“我们要认识到，山水林田湖是一个生命共同体，人的命脉在田，田的命脉在水，水的命脉在山，山的命脉在土，土的命脉在树。”这

是生态文明核心要素，也是人与自然和谐共生的具体体现。坚持人与自然和谐共生，将更好地满足人民日益增长的优美生态环境需要，推动形成高质量绿色发展方式和生活、生产方式。

一是把“绿水青山就是金山银山”理念融入地质教育研究、生态环境建设。地球是人类赖以生存发展的家园，其生态环境优劣变化直接影响相关区域经济社会发展。地球所拥有得天独厚的自然地理条件和山水林田湖草一应俱全的天然生态系统，其生态价值、经济价值已成为支撑我国高质量发展的特有资源禀赋，但这些资源并非取之不尽、用之不竭，必须践行创新、协调、绿色、开放、共享的新发展理念，倡导人与自然和谐共生、人与自然和谐发展。

二是将自然教育纳入国民教育体系。构建以研究地质科学为背景、以自然生态环境为要素、以跨学科知识技能为内容、以经济社会生活为媒介的自然教育体系，围绕地球系统科学构建跨学科知识系统，普及自然地理、人文历史、经济社会等国际知识，向社会大众阐述地球的自然价值、生态价值、经济价值和文明价值。把人与自然和谐共生的教育理念和价值取向作为大学生教育、社会大众科普的重要内容，列入课程思政建设的重要德育元素，系统进教材、生动进课程、扎实进头脑。这是地质学基础研究人才培养的需要，也是在推进坚持人与自然和谐共生进程中育人要求。

三是打造自然教育基地。加强自然教育实践，结合地球丰富优质的科教资源优势，拓展地球系统科学、加强地质学基础研究、培育地质学领军拔尖人才。依托各国独特的地质现象和自然资源优势，建设开放式国际自然教育基地。利用国际国家地质公园等富饶的人文馆藏、世界自然公园和野外观测基地，讲好人与自然的美丽故事，强化人类命运共同体意识，加强生态文明教育。通过联合人才培养、海外游学项目、国际项目合作、学术会议交流等方式践行自然教育真知、体验大自然。

二、将自然教育纳入高校课程思政建设体系

强化国际自然教育价值，把自然教育理念和知识技能融入地质学基础研究人才培养全方位、全过程，作为思想政治教育和德育工作重要内容，作为新时代高校课程思政建设重要内容。习近平总书记强调，高校思想政治工作关系高校培养什么样的人、如何培养人以及为谁培养人这个根本问题。要坚持把立德树人作为中心环节，把思想政治工作贯穿教育教学全过程，实现全程育人、全方位育人，努力开创我国高等教育事业发展新局面。建设好课程思政，关乎培养什么人、怎样培养人和为谁培养人，关乎为党育人、为国育才。加强新时代高校课程思政，教育学生“扣好人生第一粒扣子”，是衡量高校人才培养质量和立德树人实效的重要标尺，实现每门课程的知识传授、能力培养与价值引领有机融合无缝衔接。

一是强化育人育才统一，筑牢课程思政与立德树人的关系。立德树人是高校立身之本。习近平总书记强调，人才培养一定是育人和育才相统一的过程，而育人是本。培养什么人，是教育的首要问题。课程是为培养人服务的，课程质量决定着人才培养质量。习近平总书记强调，要坚持显性教育和隐性教育相统一，挖掘其他课程和教学方式中蕴含的思想政治教育资源，实现全员、全程、全方位育人。一门优秀的课程承载着知识、能力、品德和价值，引人以大道、启人以大智。立德树人是建设开发课程思政的出发点和落脚点。建设课程思政，不是把思想政治教育另起炉灶另辟蹊径，而是要充分挖掘各门课程中蕴含的“自然元素”“思政元素”“德育要素”，确保专业教育与思政教育同向同行，形成协同效应。让每个教师担起立德树人职责，每门课程融入德育元素，每项教学活动体现育人功能，这是新时代高校思想政治教育的重心所在。这既顺应思想理论和科技发展趋势，也符合教育教学规律和人才成长成才规律。

才为德之资，德为才之帅。课程思政是立德树人的重要基础。课程的政治属性、思想价值和目的意义是建设课程思政的题中要义。在人才培养过程中，坚持用课程思政来破解当前影响制约立德树人实效的“痛点”“难点”，克服和杜绝思政课中重学理逻辑而轻价值引领、专业课中重知识传授和能力培养而轻德育传导、思政课育人与专业课育才“两张皮”现象。学校要着力解决好每门课程定位是什么、为什么开设、怎样建好管好；教师要科学诠释好课程教什么、为什么教、怎么样教好；学生要认真回答好所选择课程学什么、为什么选、怎样学好用好。进而发挥思政课的重要作用，注重激活专业课德育元素、释放专业课育人之效能。推动人人讲德育、课课有思政，让高校为党育人、为国育才的“德育味”更加浓郁。

二是重构全要素育人，优化思政课程与课程思政的关系。思政工作根本目的在于立德铸魂，在于塑造学生的美好心灵和理想信念。习近平总书记指出，要用好课堂教学这个主渠道，思想政治理论课要坚持在改进中加强，提升思想政治教育亲和力和针对性，满足学生成长发展需求和期待，其他各门课都要守好一段渠、种好责任田，使各类课程与思想政治理论课同向同行，形成协同效应。这要求在学原著、读原文、悟原理中，协同塑造大学生品格、品行、品味，培养学生世界观、人生观、价值观，引导学生养成良好的兴趣爱好、职业习惯和生活常态，涵养高尚的道德情操、思想品格和精神境界，找寻实现人生追求的最佳途径和责任选择。从而体现各门课和思政课的显性教育和隐性教育融会贯通，实现知识内化与品德提升和谐统一，价值观塑造与能力培养、知识传授的有机统一。

专业课与思政课知识要达到融会贯通。一是把马克思主义立场观点方法延伸并融入自然科学、哲学社会科学领域，把思政元素植入专业课程，实现地质专业课中有德育，在地质专业教育的知识传播中强调价值引领、在价值传播中凝聚着知识底蕴，促进思政课教学与专业课教育相融合、与专业学术研究相融合、与自然科学类学科相融合。二是利用地质教材、教案、讲义、讲坛等载体和鲜活案例，引导学生在专业学习中把辩证唯物主义和历史唯物主义一以贯之，与党情世情国情社情民情相结合，与实际生产劳动和生命、生活相结合。地质专业课程大多直接或间接地与社会生产、生活相联系，教导学生将地质知识、技能与劳动实践、日常生活相结合，更要强调地质科学的科学价值和社会意义，涵养学生的地质精神、科学精神、创新精神和综合素养，引导学生提高地质专业兴趣，明确社会责任。

三是统筹教育教学资源，平衡课程教材和课堂教学的关系。教材作为教书育人的重要载体，具有科学性、知识性、思想性和政治性。课程教材的实际价值目的明确且十分具体，它不仅传递理论知识和方法技能、传授方法论，还同时传授正确价值观、传播政治思想价值、科学技术价值和生态文明价值。地质科学发展、时代更迭，需要教材内容及时更新完善。严把教材质量第一关，在教材建设中应考究德育元素，把思政作为每本教材的基本要求，形成教育教学质量评价监测点。及时把人与自然和谐共生等党的新思想、新理论植入教材和教案，融入学科专业和每门课程，融入学生评教、督导评课、同行听课等教学评价环节，融入课程方案、课程标准、教学计划、备课授课，形成个人与社会、科学与人文、人类与自然相融合的最大效应。

课堂是激活教材、思想引领的主渠道。首先是推动课程体系、教材体系向教学体系转化。课堂教学中探讨使用触觉、听觉、视觉立体式、鲜活的教学方式，用启发式探究式唤醒学生学习热情、掌握学习方法，切忌吃老本、说老话、走老路、用老套，杜绝照本宣科、生搬硬套、简单灌输。教师要讲清楚育人育才的基本政策、基本方针和基本方略，讲清楚理论知识的历史渊源、内在逻辑、科学内涵和独特价值，讲清楚课程独特的行业价值、历史内涵、文化诉求的学术价值，讲清楚代表人物艰苦奋斗、勇攀高峰和追求卓越的科学精神，讲清楚独特的学习经验、人生体悟、事业感受。其次是通过野外实践、社会劳动教会学生全面、完整、系统地认识事物本质、认识世界，客观对待自然事物，善用所学理论知识分析、发现、解决实际问题，在动手实验中深化认识、提升感悟、锻炼成长。帮助学生从内心树立起追求真善美、人与自然和谐共生的价值理念，领悟科学中协作、友爱和宽容的人文情怀，传承独立思考、追求自由的科学精神。

四是打造学术共同体，融洽教师与学生的关系。教育大计，教师为本。习近平总书记指出，教师做的是传播知识、传播思想、传播真理的工作，是塑造灵魂、塑造生命、塑造人的工作。教师不能只做传授书本知识的教书匠，而要成为塑造学生品格、品行、品味的“大先生”。师也者，教之以事而喻诸德者也。传道授业解惑是一个有机整体，不可偏废。教师与学生接触最多、影响更直接，是课程德育元素的激活者。教师的思想政治素质和道德情操对学生健康成长具有重要的示范引导作用，其学术质量和教学活动深刻影响着学生全面发展。学生处于不同的年级、不同的学段，会有不同的认识，地质课程思政要由浅入深、循序渐进、不断深入，追求学习实效。

教师和学生是两个重要群体，构成学术共同体。教师与学生和谐的关键是教学相长，要求教师和学生携手寻求国家富强、民族振兴、人民幸福、社会进步之真理。一是组建跨学科教育教学团队，实现思政课与专业课多学科交叉交融。思政教师注重把思政教学的价值体系转化为专业知识体系、创新能力体系的学习动力，专业课教师注重把专业教学的知识体系转化为价值体系的专业情怀，共同坚守与传播人间正道，把德智体美劳的种子播撒到学生心田，激发学生向上向善的美好愿景。二是在专业建设、课程改革、教学活动、教育实践中，针对不同阶段学生的思想认知特点，有的放矢地设计教学内容、选择教学方法、制定评价标准，用学生喜闻乐见的方式，自然而然、润物无声地开展德育教育，提高对知识传授与价值引领关系的正确认识，增强协同育人意识和能力。三是把学生参与度、获得感作为检验地质课程思政实效的标准。教育学生正确运用马克思主义立场观点方法，认清学科研究方向，感受学术发展前沿，厘清科学思维逻辑。坚持用人与自然和谐共生的价值理念，引领学生爱党爱国爱民爱家爱学爱自己，做到价值取向与党与祖国人民同心、学术方向与政治方向同向、学术卓越与思想卓越同行、学识魅力与人格魅力同在，成为担当中华民族复兴大任的时代新人，成为新时代中国地质科技工作者。

本章小结

地质学基础研究人才培养规律与地质学自身的学科特点联系紧密。研究认为高等地质教育国际化发展与国民经济发展密切相关、高等地质教育国际化目标从单一向多元发展深化、高质量的高等地质教育国际化体系有待形成、地质教育实践在高等地质教育国际化中需要强化。研究认为地质学国际化人才素质包括拥有国际化视野和思维模式、掌握相关国际惯例与通用知识、熟悉掌握国际前沿技术和专业知识、具备国际沟通与合作能力、拥有较高政治素质和健康的心理素质。地质学基础研究人才培养国际化培养要善于把握规律特点，正确处理好本土化与国际化、共性与个性、理论与实践、培养与学习四大关系。树立科学的人才培育观是地质学基础研究人才国际化培养的基本前提和重要基础。

本章提出了新时代地质学基础研究人才培养国际化的目标理念和地质学基础研究国际化发展趋势，明晰了国际性、全面性、合作性、卓越性、实践性、创新性、灵活性、民族性等人才培养国际化基本原则；阐述了世界胸怀、全球视野、知识技能、外语能力、交往能力和职业能力等地质学基础研究人才培养国际化目标；将以地球系统科学知识为内容的自然教育融入地质学基础研究人才培养国际化全过程，增强人类与自然和谐发展、人与自然和谐共生的责任感和使命感。从德育和思想政治教育角度，推进全员全方位全过程育人，打造新时代我国地质学基础研究人才培养国际化的新模式，形成中国特色、世界一流的地质学基础研究人才国际化新范式。

第十章　优化人才培养国际化治理对策

培养什么样的人、如何培养人和为谁培养人是高等教育的根本任务，是高校的三个必答题。高校立身之本在于立德树人。只有培养出一流人才的高校，才能够成为世界一流大学。坚持世界一流、中国特色，是我国地质科技工作者致力于地学大国迈进地学强国的目标宗旨，也是我国新时代地球科学基础研究人才培养国际化始终不渝的价值追求。建立一套科学合理、系统完整的高质量人才培养国际化治理体系，是衡量中国特色、世界一流大学的重要标尺，是推进高等教育国际化、教育现代化、实现教育强国的重要内容。人才培养国际化作为经济全球化、教育资源竞争、科学技术发展、人类文化交流和学科专业发展规律等诸多因素综合作用的产物，已经成为高校实现立德树人根本任务的重大举措。本章基于前文对影响人才培养国际化要素及其变化特征分析基础上，围绕影响人才培养国际化治理体系的形成与创新完善，研究探讨地质学基础研究人才培养国际化的科学路径和对策措施。

第一节　构建人才培养国际化新范式

一个时代有一个时代的主题，一代人有一代人的使命。习近平总书记指出，要努力构建德智体美劳全面培养的教育体系，形成更高水平的人才培养体系。把青年一代培养造就成德智体美劳全面发展的社会主义建设者和接班人，是事关党和国家前途命运的重大战略任务，是全党的共同政治责任。注重地球科学人才培养国际化进程中的立德树人，是教育大国迈进教育强国、地学大国挺进地学强国的重要标志，是我国参与世界地质环境治理体系和综合治理能力现代化的关键。

一、地质学基础研究人才培养国际化要聚焦立德树人

育才造士，为国之本。古今中外，每个国家都是按照自己的政治要求来培养人的，教育都是在服务自己国家发展中成长强大起来的。我们党历来重视人才培养，自建设时期“培养又红又专的社会主义建设者”，改革开放中“培育有理想、有道德、有文化、有纪律的社会主义公民”，到新时代“培养担当民族复兴大任的时代新人”，高校立德树人在教育强国中的战略地位和重要作用日益突显。习近平总书记指出，我国高等教育发展方向要同我国发展的现实目标和未来方向紧密联系在一起，为人民服务、为中国共产党治国理政服务、为巩固和发展中国特色社会主义制度服务、为改革开放和社会主义现代化建设服务。高校是立德树人、培养人才的地方，为坚持完善中国特色社会主义制度、推进国家治理体系和治理能力现代化提供人才智力支撑和知识贡献。高等教育要始终与经济社会发展紧密结合，培养中国特色社会主义建设者和接班人，培养一代又一代拥护中国共产党领导和我国社会主义制度、立志为中国特色社会主义奋斗终身的有用人才。

高质量高等教育是国家高质量发展的重要基石。习近平总书记指出，高等教育发展水平是一个国家发展水平和发展潜力的重要标志。实现中华民族伟大复兴，教育的地位和作用不可忽视。我们对高等教育的需要比以往任何时候都更加迫切，对科学知识和卓越人才的渴求比以往任何时候都更加强烈。党中央作出加快建设世界一流大学和一流学科的战略决策，就是要提高我国高等教育发展水平，增强国家核心竞争力。高校要牢记为党育人、为国育才，把立德树人初心使命记在心中、扛在肩上，在经济社会建设中发挥先导性、全局性、战略性和优先发展的重要作用，为实现中华民族伟大复兴的中国梦提供内生动力和新生力量，把实现国家富强、民族振兴、人民幸福作为自身的价值追求，作为检验学校一切工作成效的根本标准。在思政教育中增强实效，切实解决好师生对祖国人民的感情、对人类社会的责任、对党和国家的忠诚，坚定理想信念、厚植爱国主义情怀、加强品德修养、增长知识见识、培养奋斗精神、增强综合素质。

二、地质学基础研究人才培养国际化需要育人和育才统一

高水平人才培养体系是高校立德树人的重要保障。习近平总书记强调，要努力构建德智体美劳全面培养的教育体系，形成更高水平的人才培养体系。人才培养体系涉及学科体系、教学体系、教材体系、管理体系等，而贯通其中的是思想政治工作体系。加强党的领导和党的建设，加强思想政治工作体系建设，是形成高水平人才培养体系的重要内容。培养什么人，是教育的首要问题。高校要把师生党支部建在学科专业上，引领同心同向的思政体系、品学兼修的教学体系、追求卓越的学科体系、润物无声的教材体系、知行合一的管理体系，共同打造中国特色、世界一流的高水平人才培养体系和高质量治理体系。

一是推进育人育才一体化。习近平总书记指出，人才培养一定是育人和育才相统一的过程，而育人是本。育人育才相统一重在德才兼备、又红又专，促进德智体美劳诸要素融合贯通、同频共振。高校要建立育人育才一体化标准，推进人的全面发展、造就全面发展的人。在政治武装上，坚持红色思想引领、红色基因传承、红色文化弘扬、红色阵地建设、红色头雁领飞和红色细胞培育；在学术卓越上，追求专业理论扎实、专业基础宽厚、专业技能过硬、专业素养全面、专业情怀深厚和专业视野开阔；在本领训练上，强化综合分析能力、实验动手能力、解决问题能力、组织领导能力、交流合作能力和创新创业能力；在情感教育上，彰显忠心献给祖国、初心献给党和人民、爱心献给社会、关心献给他人、孝心献给父母和信心留给自己。

二是筑牢多级联动体制。育人在学校，育才在社会。统筹政府、学校、家庭和社会资源“势能”向育人“动能”转化，实现行政区域、行业产业、高等院校、专业院系互联互动，宏观中观微观“一盘棋”。从省市区域宏观层面，形成育人体系、内涵、渠道、载体、环境、能力的一体化；从学校中观层面，掌握供给侧特点，盘活学校育人各领域环节；从院系微观层面，释放学科专业特质，聚焦微观育人元素、育人逻辑；从行业产业宏观方面，把脉需求侧规律，围绕高质量经济发展，做实学生学以致用的终端。构建全面覆盖、类型丰富、层次递进、相互支撑的一体化育人体制，使人才培养更加贴近区域经济社会发展、满足行业产业实际需求、符合高校办学定位特色、顺应专业规律学科前沿。

三是创新协同育人机制。中共中央、国务院《关于加强和改进新形势下高校思想政治工作的意见》指出，“坚持全员全过程全方位育人。把思想价值引领贯穿教育教学全过程和各环节，形成教书育人、科研育人、实践育人、管理育人、服务育人、文化育人、组织育人长效机制。”高校要以教师学生为重要群体，以全员全过程全方位为育人网络、以人才、团队、成果、平台为质量标准、以德智体美劳为教育要素，高质量推进人才培养、科学研究、社会服务、文化传承创新和国际交流合作，探索党建领校、以史铭校、学术立校、

特色建校、人才强校、文化兴校、开放活校和依法治校的现代化科学治理体系，形成教书、科研、实践、管理、服务、文化和组织一体化育人机制。

三、全员全过程全方位育人，推进地质学基础研究人才培养国际化

没有正确的政治观点，就等于没有灵魂。“三全育人”综合改革是提升高校思想政治教育质量的战略工程。要坚持把立德树人作为中心环节，把思想政治工作贯穿教育教学全过程，实现全程育人、全方位育人，努力开创我国高等教育事业发展新局面。“三全育人”综合改革吹响了新时代高校思想政治工作质量革命的先锋号。高校要紧紧围绕培养什么样的人、如何培养人以及为谁培养人这一根本问题，把立德树人理念要求内化到学校建设管理，体系化设计、整体性推进、协同化作战。破除束缚“三全育人”的体制机制障碍，根除思想政治工作的盲点断点，做到时时育人、处处育人、事事育人、人人育人。

一是打造全员育人共同体。号召党政管理干部、专任教师、辅导员、教辅和后勤服务人员，树立立德树人意识，担负起立德树人责任，自觉引领学生健康成长成才。立足教师与学生、资源与制度、管理与改革，形成党组织统一领导、部门分工协作、党政工团齐抓共治、师生员工充分参与的育人格局。激励教职员工由“经师”向“人师”转换，尽育人之责、出育人之效。贯通本硕博培养，及时发现问题、找准症结、精准施策，锤炼育人为本、健康向上的师生学术共同体，产出实实在在的育人成效。

二是畅通全过程育人动态链。立德树人是全要素、全链条、全时段的动态教育，无时不有、无处不在。贯穿教师教育教学和学生成长成才全过程，融入课程、科研、实践、文化、网络、心理、管理、服务、资助、组织等各环节。加强学生“进、管、出”环节，实行学籍、团籍、党籍、国籍一体化教育管理。注重主课堂主阵地育人，从思政课到专业课、必修课到选修课、主修学科到辅修专业、单一专业到学科交叉，让学生好学乐学、学有专攻；把握本硕博成长规律成才需求，形成知识、能力与价值观链条，创新内容为王的育人载体，构建学校管治与学生自治相结合的治理体系，采取组织推动与个人主动、组织植入与个人融入的方式，实现自我教育、自我管理、自我服务、自我提升。

三是构筑全方位育人生态圈。学校与家庭、社会共同演绎协同育人，强化课上课下、网上网下、校内校外育人内容互为补充、相互促进，第一课堂、第二课堂、网络课堂与社会课堂无缝衔接。开发两个市场两种资源，打造校校、校所、校企、校地等战略合作联盟，推进政产学研用实质合作一体化育人。注重以人才培养为根本，唤醒科学研究、社会服务、文化传承创新、国际交流合作回归育人本色，鼓励学生在科研中深化学习、在社会服务中奉献、在文化传承创新中担当、在国际交流合作中自信。涵养育人文化，讲好育人故事，每面墙都有育人典故，每个器物都有育才功能，充分彰显校园建筑、一草一木的教育功能。

第二节　重构国际化知识能力体系

国际化人才拥有什么样的知识结构、能力架构和价值导向，体现着一个国家高等教育国际化的目标宗旨，也体现一所高校办学国际化人才培养模式。随着经济发展、技术进步和社会变革的深化，一个国家在国际竞争合作中的位次与优劣，对新时代高校人才培养国际化也会提出自身相应的知识标准和能力要求。

一、以立德树人为根本，深化人才培养国际化认识

人才培养国际化，重在促进知识结构、智能结构、素质结构及非智力结构协调发展。新时代地质学基础研究人才培养国际化既要与国际高等地质教育接轨，更要符合我国客观实际和发展需要。人才培养国际化知识能力体系包括开发研究性教学课程、构建多样化跨学科课程体系、拓展国际元素入课程。要推进地球系统科学类精品视频公开课和精品资源共享课程建设、加强地质学教材建设，建设由公共基础课程、学科基础课程、专业基础课程、专业理论课程和野外社会实践课程组成的课程体系和知识能力结构，甚至包括地质科学试题库和考试系统。要减少地质学专业课程学时数，扩大国际通识专业课程，拓宽学生专业知识面。建立跨学科选修辅修制度，构建多样化跨学科课程，提高选修辅修课比例，优化学生知识结构体系。创建跨国际学校的选修平台，鼓励不同学科教师联合开设课程，本科生可与研究生共享教育资源。增设国际化知识能力、文化历史教育课程，开展国际化综合素养教育教学。

立德树人是高校立身之本。培养新时代中国特色社会主义建设者和接班人是高校的初心使命。新时代大学生，思想活跃、求知欲旺、可塑性强，处于确定人生奋斗目标关键时期。融入人才培养国际化，有利于丰富人生经历，开阔国际视野，熟悉专业国际化知识；有利于提高自身外语水平和培养跨文化交流能力，培养积极健康向上的身心素质，增强多元文化磨砺的能力；有利于青年学生端正自身的世界观、人生观和价值观，加深与他国专家学者之间的相互理解和合作交流。

联合国教科文组织在2015年发布的报告《重新思考教育：迈向全球共同事业》中指出，教育要进一步成为全球“共同事业”。报告强调：面对世界新的挑战，教育负有新的责任，教育对人的本体发展具有极端重要性；要为所有人提供发挥自身潜能的机会，要重新回到人文主义的基础，将对生命和人类尊严及权利平等、社会正义、文化多样性等的尊重作为核心；要为可持续的未来承担共同责任，承认并培养多样的环境观、世界观及知识体系；要超越狭隘的功利主义和经济主义的价值观，促进知识的创造、控制、获取、习得和运用向所有人开放；要变革，重新定义知识、学习和教育，要更具包容性，积极发挥主流知识

模式和其他各种知识体系的作用，运用具有开放性、灵活性、全面性的学习方法。高等教育国际化要以可持续发展理念为引领，为发展“全球共同事业——教育”做出新贡献。

在我国从站起来、富起来，到强起来的历程中，势必由地学大国向地学强国挺进。因此，我国地质学基础研究人才培养国际化应积极响应党中央对外开放的号召，充分利用教育对外开放政策、国际交流合作路径，培养更多国际眼光、全球视野、坚持扎根祖国大地开展地球科学基础研究的优秀国际化人才，促进地球科学跨国界合作、跨区域研究、跨文化交流，推进人类命运共同体建设，倡导人与自然和谐共生的价值理念。高校要以国际合作交流为职能驱动力，贯穿落实党的教育对外开放路线方针政策，将新时代人才培养国际化理念贯穿于人才培养全过程、全方位、各环节，构建高质量新时代高等地质教育国际化治理体系，促进我国地质学基础研究人才培养国际化能力和水平不断提升。

二、以国际合作办学为基础，支撑人才培养国际化

众所周知，从形式多样的长期短期交流、课程研修、学分互认、学位认可，到一起做项目、搞研究、出成果，人才培养是一个复杂艰辛的历程，而国际交流合作更是一个不断融入、不断创新、不断深化的过程。在经济全球化一体深化发展背景下，参与国际交流合作的规模迅速扩大，这要求培养出更多符合国际合作交流的优秀人才，以满足国际化过程中对人才的需求。因此，应营造浓郁的人才培养的国际化氛围，激励学生参加跨文化交流活动，出国参加国际学术会议及中外联合培养，进一步拓宽学生国际视野；加强教师学生与国际同行专家学者的广泛深入交流，提高国际合作交流的外语水平，拓展与国外导师联系的渠道，提高参与国际竞争的能力；正视并解决好国际交流合作中的短板问题，进一步加强学生创新意识、实践能力的培养，投入更多精力指导学生实践教学，指导学生强化实践动手能力，如地质类专业学生的岩矿鉴定、钻孔岩心编录、探槽编录、实测地质剖面等实践动手能力。

国际合作办学是指两个及以上国家或地区的大学、教育科研机构在某一方境内合作举办以该国公民为主要招生对象的教育教学活动，这是人才培养国际化的重要渠道。国际合作办学是培养国际化人才的重要平台，不管选择采取哪一种模式，均要有利于双方合作实现共同的目标与共赢，有利于学生全球视野的开阔与拓展，有利于学生异国文化的理解与融合。影响人才培养国际化的要素主要包括专业设置、课程结构、课程内容、教学方法、教学手段、师资队伍、文化交流、学术交流、参与项目等。结合地质学人才成长成才阶段性特点和需要，将国际化元素及时、有效地融入地质学基础研究人才培养、使用全过程。在本科生、硕士研究生、博士研究生各阶段教育教学中，要将国际化的理念、元素、要素、基因融合入教学教育和学生学习生活全过程。在研究机构对地质人才的使用过程中，加强国际化元素全部融入基础研究全过程。通过这种方式，不断改进、完善、创新国际化，不断提高人才培养国际化质量和水平。

三、建立国际化标准，培养特色地质科技人才

在新时代国际化背景下，地质学基础研究人才发展具有新素质要求。其要求渗透于地球资源、环境和当今国内外国情形势的深刻变化，要求紧密联系新时代中国地质事业对地质科技人才提出的内在需求。需准确把握地质学人才与国际化人才共性个性关系。坚持国际化人才培养基本标准，坚守地质学科自身专业要求和学科特色，开创独具特色的人才培养模式。正确处理国内知识掌握和国外知识吸收的关系，考虑地质科学发展和国内地质学人才知识结构需求，加强对世界优秀地学文化的吸收借鉴，增强地质科技人才对跨国别跨文化的理解和适应能力，以求最大限度地调动他们的积极性主动性创造性。

经济全球化发展趋势、“一带一路”倡议引领、对外开放政策驱动，都对未来地质学基础研究人才培养提出了诸多明确而具体要求。要求地学领域国际领域拔尖人才，不仅要具有国际知识视野和立足于世界的胸怀，还要具有关注国际性地球科学领域发展动向的高度敏感性和国际沟通能力、研发能力。无论在高等教育阶段的潜性人才基础培养，还是科学研究工作过程中的显性人才使用培养，应该切实加强对地质学基础研究人才培养国际化模式的研究与打造，从而造就更多优秀的具有国际视野的地质科技领军人才。在构建地质学基础研究国际化人才培养体系时，充分体现地质学基础研究学科特点、基础研究特征和人才需求特殊性。应当考虑地质学基础研究优秀领军拔尖人才应该具备的基本知识能力素质，特别是国际化素质。研究认为，地质学基础研究人才国际化素质是一个由很多要素组成的集合体，主要包括：具备开放的国际化思维，和平发展与兼容并包的国际意识；具备独立思考的能力，洞察国际前沿学术问题，能积极主动地去了解地球科学领域前沿专业知识；具备坚实的专业知识能力，熟练掌握操作国际地质类论文检索系统与平台模拟系统的能力；尊重异域文化差异与价值标准；熟练掌握和使用一门以上的外语，可以用外语熟练与人交流和撰写地质类国际学术期刊论文，当然也包括能够更好地使用本国语言；拥有国际交流合作的经验，能积极主动地参加地球科学领域的学术问题讨论或项目课题的研究交流；遵守他国法律法规，擅长地球科学问题研究与熟练应用相应专业知识技能；具有与多国成员的团队合作的精神，具有良好的敬业态度和心理素质，以及健康的身体素质。这些要素之间密切关联、相互约束、效应协同。

四、面向国际地学科技前沿，改善人才培养国际化知识能力结构

新时代国际化人才素质，要求人才培养过程中必须注入更多的国际元素，甚至全面创新改善知识能力结构。通过对地质学本科和研究生培养调研分析可以看到，在当前地质学人才培养，在推进地质学科国际化教育教学过程中，专业教育教学还远远不能完全满足新时代国际化人才培养需求。地质学，作为一个空间域、时间域和学科跨度非常大的学科，

涉及岩石圈、水圈、生物圈、大气圈等地球及行星演化的各个方面，地球系统科学还延伸到了人地关系。地质学研究从学科纵向深入发展转到学科交叉、横向发展时代，从固体地质学转向行星地球的地球系统科学时代；从增加地球知识、侧重于资源开发时代转向增进地球健康、自然认识、为人类社会、经济可持续发展服务时代；科学研究的时空尺度在扩大，局地、区域、全球的认识彼此联系更加密切。因此，地质学基础研究国际化人才除具有传统的地质学知识外，还必须掌握生物学、模拟仿真技术、探测技术、分析技术、信息技术、环境科学与技术、人文科学、哲学社会科学等跨学科领域知识和研究技能。同时，现行传统地质学基础研究人才培养模式必须及时作出相应变革，向地球系统科学，包括水、土、气、生、环跨学科交叉方向延伸，向跨学科教育、交叉学科研究方向发展。

发达国家对此反应相对要快些，不少国家不仅改变了地质教育课程内容和教育教学方法，而且实施机构改组。如英国各个大学地质系大幅度合并、调整，便是一例典型；甚至把自然教育、地学教育、地球健康等理念前置，丰富和强化了中学阶段教育内容。

20 世纪地球科学借助于跨学科方法引进和新技术应用，取得了革命性进展；随着学科交叉和地球系统科学观念提出与逐步实现，地球科学基础研究在整体上也已经进入定量研究和机理探索新时期。地球系统科学要求从数学、物理、化学和生物学等基础知识体系，运用数字模拟、物理作用、化学作用和生物作用过程重新审视地球系统过程，从根本上给学生以学科交叉思维方式和跨学科研究方法的训练，使学生能够在进入地球科学领域后即坚持以需求为导向、以问题为导向、获得较广阔的学术视野。地球系统科学教育将经济学、法学、教育学、生态学等人文科学知识引入地球科学领域，有效提高地球科学专家参与全球治理的能力。就可持续发展领域研究而言，定量化和系统化是其必然趋势。如果用地球系统科学研究成果来融合可持续发展研究，必然会带来更加丰硕的学术成果，进而推动可持续发展研究，也能够真正发挥现代地球科学对人类经济社会和生产生活的积极作用。各个领域的地学教育也必将转向以互联网、数字模拟等高新技术作支撑的新轨道。

地质学本身具有学科群特点，在地质学基础研究人才培养国际化过程中，应充分重视学科交叉，体现跨学科知识结构体系和能力素质。从事地质学基础研究和原始创新活动，不是一门专业知识或几个专业知识，甚至一种能力或几种能力就能够达到预期目标的，而是以数、理、化、天、地、生等多基础多专业多学科的综合知识集合、以若干能力要素集合形成的综合能力，使国际合作交流能力构成要素组成一个集合体，形成共生共存的知识能力共同体，发挥最大综合效应。因此，地质学人才培养国际化要以知识结构、学习能力、创新技能和国际化知识能力的内在整合为基础，突出地球科学基础研究人才知识能力结构的复合性和学科交叉性。从激发求知欲和保证实用性角度，整合优化其他的国际知识、国际合作交流能力要素，进一步激发学生强烈学习的内外驱动力、科学价值观、优秀品格本性、特色国际化思维和创新的国际合作交流能力。

第三节　完善国际化课程设置

课程体系直接关系到地质人才培养国际化的质量。加强地球科学国际化人才培养的核心是设置有利于人才知识结构、智能结构、素质结构及非智力结构协调发展的课程体系，包括课程内容选择及其组织，从而形成知识、智力、能力、素质完整协调的课程体系。综合而平衡的课程体系的实施是培养地质学基础研究国际化人才的关键，从而使国际化人才培养模式更符合新时代的需求和新教育理念的需要。地质学人才能否成为具有国际公认素养的人才，能否积极融入国际社会，能否正确看待国际竞争在很大程度上依赖于良好的国际课程设置。必须加大课程改革力度，优化专业课程，将他国文化融入课程，创新建设地球科学国际化课程体系。

一、设置国际化课程

（一）制订有利于国际化知识技能和专业素养的课程方案

合作培养国际化人才要兼顾双方专业核心课程，吸纳国外先进教学内容与方法。课程设置总原则应符合双方学术要求，还需要精心设计外语类课程，保证学生赴国外继续学习的适应性。要考虑到因故不能赴外进行学习的学生的需要。高质量引入国外通识类课程，如国外文史类课程和人类学、英语写作等，让学生可以对世界文化与文明有初步了解，在增长知识的同时有效减少沟通障碍。

（二）改革课程教学内容

要适应多样化的人才市场需求，积极调整专业结构，解决专业划分太细、定位太窄问题，及时向“宽口径、多功能”方向发展。树立厚基础、宽口径的教育理念，调整课程内容和教学内容，注重艺术、科学与工程的渗透和跨学科课程设置，提高学生选择教材的自由度；强调教育内容的客观性和综合性，注重基础知识传授，提高学生对世界、社会和自身的认识，对本民族和其他民族、文化语言和历史的认识。

国际化人才培养离不开科学合理的国际化课程体系支撑，国际化课程是实现地质学基础研究人才培养国际化目标的重要载体。地球科学课程的教学需要一系列参考书而非一本教科书，这样才有助于学生组成个性化的知识结构体系，汲取教科书和各种学习参考资料中的优质而丰富的养分。从国外经验和我国实践来看，人才培养国际化课程的建设应包括开发研究性教学课程、开发多样化的跨学科课程，注重拓展内涵与融入创新课程内容。加快推进地球科学类精品公开课、资源共享课建设和地球科学教材建设，建设由公共基础课程、学科基础课程、专业基础课程、专业理论课程和野外社会实践课程组成国际化课程体系，开展国际化的课程内容，促进国际交流合作能力提升。

（三）建立中国特色课程体系

吸收借鉴外国地质学人才培养的先进经验，形成我国地质学人才培养的特色，提高学生在国际上的竞争力，缩短我国地球科学人才到国外深造或从事科学研究的差距。高等地质教育课程体系要适合我国国情，并与国际高等地质教育接轨，使我国学生的知识结构和国外地球科学水平比较领先国家学生的知识结构相当，让他们处在同一起跑点上从事地质工作或科学研究。减少地质类专业课程学时数，扩大国际通识专业课程，拓宽学生专业知识面，形成学科交叉创新。加强综合素质教育课程改革，使学生具有较强的可持续发展能力，兼备较为综合的专业知识和良好文化素质，具备较强国际社会适应能力。课程设置不仅要培养学生国际性专业知识、国际化视野和跨国交流能力，更要注重中华优秀文化传统及综合素质培养。例如增加中国地质事业发展、成就，以及提升综合素质相关课程，包括地质类专业的领导能力、团队合作精神、协调沟通能力、创新能力、环境适应能力，为地质学国际化人才的培养奠定基础。

（四）设立研究性学习核心课程

研究性学习核心课程既体现基础研究特点要求，又能够扩大学生学术视野和研究兴趣。研究性学习本质是学习、研究与实践的有机结合。为有效开展研究性学习，激发学生学习研究欲望，实现课程精简与整合，加强学科交叉与融合，必须注重学习与研究并重。从课程设置上，要突出重基础、宽口径的培养目标，强调学生基础知识的学习、研究方法的掌握和实践环节的训练，使理论课与实践课相互协调。教师可以通过课题研究、课外实验、社会调查，为学生参与科学研究和社会实践提供平台。创新课程内容和教学方法，培养学生发现问题、研究问题的科研能力，激发学生的研究兴趣，开展跨学科综合性学术活动，通过第一课堂、第二课堂、第三课堂让学生亲历学术研究过程。

积极开展推进研究性学习，教师和教育管理者不仅应在环境、设备等课程条件上下功夫，而且还应从管理学、教育学角度来探索、整合研究性学习课程的实施机制，为学生提供更多的科研和创新活动的机会。如哈佛大学教育目标定位于“培养反思性的、经过良好训练的、有知识的、严谨的、有社会责任感的、独立的创造性的思想家”。我们不仅要给学生打下坚实的科学技术与人文知识基础，而且培养创造性思维和发现、解决问题的能力。

（五）建立跨学科选修课程

参考国际知名大学做法，结合我国地质学基础研究人才培养实际，科学地将选修课划分为人文与艺术、人文与社会科学、自然科学与数理化等不同类别组合，让学生在自己的专业课以外，根据个人兴趣选修一些其他类别的组合课程，扩展学生知识面。为学生创建跨国跨校选修辅修课程学习平台，弥补单个高校课程设置缺陷，构建多样化跨校、跨学科课程，提高选修辅修课程比例，进而优化学生知识结构，增强学生创新能力。鼓励不同学科教师联合开设课程，提供丰富的选修辅修课程以满足学生多样化的需求，完成学校规定的普通课程要求，学生可在老师指导下选择科目来确保课程选配得当，为学生国际合作交流奠定宽厚的基础。注重涉猎自然科学与人文学科知识的均衡化，注重学生广博知识领域的打造，为不同学生提供丰富的选择，激发学生学习兴趣，开阔学生视野，激发学生潜力，培养学生独立思考能力和创新意识。锻炼学生的写作能力、理解能力和语言表达能力。地质学选修课程的体系建设应融入国际化成分，在考虑国情现状情况下，借鉴国际先进选修课程设置体系。从课程设置指导思想到具体课程内容、实施方式和过程，将他国相关法律法规、异域民族文化、科技和管理方法等知识经验，提前融入教育教学全过程。在传统课程中加入国际知识、比较文化和跨文化交际的比重，保证教学内容的国际性和时效性，开设国际比较教育、国际商务、外国风俗研究等学习课程。开设多种通用性的公开选修课，把世界各国经济情况、文化状况、历史发展、风土人情等基本知识向学生传递。所选内容应简单明了并以国别或区域划分，让学生根据自身需求选择，提升多元文化理解能力和跨文化交际能力，使其在未来的工作和学习中主动尊重他国风俗、信仰，能与各国人和谐相处。

（六）增设创新创业教育课程

创新创业教育课程是高校构建国际化创新课程体系的关键。开设“创造学”及“创新思维技巧训练”等课程，让学生熟悉创新原理，关注创新思维训练，体验国际化能力教育方法。邀请已取得一定创新成果的专家、学者为学生做报告，讲述他们创业故事经历、创新思维活动，引导学生开始创新探索的尝试，教给学生创造性思维的技能技巧。开设体验类课程，培养学生团队协作精神和合作意识，从传统知识面窄的课程向有综合素养的宽泛课程转变，向解决实际问题的应用课程转变。

二、 加强国际化教材建设

实践证明，仅仅使用国内教材是不能满足国际化人才对知识能力需求的，更不可能培养出优秀的国际化人才。必须加强地质学类外文原版书籍、期刊、报纸或相关网站的引进与补充，扩大学生直接阅读外文教材资料的领域，提供更多直接使用和阅读外文资料的机会，进而提高其对外文学术文章的阅读理解能力，及时跟进国际知识技术发展前沿动态。

（一）创建使用国际语言教学的国际化专业教材

让地质学相关专业的学生在接受教育培养中，能同时使用母语和外语进行思维，更好地掌握国际交流、国际对话技能，获取国际合作信息，培养在两种及以上语言环境中进行学习研究工作和跨文化交流的能力。特别是加强“一带一路”沿线国家语言的学习与应用，推进“一带一路”沿线国家地质基础研究人才培养国际化的合作交流。教材应选择与国际接轨并具有新颖性、实用性的材料，包括优秀外文原版教材。引进外文原版教材不仅能让学生接触本专业国际前沿学术知识，而且有利于培养学生适应国外的思维习惯和方法，逐渐增强学生跨国交流能力。教材选择要适合本专业培养目标要求，充分考虑教材与教学基本要求和其他科目的联系与衔接。

地质学每一门课程的教材内容，都要结合国内外优秀地质工作成果，除全面系统、相对完整的知识技能传承体系外，还应该将与教材相联系的其他国际期刊、文章等最新的知识发现、技能方法进展一并纳入辅导教材，进入教育教学内容。外文出版物特别是发达国家的相关教材，常常及时反映时下的热点问题，这有利于及时让学生掌握有效的最新知识信息。选择借鉴他国地质类教材还应注重所选和学生最近发展区间的联系及难易程度。地质学学术性强，如直接采用原版文献，大多数同学不能完全理解掌握，不能实现教学相长。教师可综合多本教材、地质类权威学术期刊内容，聚焦教学大纲规定要求专门编写教案课件，避免使用一本教材内容不足或使用多种教材出现内容重复现象。在课程讲授中着重讲解课程重点难点，关注教材与培养学生科学思维方法，培养学生问题意识、分析问题和解决问题方法等各环节间建立联系的能力。培养学生自主学习能力，给予学生更多选修课程自主权，推荐延伸阅读本领域学术文章。优化教学管理体系，保证教师在有效的时间内高质量授课。

（二）建立野外实习教材体系

科学的野外地质知识和大自然地质现象是最好的教科书。大自然是地质人才培养的生动课堂。地质学本身就是实践性极强的学科专业，需要理论教学与实践教育相得益彰。要注重校内实验室模拟和野外实践实习相结合，让学生了解将来的实际工作环境并熟悉业务操作的各个工作细节。在国际化人才培养中，为学生提供更多赴国内外实习的机会、境外实践学习项目，培养与国外研究者学术交流、实践合作的能力。

在分析欧美地质类高校人才培养模式时发现，国外的地质学人才培养更加注重学生实践能力的养成。如英国剑桥大学除了学业外，还要求学生参加每周三次课外实习。大一时组织学生去苏格兰阿兰岛，初步建立以解决问题为导向的野外实习思维，帮助学生学习野外生存技巧，培养观察能力和团队融入能力，以此加深对地质学的认识。第二学期，组织学生去约克郡山谷地质公园和英国坎布里亚了解凹陷断层带知识，学习地理测绘和其他地学类知识。第三学期，组织学生去赫布里底群岛的斯凯岛了解前寒武纪、中生代地层层序和第三纪火山岩等知识，要求学生独立运用之前掌握的地质专业知识，强调学生在其野外作业时相互间建立信任关系，强调团队合作。第三年去希腊认知岩石圈伸展活动对地质变化带来的影响，了解隆起带和盆地之间对比关系以及洋壳等。第四年为顺利获得地球科学学位，去西班牙南部科斯塔阿尔梅里亚那些板块边界活动现象显著的地方，深入了解变质岩基地层、蒸发岩和浊积盆地、火山中心和主要断裂带等知识。让学生扩大地质视野，更好地完成毕业论文。美国斯坦福大学组织学生每年一到两次野外实习，如内华达州大盆地国家公园和加州卡特琳娜岛，暑假组织开展地质年代的变质核杂岩研究和太平洋海岸野外实习计划，实现书本知识和实践知识的融会贯通。

第四节　改进国际化教育教学

一、更新教育教学观念

教育教学观念变革是学校教育教学改革的首要因素。在国际化浪潮深入推进下，所在学校学科专业应该更加重视国际化人才培养，无论在理念上、还是制度上，都要体现培育学生国际化视野、国际交流水平、国际合作能力、国际知识技能，成长为国际化的高素质人才这一国际化人才培养目标，把它作为检验高等地质教育教学国际化水平、国际化能力和国际化程度的重要标尺。中外高等学校教育发展史证明，国际化教育教学观念在很大程度上决定着人才培养国际化质与量，影响着人才培养国际化教育内容、教学方法及人才培养过程。从实践层面看，国际化教育教学必须以解放思想、更新观念为先导，以人为本，改革创新，为学生成长发展，为国际化人才服好务。在校期间得到的高质量教学指导，需要学生自己在学习专业知识基础上，到大自然和社会实践中锻炼、学习和成长。树立全面发展观，努力造就全面发展的高素质人才；树立人人成才观，确立学生主体地位，面向全体学生，促进学生成才；树立多元化人才观，尊重学生个人选择，鼓励个性发展，不拘一格培养人才，从而将指导学生向既定方向发展转为支撑学生全面成长，为学生健康成长成才提供广阔空间。

基于地球系统科学的提出、发展和我国国情的实际需求，明确我国地质学基础研究人才培养国际化目标。这是全面贯彻党的教育方针，遵循国际化人才成长规律，按照“国际平台—国际项目—国际评价”互动关系模型打造国际化人才成长环境。力求通过教育创新、改善用人制度，培养出一支热爱祖国、学识一流，具有国际眼光的国际化人才队伍，他们思想上坚定社会主义信念，能够献身地质事业，素质上有广博知识、全球视野和创新精神，成果上有更多原创，梯队中结构合理，能力上满足地球系统科学发展需求和我国从地学大国迈向地学强国需要。在高等地质教育教学和人才培养国际化过程中，教师在教学中要充分发挥自身学科国际化优势，培养学生国际合作交流能力。实践证明，学生只有在对国际化学习产生浓厚兴趣时，才是合适的国际化教育教学方式。明确国际化教育目标，把自己摆进来，才能做到全身心投入；才能进行思维、探索、创造，收到国际化过程比国际化结果更重要，国际能力比国际化成果更宝贵的教育教学效果。

二、完善教育教学内容

课堂教学要突出国际化培养，将国际化教育元素贯穿于课堂教学，以及实习课、自习课、野外实践、项目研究、学术活动、考试考查等教育教学各个环节，切实提高学生国际交流合作能力。围绕国际化人才培养目标优化教育教学内容，及时增加世界科技前沿知识、相关专业学科知识，以及人文社会科学、自然科学、文化艺术等知识。革除陈旧知识内容，讲授交叉学科知识，引进国外优质课程，提高学生学习兴趣，扩大学生国际化知识面。坚持“授之以鱼不如授之以渔”理念，传授知识的同时，把知识获取、方法获得、能力提升作为教学内容，教会学生用科学的方法和思维方式正确面对疑难问题。注重研究性教学，以教学内容为载体引导学生探究式地学习教材中蕴藏的科学方法，坚持问题导向，培养学生的问题意识，让学生自己发现问题、提出问题、破解问题，从而激发其思维的灵活性和创造性。教学内容不局限于课堂或书本知识，在课外设计有利于培养学生国际化视野、知识、思维和能力的研究性强的实验课程。加强实践认知训练，将自然认知实践、社会实践锻炼和科学研究活动融入教学内容，与课堂内容形成互补格局。开展以学术交流为形式的课外活动，如举办国际学术讲座、学术论文研讨会、留学生联谊交流等，使学生在活动中感受国际化氛围，接受国际化理念文化熏陶，增强国际化学习欲望，提升国际化思维能力和综合素质。

三、创新教育教学方式

教育教学方式变革是为了培养学生参与国际化学习的兴趣，提高学生的国际化意识，由“要我参与”转变为“我要参与”。教学方式改革要利用现代化信息技术教学手段改善教学效果，用灵活方式激发学生的参与热情。考核方式改革要多用学生喜闻乐见或乐于接受的方式，考核学生对鲜活知识的理解和掌握情况，将学生学到的知识能力充分展现出来，这同时也适用于对老师教学水平的考核和对教学效果的检验。教学与研究相结合已经成为国际化教育教学的重要方式。在人才培养国际化的过程中，汲取借鉴发达国家的先进经验，用“教学与研究相结合”“学术自由”“学术自治”等国际化培养理念。实行研究性教学，通过研究、实践和教学探索出跨学科课程、项目课程等新的教学模式。注重人的全面发展和完善，把灵活、创新的模式融入教学中，使学生的个性得到释放、能力得到自由发展。创造适应研究性学习的更好课堂氛围，激发学生求知欲和创新潜能，培养学生批判的科研精神。教与学是双向活动，用研究把教与学结合，要求教师既是知识传授者，又是科研者；要求学生既是知识接受者，又是研究者。教学中学生是主体，教师起主导作用。教师要引导学生去尝试探索，不能“满堂灌”，更不能只传送单一的专业知识和训练技能方法，从传统意义上的“教”，转向对学生智力开发的引导，激发学生学习的兴趣和研究热情。学生的“学”也不能是传统意义上的机械、呆板的“学”，而是转向独立思考、学术自由地探索问题。使学生熟练掌握国际化基础知识和专业知识，培养学生国际合作科研能力，使学生尽早独立进行或参与国际研究活动。

四、创新国际教育教学方法

教学方法是对学生进行言传身教的重要方式。科学的教学方法能够激发和调动学生的学习兴趣，对学生今后的学习方式、学习态度甚至终身学习产生重要影响。地质基础研究人才培养需要“启发式”教学，增强批判意识、质疑精神和创新能力，提高学生学习兴趣、创新意识、进取精神。在国家对外开放教育政策框架内，以高校国际化办学思想观念为指导，科学总结高校当前各种人才培养模式中的成功经验，切实将教学方法改革创新落到实处。要突破教学局限于教书、教书局限于课程、课程局限于课堂、课堂局限于讲授、讲授局限于教材的现象，改革教师讲教材、考教材，学生读教材、背教材的形式，切实改革教师灌输式、填鸭式地教，学生被动式地听等教学方法，使学生从传统的知识被动接收者，变为积极的知识学习者和探究者。实施研究性课程，开展特殊问题研究和独立研究讨论教学，将国际化人才培养方法方式有效融入建设特色专业、精品课程、规划教材、实践基地、教学团队、培养模式实验区中，转移到理论和实践教学过程中，学思结合、知行统一、因材施教，教学生学会学习、学会思考、学会做人、学会做事、学会合作。通过学生自己思考、辨别和判断得出研究结论，使学生从大学起步阶段就掌握科研的基本知识和技术方法，积极主动、行之有效地参与科学研究。推进多种形式、多个阶段、多种类别、多种成绩评定方式等考试制度改革，完善学习评价体系。采用启发式教学，针对学生的个性，为他们制订单独学习计划，开发他们的潜能。老师要定期与学生讨论他们开创性研究或深入学习的报告和发现，培养学生自学能力、动手能力和创新能力。综合运用启发式、互动式、探究式教学方法，构建人才培养国际化新模式，引导学生积极思维、独立思考，激发学生的兴趣和潜能，培养学生发现问题、分析解决问题的能力，调动学生学习的主动性积极性创造性，提高学生的综合素质，提升学生自主学习、合作学习、研究性学习和终身学习能力。

使学生学习国际新知识、探索世界新技术、掌握国际新方法，使学生的国际化交流合作所需要的知识、能力得到显著提高。

加强国际语言教学方法改革。现实国际合作交流的短板是外语能力水平。必须打破传统等级考试应试为目的的学习方式，应该从加强实际应用能力方面推进外国语言教育教学改革。英语是国际交流合作中的常用语言，高校应该加强英语教学，在入学阶段开始进入基础英语和应用英语学习，在专业学习阶段全程进入双语教学。特别是为加强国际化人才培养，开设专业双语教学是最基本的要求，不能停留在“高阶象牙塔”阶段。目前专业教学中小语种是十分欠缺的，必须根据国家战略需要，设立一些小语种语言课程，改变只学发达国家交流语言、只能去发达国家留学的传统思维，应注重学习掌握“一带一路”沿线国家语言，对推进国家战略、满足地学研究更加需要小语种。围绕这些小语种，引进或单独聘请教师专门教授，打好语言交流基础，不能全部寄希望于专业教师既传授专业知识，还要教授基本的外国语言，甚至于从头开始，改变语言交流习惯，让国际合作交流更加顺畅、更加直接、更加融洽。

第五节　建设国际化教师队伍

人才培养国际化质量和国际竞争力在很大程度上取决于教师个体和教师队伍国际化水平和综合素质。发达国家一流大学把提高教师素质作为培养一流人才的动力源泉。据统计，世界百强大学中 85% 的教师拥有世界一流大学的博士学位，吸引了 80% 以上的世界诺贝尔奖和菲尔兹奖获得者、2/3 发表论文被引用率高的科学家。借助世界一流大学和一流学科建设，建立高素质、高水平的国际化师资队伍势在必行。

一、全球选才充实师资队伍

建立吸引国际杰出人才制度和环境。《国家中长期教育改革和发展规划纲要（2010—2020 年）》提出，吸引更多的国外专家学者来华从事学校教育教学和管理工作。有计划地引进海外人才学术团队，是师资国际化必然趋势和重要保障，也是让学生接受国际化教育的必然要求。吸引海外优秀地质学人才加盟到教师队伍中来，体现跨文化的包容与理解、交流与共享，有利于吸收借鉴国际先进教学研究方法的经验。考虑到现在地学领域世界性学术领军人物的稀缺状况，可高薪聘任聘请一些国外的著名教授、学者进行短期讲学。学生可以不出国门，便直接了解国外教授授课方式、课程内容和学科前沿。以学期制或季度制来华来校任教，积极搭建国际化教育教学团队和国际科研学术团队。

二、推进国内教师国际化

推进现有教师国际化水平，把现有师资国际化教学科研能力和学术水平作为衡量标准。在地球科学专业教师队伍中构筑学科群体和创新团队，针对学术潜质优良、发展势头好的年轻骨干教师，加大培养、重点扶持，安排青年教师做助教或全程听课，融入外国专家教学组织中。建立人才高原与高峰，形成结构合理、良性循环的国际化师资梯队。教师管理政策中，把好老师关口，坚持“四有好老师”标准，强化国外学习研究阅历，具有较强外国文献阅读和交往能力，能直接与外国文献接触，有能力学习与了解地球科学领域国际先进知识、研究热点和学术前沿。只有教师队伍国际化，才能推进学生国际化。

三、提升教师学术交流外语能力

教师的外语水平、对他国文化理解能力和国际化视野直接影响着国际化教育教学成效。学术交流语言是目前国内地质学教师开展国际交流合作的薄弱环节。建立专项计划资金支持教师参与国际学术活动，鼓励教师投身于国际科学研究，了解地球科学国际前沿，在授课时引领学生掌握国际现代科技进展。加大出国研修计划，增加教师国际化知识底蕴，让教师直接与国际学术前沿接轨，为培养国际化人才视野提供支持。深化国内教师和国外优秀教师交流合作，召开同海归教师或他国教师研讨会，与外方授课教师进行交流探讨，学习借鉴其教学理念、教学模式及教学管理方法，为国际化教学体系建设提供支持。

四、改革教师评价机制

建立开放合理的学术评价和聘任制度，提高教师博士化比例，引进聚集一批国内外知名学术大师、学科带头人和中青年学术骨干。尽量避免因近亲繁殖积累造成的学术退化和素质衰落，努力提高教师促进学生学习的能力，把人才培养作为教师招聘、激励和晋升标准的首要指标。支持高水平专家学者组建国际化跨学科教学团队，向学生传授学科专业的前沿动态和创新进展，鼓励科研教师将最新研究成果转化应用到课程教学中，让学生参与科研项目，向学生开放科研实验平台，指导学生开展科研实践。

第六节　强化国际留学生教育

留学生教育是衡量一个国家高等教育、一所高校人才培养国际化水平的重要指标。留学生教育是双向的，包括招进来、送出去两种方式。

一、做好留学生选拔培养工作

招进来，扩大国际留学生比例，强化人才培养国际化氛围。国家、高校高度重视来华留学生的数量指标，但质量需要尽快提升。积极引进他国留学生，提高招收留学生质量。根据国家发展战略、发展目标要求，扩大留学生来源国分布，多从发达国家、“一带一路”沿线国家招收优秀国际生，提高留学生在校比例，增加留学生学科专业分布。在海外招生中，考虑到他们的文化多样性、语言差异性、宗教信仰差异性，加强与发达国家或“一带一路”沿线国家签署交换生协议，或通过学历学位互认、短期访问等多方式吸收国际留学生。详细掌握留学生的文化、经济、性格特征、心理需求等背景资料，针对不同国别学生有的放矢精准服务，在专业学习、语言沟通、住宿餐饮、文化生活等方面精细化管理，建立生活和学务指导导师制度，解决好学业教育问题和管理服务问题。

送出去，让学生扩大国际视野、提升国际交流合作能力。国际合作交流是双向的。选拔在校优秀学生到世界一流大学或研究机构的一流学科与一流导师进行交流学习、合作研究，是地质学基础研究人才国际化培养的重要方式。围绕地球系统科学学科特点需求和发展趋势、世界地质先进技术方法等，结合我国建设发展对地质科技实际需要，设立专门学科专业方向、指定留学研修国家、选定世界一流高校或研究机构的一流学科一流导师、扩充专项留学研修名额，通过自由申请和组织选派方式，选拔优秀青年学生出国研修。减少无计划、无组织的学生个体留学行为，提升、拓展、扭转那些出国仅仅为了个人或家族荣耀，或为高校留学数量累加为目的的思想。解决这些问题需要国家战略计划的制订并通过执行加以约束和因势利导。建立国家、行业、高校与对应的国家、行业、高校国际交流合作体制机制，签订中外合作协议和学分学位互认协议，增强学生职业资格能力国际互认。高校要为学生提供完成学业、深造的机会，形成科学完善的出国选拔方式、学习模式。鼓励学生在领取毕业证的同时取得其他职业资格证书，增强国际竞争力。建立长期开展国际合作交流的通道桥梁，稳固双方开展地质基础研究人才培养、科学研究机制基础。营建多元化的国际语言环境，扩大高端外文图书期刊、数据库订购，提高外文资料比例和质量，完整建设地学资料数据库。建设多种语言中心，加强语言培训，不仅能够写学术科研论文，还要能够深入文化交流。

二、加强派出学生管理工作

选派留学生在异国他乡学习研修，除依靠驻外教育使领馆、他国高校管理部门外，国内高校应有专门机构实施管理服务，加强日常管理和联络沟通。形成国家教育主管部门、派出高校、驻外使领馆、他国高校教育管理机构等国内外网格管理架构，建立专门留学生信息管理数据库。实现国内推选单位、驻外使（领）馆教育处（组）、留学服务中心及国内用人单位资源共享，加强对留学人员跟踪管理、学习指导和情感交流，为留学人员回国工作提供信息服务。加强对派出学生专业指导和感情联系，促进学生国内外导师长期交流合作及双方校际科研合作项目的深入开展。

国内高校要建立健全以学生为中心的学生管理机制。建设一支高水平的管理队伍，教育引导学生更好地了解出国目的和方向，更好地理解专业知识，在国际市场上具有更强竞争力、更多学术话语权。激励学生在不同教育文化中潜移默化地融合，及时协调解决在合作办学中留学生因期望值过高、学业压力大而产生的适应性问题和人际关系问题等，甚至可能出现的各种意外风险，保证国际合作办学顺利进行。由于出国留学时间比较长，让富有经验的教师及时指导、引导，保证学生在国外顺利接受系统严格的学术训练，深入了解国际前沿学科，与国外教授和学生建立良好人脉关系，为日后合作交流奠定基础。通过映入眼帘的多元文化培养独立思考判断能力、多元文化理解能力、坦然的心态和开阔的视野。具有国际视野、通晓国际规则、能够参与国际事务和国际竞争的国际化人才势必脱颖而出，成为国家经济社会发展、高校双一流建设的重要力量。

三、用好来华留学生资源

来华留学生是跨越国界的知识技能的携带者，是全球性科学思想文化的传播者。开展学生国际交流，不仅仅是知识科技的传递与学习，更是文化的交流、碰撞和融合。通过他们传播中国先进的科学技术外，培养友华爱华的使者，搭建民族文化国际交流的桥梁，为构建世界命运共同体做出实实在在的贡献。世界各民族文化在价值理念、伦理道德、思维方式、生活习惯、审美情趣等方面，依然存在对峙与趋同并存、冲突与融合并存的现象，这是不利于实现“世界人类命运共同体”目标的。急需解决发达国家对发展中国家教育的入侵、文化和价值观领域对发展中国家的渗透、影响发展中国家的民族教育和民族文化等问题。用好留学生资源，有效发挥在华留学生的作用，是我们用好国际市场、国际资源的特殊方式，必须珍惜，切实做好。通过课堂讲授、课外实践、网络交流、学术研讨、文体生活等，为留学生提供具体而实在的服务帮助。成立多国别学术文化社团，开展国际文化交流活动，形成卓越国际文化环境。提高他们学习生活质量，让他们的文化精髓留下来，把科学技术带进来。增加对中华优秀传统文化和高等教育质量的信任度知晓度，把中华文明带回家，播种到世界各地。

第七节　营造国际化育人文化

国际化育人文化是以人才培养为中心的国际化育人理念和制度要求，它从顶层设计内化为高校组织和师生的一种精神气质，成为人人向往、主动参与国际合作交流各项事务的行动自觉、卓越追求。在全球化深入交流的新时代，世界各国之间合作交流大多从文化、教育、科技、贸易、经济领域开始谋划，以此带动国家与国家、区域与区域、城市与城市之间深层次交流合作，最终朝着实现世界人类命运共同体方向发展。如何在国际合作交流中既能够吸收借鉴他国优秀文化，又始终保持着中华文明、民族优秀传统文化的纯洁本色，也是地质基础研究人才培养国际化中要深入思考和躬身践行的命题。

一、营造人才培养国际化文化氛围

在观念上、行动上、制度上进一步解放思想，树立世界眼光，增强开放合作意识，着力提高自身科研水平、提高国际交流合作能力，解决影响束缚开展国际交流合作的突出问题。为它国、它民族、它文化所承认和接受，与它国、它民族进行交流，制订交流规则，在机构层面和思想意识层面接受不同文化背景的人。鼓励支持学生进入国际学术舞台，与世界一流专家学者学术交流，让学生既能及时了解前沿知识动态，又能学会交流合作的要旨，提升综合素质和创新能力。积极主动将人才培养融入国际化。让学生直接参与国际交流，使学生具有能够面向经济全球化、信息全球化挑战的能力，拥有国际化视野，主动关注世界性问题，关注人类共同命运，了解世界不同文化历史特点，认识不同文化共存合理性。为国际化发展创造良好的内部条件和外部环境，建立与国际接轨兼容的高等教育体系，把“引进来”与“派出去”充分结合，通过大力引进和自我培养两种方式加快国际师资队伍建设，努力扩大留学生规模，积极开展多种形式的实质性国际科研合作。把东西方文化精髓融入国际化办学理念和办学过程，提高教育教学和教师水平，培养优秀国际化人才。

二、传递中华民族优秀传统文化

中华民族优秀文化具有纯粹性、共享性、世界性。中华民族有 5 000 年文明历史，涵养着中华民族丰富的历史文化、科学文化、民俗文化、建筑文化、饮食文化等，包含了中国人民身上富有的友善、坚毅、勇敢、自强不息等优秀品格，在国际交流合作中扮演着重要角色，是国际化人才培养重要养分。地球系统科学的提出与发展，很大程度上打破了传统地质学界限，需要跨国界、跨区域进行研究、交流与合作。在我国传统文化中，与地球科学文化关联的是儒家、道家思想，特别是“天人合一”思想，强调天人相统一，将人与自然的关系定位在一种积极关系上，不主张征服自然；强调人是大自然的朋友，既不是大自然的主宰，也不是大自然的奴隶。“人与自然和谐共生”是新时代中国特色社会主义文化观、文明观的精髓。地质学基础研究人才培养国际化过程中必须考虑地域文化资源的差异性，关注文化交流的选择性，把自身优秀文化体现到国际交流合作全过程全方位，传递到世界各国，影响世界，彰显中华民族优秀文化魅力，提高我国文化软实力。

三、吸收他国民族文化的精髓

一方水土造就一方文化，一方文化孕育一方人才。构建世界人类命运共同体，需要文化的相互借鉴、求同存异。只有尊重世界多样性，才能共同促进全世界人类文明繁荣进步。不同国家、不同民族文化内容形式不一，均有自己的价值观、生活方式、风俗习惯等，充分彰显着各自国家、民族文化的多样性、丰富性、特质性。在人才培养国际化过程中，必须相互尊重、相互学习、相互借鉴、相互交融，把各自文化特质和潜能充分释放出来，呈现在世界各民族人民面前。这是每个国家每个民族文化发展的需要，也是世界人类文明大发展的需要。站在各民族大团结、国家利益至上的角度，建设由若干高校、社团组织、学术团体组成的国际化人才培养大舞台，尊重民族文化、异域文化的育人智慧，形成兼容并蓄的人才培养国际化育人氛围，建设世界人类命运共同体，更好地促进国际化人才培养。

四、促进地球科学文化发展

地球系统科学的发展演变、学习研究和合作交流离不开地球科学文化。地质基础研究人才培养更加需要地球科学文化来滋养，这应该成为新时代国际交流合作的使命担当。地球科学文化是以地球为载体，以自然界为指向，以地球健康为目标，基于严谨的地球科学知识、规范的地质科学技术方法、理性的地球系统科学思想而形成的理论、制度、文化体系。地球科学文化是人类在生产劳动实践与地球相互作用过程中所创造形成的精神成果和物质成果的总和。通过人类不断认识地球，保护地球环境，科学管理地球系统，合理开发利用地球资源，正确处理好人口、资源与环境的相互关系，实现人与自然和谐共生、人类与地球和谐发展。它是人类与地球共生伴生、关系调整、相互作用结果的反映，是与地球相互依存而诞生的地球科学体系的文化观和文化形态，是从事地球科学基础研究的价值取向、行为规范、思维范式。地球科学文化以地球科学为主体，包含地球科学史、地球科学人物、地球科学思想、地球科学理论、地球科学事件、地球科学景观，是一种特殊的自然资源和人文资源集合体。除科学文化的共性之外，还有自身科学性、全球性、融合性、系统性、实践性、启迪性、开放性和创新性等独特的鲜明特征。促进地球科学文化发展与繁荣，不仅有推动地球科学自身发展的科学价值，也有构建世界人类命运共同体、提高全世界人民自然素养、构建人与自然和谐共生的社会意义。在地质基础人才培养国际化过程中，教育引导人们认识地球、利用地球、管理地球、协调人与自然的关系，让地球健康、人类健康是地质学的根本任务，也是地球科学文化的宗旨所在。除在精神文化、物质文化、制度文化、行为文化基础上建设发展地球科学文化，应着力在地球科学文化的精神、心态、能力、行为、形象、传播等方面深入研究挖掘。在地质人才培养国际化中，创新地球科学文化战略管理、推进地球科学文化主题教育、开展地球科学文化活动、开发利用世界自然地球科学遗迹、建设融合地学元素的人文景观、规范地球科学文化制度建设、加强地球科学文化理论研究，不断充实和完善地球科学文化育人体系，增强文化育人能力。发展地球科学、保障能源供给、优化生态环境、建设生态文明、建设美丽中国、构建人类命运共同体，是地球科学发展的新时代课题，新的发展驱动力源泉。地球科学人才培养国际化是中国的，也是世界的，彰显着中国特色，也体现着世界一流追求。

第八节　健全国际化评价激励机制

评价是地质学人才培养国际化的重要一环，既是对质量结果的总结，也是对增值过程的反馈。通过对人才培养国际化的过程和水平进行适时评价，衡量教育和大学的国际化程度与质量，评估个人在国际化培养中的受益效果。

一、完善评价机制

加强质量评估，确保高校国际化办学水平和人才培养质量。高等教育质量评估体系最典型的特点是政府通过法律手段确定质量评估的地位和重要性。以法律手段确保国际办学质量。科学有效的国际化人才培养质量评价体系，不仅可以促进高校科学精准管理，而且可以提高教育教学质量。如美国通过认证、评估制度，有效保障高等教育质量。目前，我国人才培养质量评价体系在评价主体、评价指标、评价方式等方面存在一些短板弱项，已成为制约一流人才培养质量的重要因素。2012 年，教育部印发《关于全面提高高等教育质量的若干意见》提出，“促进人的全面发展，适应社会发展需要，是衡量人才培养水平的基本标准”。2020 年，中共中央、国务院《深化新时代教育评价改革总体方案》强调，改进高校国际交流合作评价，促进提升校际交流、来华留学、合作办学、海外人才引进等工作质量。我国高水平大学应从学校、教师和学生三个层面建立学生评教、教师评学、教学与学习评价相结合、引用社会第三方评价参与的人才质量评价体系。一是要建立社会第三方质量监督考评员队伍。各专业组在行业专家、企业、教育主管部门和学生家长中聘请校外督导考评人员，全面参与教育教学、课程专业、师资建设等专项评估，通过教师自我评价、学生评价和同行专家评价，对教师的教学准备、教学计划、启发式教学、与学生的互动、课堂气氛和教学效果进行评价。二是要从知识、能力、素质三个方面考虑，提高素质和技能评价的比重，提高教育教学质量标准，结合不同人才培养模式要求，突出国际化学生的综合知识结构、合作交流能力、实践创新能力和团结协作精神。

在具有国际经验的教师、跨文化课程的教师、公开出版国际研究成果的教师、参与各类国际项目合作的教师、讲授国际性课程的教师、从事国际教育管理的教师、研制国际教育政策的教师的建设规模和质量效益上下功夫。在申请国际教育机会人数、精通一种外语以上的学生人数、学生国际活动经费总额、国际学生国际奖学金数量、学生来源地、国际学术贡献和高等教育环境上下功夫。在合作关系方面，包括具有国际关系的教师和学生规模、国际合作计划或方案数量、国际协定政策契约数量上下功夫。在组织结构方面，包括对具有国际贡献的教师任期升迁协定、国际化活动或项目预算、支持国际化组织结构状况上下功夫。从高等教育机构中本土学生的外语学习、海外留学、课程的国际化、学术的国际化、国际化意识、学生和教师的国际化、机构和政策对国际化的支持、人员项目国际化、政府及其他社会团体对国际化的支持、国际劳动力市场对国际化人才需求上下功夫。

二、把握激励评价特点

地质学及地球系统科学的规律特质决定着地质学基础研究人才培养国际化中的特点，应精准把握。

系统性。人才培养国际化激励机制和评价要素涉及诸多方面，而众多要素之间相互联系相互影响，全面系统、客观准确地反映人才培养国际化质量。

代表性。激励机制和评价要素系统简单，具有较强针对性，能准确地反映国际化人才的特质，体现最具有代表性的元素，降低评价体系要素数量和复杂性，增加激励评价的实效性。

可操作性。直接影响着人才使用价值和使用感受。激励机制和评价体系必须具有可操作性，在强调科学合理的激励评价基础上，易于操作，尽量避免复杂。基于人才特性，要定性与定量相结合、精神激励与物质激励相结合。

动态性。国际化人才激励机制评价体系是一个动态体系，不能一成不变。随着世界经济科技发展阶段特点要求，对国际化人才激励和评价应随着地质学科发展、人才队伍发展、国际化格局及经济社会等变化及时进行动态调整。

三、人才培养国际化评价

地质学基础研究国际化人才评价应从知识、能力、素质、技能四个维度多个方面加以评价。

知识水平，包括基础知识和专业知识。知识储备和知识结构是国际化人才的必要条件，地质学基础研究国际化人才应该具备一定知识储备和良好知识结构。知识水平可以用基础知识与专业知识两个指标衡量。其中基础知识包括为顺利从事相关职业实践活动所必须具备的基本知识，专业知识主要是所学领域相关专业系统的知识。

能力水平，包括知识整合、知识转化、管理协调、计划组织、国际交流等能力。地质学基础研究国际化人才需要具备知识整合、知识转化、管理协调、计划组织和国际交往等多种能力。知识整合能力是运用知识创造价值的能力；知识转化能力是运用理论知识于实践环境中，把知识转化为科学技术，再转化为实践应用的能力；管理协调能力是运用自己的权力和各种方法、技巧，使各个部分整合起来，形成系统，达到目标，取得组织绩效的一种能力；计划组织能力是预先系统地对行动方向、内容和方式进行安排并灵活地运用各种方法，把各种力量合理地组织和有效地协调起来以达到有效实现目标的能力；国际交往能力是指在国际交往中充分沟通彼此思想，妥善处理国际事务的能力。能力水平是个人才智、能力和内在涵养的综合集合体。

素质水平，包括人文素质、专业素质、创新意识、竞争力。地质学基础研究国际化人才素质水平可以通过人文素质、专业素质和创新竞争意识等三个指标衡量。人文素质是在人文方面所具有的综合品质或达到的发展程度；专业素质包括扎实的理论基础、熟练的专业技能、全面的业务能力等；创新竞争意识是在日常工作中表现出的对创新和竞争的价值性的一种认识水平以及由此形成的对待创新和竞争的态度。

技能水平，包括信息技能、专业技能、沟通技能等。地质学基础研究国际化人才技能是通过系统训练获得的，能完成一定任务的技术方法与动作规范。技能分为信息技能、专业技能和沟通技能三个方面。信息技能是国际化地质学人才利用现代信息技术收集、整理、使用信息的能力；专业技能是从事地质学基础研究所需掌握的技术、手段和方法；沟通技能是使用国际语言与国际团体或个人进行有效沟通，以达到预期目标的能力。

四、建立国际教育激励机制

激励机制是对评价作出的积极有效反应。传统观念认为，地质学专业较其他理工科专业而言，工作时间周期较长，野外工作环境艰苦，出成果业绩相对困难，自然现象变化多端所需要更多的想象思维，导致学生在学习生活中较易产生畏难情绪和疲惫感受。建立科学合理的激励机制能够调动激发地质学人才献身祖国地质事业的积极性主动性创造性。

对高校而言，要强化人才培养国际化的重要性认识，把高校国际交流合作之功能回归到服务人才培养中心工作上来。当前国内对地质类人才的需求较往年而言处于紧缩状态，但基础研究不会中断。特别是要围绕新时代国家发展战略目标任务，调整地球科学服务的战略方向和服务领域，如围绕人类命运共同体这一新时代课题，创新发展地球系统科学、保障能源供给、优化生态环境、建设生态文明、建设美丽中国，则是地球科学发展的新时代课题，也是新时代地质人才培养国际化所要实现的目标。国际上，地质能源勘探、区域地质研究、矿山综合治理、地质灾害防治、海洋地质研究、生态环境等国际项目日益兴盛，仍然需要众多地质学基础研究人才。如美国的生态测绘技术、深海勘测技术、测控技术、声呐技术等都领先于中国，法国的深潜技术，俄罗斯的测绘技术、深海载人技术等，都是我国需要学习的。这些需要在人才培养国际化中加以完善，激励学生看到地球科学的发展前景，对自身所学地质类专业抱有学习兴趣、学习热情，努力学习消化转化国际先进的地质理论技术方法，提高自身国际化能力，提高我国地质学基础研究创新能力和国际化水平，建设地学强国。随着经济全球化进程的不断加快，人才培养国际化成为发展趋势。建设中国特色、世界一流的大学，需要跳出狭隘的思维，融入国际化大潮，从国际角度审视自身。吸取国外先进经验，加强与国外一流院校一流学科合作，开展多方位、深层次交流合作。鼓励支持国际科研合作，开发一批有深度有力度的国际合作项目。共建国际合作平台实体，实际掌控世界学术前沿话语权，促进人才培养和科研学术国际化，提升国际学术竞争力和学术话语权。

针对人才培养国际化，建立世界通用、切实可行的管理制度。记录优秀学生参与国际交流、国际会议、国际交换生的生活状态。增加学生兴趣，让学生意识到参与国际交流合作带来的优势和自身不足，有目的地补上自身国际化短板弱项。按照中外合作办学目标，明确中外合作办学是国家当前和未来发展的需要。要发展新兴地质交叉学科，优化传统地质学专业，重点关注发展国内生态文明建设急需或人才短缺的专业方向，提高办学层次，拓展合作范围；充分利用国际市场和优质资源，推动我国地球科学学科专业建设。针对不同国别和选派人员遇到的实际问题，国家要同项目院校、驻外使领馆等有关部门和单位，共同做好选、派、管、回、用各环节的精准管理和跟踪服务。

第九节　完善国际化制度保障体系

一、构建科学完善的国际交流合作治理制度体系

制度是建设与完善新时代人才培养国际化治理体系的重要基础和根本保障。探讨人才

培养国际化多元治理网格。从合作方式上，开展与国外高校在某些学科专业或课程建设上的合作，探索与国外多方合作的办学模式；从运行方式上，开展对具有独立法人资格的国际合作办学机构和没有独立法人资格的合作办学机构的科学治理；从培养方式上，探索在本国内完成学业并获得相应学历学位的单校园学习模式和先在本国内完成部分学业，然后再到国外合作院校完成剩余部分学业的多校园学习模式；从师资配置上，科学比较和研究以外籍教师为主，特别是以那些在所教授课程中承担教育教学任务比重较大的外方教师为主的模式，以我国教师，特别是在教授课程中承担教育教学任务比重较大的本国教师主导模式，以及我国教师和外籍教师在教授课程中承担教育教学任务均等模式各自的不足和优势；从学历学位证书发放方式上，探索学生在完成学业后获得国际合作办学中一方院校学历学位的单一模式、学生在完成学业后获得国际合作办学双方院校学历学位的双校证书模式并举。特别是从教育教学模式上，科学研究、论证、比较以下模式，即把国际合作办学双方的教育教学模式完全融合在一起，一方引进另一方的教育教学计划、大纲、教材和教学教育技术，并派教师进修其教育教学技术、教学方法再回国组织教育教学；或者充分保留各自传统教育教学体系，采用分段教学，通过双方学分互认，学生完成双方课程后可取得学历学位证书；或者通过完成双方教学交流、师生互访、实习项目，实现国际化人才培养目标。在国际合作交流活动方式上，探索优化交换生项目、寒暑期夏令营、国际学术会议、国际交流实习、海外研修学习等模式，拓展新的内容方式，如科研项目合作、国际联合研究中心建设等。这样可以让国际合作交流更广泛更深入更长久更稳固。

建立纵向到底、横向到边的多维度立体化治理体系。世界层面，加强联合国教科文卫组织对国际合作交流计划统筹、事务协调、政策指导，对国际科学组织、国际科学计划、国际科学工程等进行总体布局优化，防止学术垄断。依赖跨学科、跨文化、跨国界的知识生产，大力推进新兴、前沿和交叉学科的生长和发展。地球科学作为综合性较强的学科，尤其如此。加快培养地学领域“创新拔尖人才”“国际组织人才”“非通用语种人才”“国别和区域研究人才”等国际战略急需人才，加大输送学生到国际组织实习的力度，建立与国际组织无缝衔接的选拔、输送、培养机制，提升我国在主要国际组织中职员代表的比例，建设新型国际组织。

国家层面，推进教育国际化，确立国际化人才培养目标，从自发的行为进入到依托各种项目固定组织形式。教育部要密切联合各部委行业，结合国家战略需求和区域、行业人才规划，出台未来一个时期国际化人才需求规划，减少、杜绝各高校“散兵游勇作战”各自为战乱象，整合国内国际两个育人市场和两种育人资源优势。有针对性地制定严格的外方院校遴选和准入制度、财务和外汇管理制度、入项遴选和培养制度、教育教学质量管理监控制度、项目追踪评估制度等。用好中俄、中美、中欧、中英、中法、中印尼、中南非、中德、中印度等现有高级别机制，促进国家、地区、地方间政府交流合作，促进教育交流合作工作重心下移，完善教育国际化组织机构全球布局，建立国际合作交流项目计划，建立国际交流合作研究平台。设置覆盖面广、层次完善、形式多样的国际奖学金体系，鼓励有学术研究潜力的优秀师生参与更多更大更高的国际交流合作计划。优化教育部、留学基金委、驻外使领馆、高校之间在人才培养国际化中的角色和功能，形成协同联动的工作机制。

高校层面，搭建有效可行的国际合作交流平台。与世界一流大学或研究机构签署合作交流协议，争取更多交流项目、合作渠道。完善学生参加国际交流的配套政策制度，用优惠政策引导更多优秀学生积极投身于国际化学习，为学生在国际知名高校学习提供宝贵机会、创造良好条件，促进国际间参观访问、学习研讨、学术交流等活动。高校在提高本科生国际交流数量时，特别要加强硕士研究生特别是博士研究生的国际化培养。全方位构建完善的国际合作交流政策制度体系，严格落实国际交流合作中各部门的权、责、利，加强对国际合作交流全程指导、监督和评估。完善国家留学信息平台，提高管理效率和服务水平，严格国外学生教育管理。

学科层面，不同学科有其自身发展规律和特点，推进学科建设和人才培养国际化需要符合学科发展规律，科学管理与制度规范。地质学是一门特殊的基础学科，对其人才培养除了常规性基本要求外，更加需要扎实的数理化基础、良好的科研训练、较强的领悟能力、开阔的国际视野、创新的系统思维、敏锐的野外能力、丰富的想象力、健康的身心素质和吃苦耐劳的精神品格。这些知识、能力、人文素质，均要在国际化培养方案中细化、优化、落实。围绕地质学这一相对复杂、相对艰苦的学科专业，设立国家国际交流合作专项计划、加大国家财政专项投入，设立资助专项基金，支持地质类学生教师参与国际合作交流，聘请外籍专家和教师、开办合作办学、资助国际科研项目合作、贫困优秀学生专项奖学金等。

二、建立完善国际交流合作大数据信息

建立国家、高校、学科国际交流合作信息管理系统，充分发挥计算机互联网信息技术和成熟的管理信息系统的作用。运用大数据分析掌握国际交流合作的国别分布、专业布局、学科结构、科研进展等，增强国际交流合作的针对性、实效性和战略性，进一步体现国家发展战略，在保持与发达国家一流大学、一流研究机构和一流学科开展国际交流合作同时，要围绕国家战略定位和实际需要，有针对性地对接那些具有特殊优势的学科及具有战略地位的“一带一路”沿线国家的需求，并且要加强政策引导和支持力度。运用大数据信息管理服务出国留学人员，更好体现家国人文关怀，让学生深深感受到有祖国、有组织，出国并不仅仅是个人与家庭的事情，而是国家需要，承担着学习为了国家，为了中华民族的责任和使命。

建立国际交流合作互动平台。英文网站能反映一所高校的国际化办学能力，是高校人才培养国际化的重要载体。高校应建立网络信息更新及时、内容丰富完善的国际合作交流专题网站，增加国际化教育教学内容，开设高质量网络国际课程。吸引有兴趣开展学术交

流的世界学者和求学人员，深入开展国际学术合作和人员交流网络互动，及时获得国外最新信息，加强与国外专家学者交流，进而吸收国外先进教育教学理念，提高人才培养国际化水平能力。运用网络传播国际化成就成果，组织开展国际化成果交流。通过交换生座谈会、论文报告、编辑交换论文集等形式，让学生的所见所闻、思想和经验、学习收获，都成为学生参与国际化的成果，吸引更多学生参与国际交流活动。

三、创建国际人才培养联盟，推进两个市场两种资源协同育人

发达国家一流大学注重大学联盟的组建，以此聚集人才培养优势，吸引世界优秀学生。2012 年，中国发布《科教结合协同育人行动计划》，为高水平大学推进科研与人才培养互动提供政策支持。鼓励根据学科和行业特点，建立不同类型科教联盟，在人才培养国际化中发挥桥梁纽带作用。比如，清华大学、北京大学等建立的“九大联盟”，实行学分互认，搭建校际研究平台，实行学生联合培养，使我国人才培养机制与世界一流大学接轨。中国地质大学（武汉）牵头世界地质教育机构建立“国际地球科学大学联盟”，推动全球人才培养。加快人才培养模式改革，选择优势专业实施学生联合培养计划，合作教授、专家共同制订培养计划，讲授专业国际课程，共同指导学生开展科研实践和毕业设计。选派学术骨干组成导师团，制定针对性培养方案，让学生参与世界学术前沿重大课题，培养学生国际问题研究创新能力。

加大与国外政府和高校合作。通过实施国际课程改革，创新制度和管理体制，支持高等教育国际化发展。加大对高校国际化办学投入，为办学提供坚实保障。鼓励各国一流高校在中国设立分校，根据学生需求开发新国际课程，减少学生流失。运用法律保护中国大学国际化进程。加强国与国之间的人员和文化交流，增进相互了解，改善国家关系，为国际发展创造良好空间环境。宣传我国政治立场和政治主张、外交立场和外交原则，培养政治立场坚定的国际化人才。重视发展与国际组织的合作，争取国际支持。例如，与世界银行、欧洲复兴开发银行、亚洲开发银行合作，寻求国际教育援助。根据国内经济发展规划，调整学科专业布局，完善和优化高校学科专业结构，积极吸收国际高等教育发展经验，与世界接轨，增强国际竞争力，加强与国际人才市场联系，提高教育教学和人才培养质量，创新和优化人才培养国际化体制机制。

实施国际化战略，培养学生的全球化能力。发达国家一流大学通过扩大留学生比例，开设国际课程，引领教育国际化发展。2011—2012 学年，耶鲁大学共有 2 135 名国际学生，占全日制学生的 18%，开设 1 600 多门国际性课程。据麻省理工学院国际行动报告，国际人才在研究生和博士后中的比例分别达到 40% 和 70%。据 2015 年《中国高等教育国际化发展调查报告》，每所高校平均留学生 390 人，其中 66 所高校在校留学生超过 1 000 人，22 所高校在校留学生超过 2 000 人。然而，大多数大学未能通过中外学生日常交流来强

化所有学生的国际视野。急需广泛开设国际课程，用好国际化师资、留学生等资源实现“不出国门就出国留学”的格局，让众多学生获得国际经验。探索教学教育趋同管理模式，让更多中国学生接触到多元化国际群体，培养中国学生全球化意识。与世界一流大学和科研机构建立合作关系，增加研究生和博士后国际化比例，切实把国外优质教学教育资源融入我国人才培养和教学科研全过程。

打造“一带一路”沿线国家教育共同体，形成“一带一路”沿线国家特色地质学专业。重视“一带一路”沿线国家高端智库建设，组建“丝绸之路高等地质教育联盟”。培养亚洲小语种、地质学国际化复合型人才。

四、加强国际法制宣传教育

国际法制教育包含国际贸易法规、经济法规、文化法规、知识产权法规等。提高学生法律意识，增强对国际法律学习兴趣，在面对国际碰撞时能运用法律维护本国和个人合法权益。增加国际法律选修课程，包含通俗易懂的法律知识和法律案例，开阔学生国际化视野。通过富有特色的国际化领土法律课程，帮助地质学学生通晓国际规则，了解他国的地质勘察、探测法规、知识产权。组织带领地质学类专业的学生参加国际会议、聆听外国专家讲座等，从中了解国际法律、法规。更直观更全面地了解世界、认识他国，更好地明确自己在全球化时代的使命与定位。使学生在参与国际交流事务方面具有更强的法律意识，受到法律支持、保护。

拓展宣传渠道，加大国际法制宣讲力度。建立多渠道、形式多样的宣传途径，通过网站、专题讲座、优秀回国学生宣讲等形式鼓励师生积极开拓国际视野，从事国际交流与学习，积极营造教育国际化氛围。以此来引导学生对国际合作交流规则进行深入认识，培养具有国际视野的国际化领导者，积极宣传国际交流活动和项目，促使学生合理规划自己的交流计划。让学生认识到参与国际校际交流不仅能提高语言能力、开阔国际视野，更重要的是培养学生在不同的独立生活经历和学习研究氛围、教育教学方法、管理规则制度和文化生活中共同学习工作。为将来愿意出国留学的学生提供难得的机会与名师直接接触，参与世界对话交流。

第十节　推进国际平台－项目－成果一体化治理

国内外成功经验证明，人才、平台、项目、成果是当今科技创新的核心要素。当今世界各发达国家为继续把控世界发展主导权，引领未来科学技术发展方向，纷纷制定新的科学技术发展战略，抢占科技创新制高点，把世界水平的科技创新基地、重大科技基础设施和科技基础条件保障能力建设作为提升科技创新能力的重要载体，作为吸引和集聚世界一流人才的高地，作为知识创新和科技成果转移扩散的发源地。2018 年 5 月 28 日，习近平总书记在中国科学院第十九次院士大会、中国工程院第十四次院士大会上发表重要讲话中强调，要高标准建设国家实验室，推动大科学计划、大科学工程、大科学中心、国际科技创新基地的统筹布局和优化。在我国科技创新步入以跟跑为主转向并跑、领跑和跟跑并存的新阶段，这为我国建设新时代世界科技强国、实现地学大国迈进地学强国提供了根本遵循和行动指南。针对我国新时代地质学基础研究人才培养国际化发展，无论是在高校知识技能的学习阶段，还是在单位业务主战场作用发挥的使用阶段，构建国际化人才、平台、项目、成果新机制，则是促进地质学人才培养国际化的重大举措。

一、谋划科技创新基地国际化

科技创新基地包括以开展基础研究为主导的国际联合中心或实验室、国内各级各类实验室（如国家实验室、国家重点实验室、省部级实验室等）、工程技术中心、野外科学观测基地等。当今科学前沿革命性突破、重大颠覆性技术攻克，急需改变科研组织模式，促进科研主体由单兵作战向协同合作创新转变，促进多学科交叉协同、多种先进技术手段综合应用，更加依赖高水平科技创新基地建设，更加依赖科技基础条件保障能力和科技资源共享服务能力提升。面对世界科技革命和产业变革历史性交汇、抢占未来科学技术制高点的国际竞争日趋激烈的局势，各国均在围绕国家战略目标任务，统筹规划、系统布局、明确定位，谋划世界级、国家级的高层次和高水平科技创新基地建设，通过稳定一支跨学科、跨领域的高水平研究队伍，开展重大科学技术前沿探索和协同创新，不断突破重大科学前沿、攻克前沿技术难关、开辟新技术研究领域和学科专业方向，发挥在国家创新体系中的引领带动效应。对此，我国面对世界科技前沿、面对经济建设主战场、面对国家重大需求、面对人民生命健康，积极推动跨领域、跨部门、跨区域协同作战格局，优化国家科技创新基地建设布局，加强科技基础条件保障能力建设，推进科技资源的开放共享，夯实自主创新和原始创新的基础。

依托高校建设国际科技创新基地。地质基础创新平台具有开放性、整合性、扩散性等特征。借助世界一流大学和一流学科作为基地主体是世界成功经验。要充分发挥我国高校拥有地球科学学科优势、源源不断强大生力军这一潜在力量，建立侧重于基础研究的地质科技创新基地。以多种灵活方式在科研资金、科研成果、创新机制等方面与大学、行业企业达到互相借力、协同发展，起到高效配置、综合集成全国乃至全世界地质科技创新资源。创新实施大科学、大工程、大计划、大项目、大成果组织管理模式。整合各创新平台中人才、平台、项目、成果要素功能，促进全球层面、国家层面以及区域层面的要素整合。

大力推进科技创新基地建设。2017年11月17日科技部《国家技术创新中心建设工作指引》提出，“十三五”期间，布局建设20家左右国家技术创新中心。2017年8月18日科技部、财政部、国家发展和改革委员会《国家科技创新基地优化整合方案》提出，国家科技创新基地按照科学与工程研究、技术创新与成果转化、基础支撑与条件保障三类布局建设。2018年6月22日《关于加强国家重点实验室建设发展的若干意见》，对国家重点实验室未来数量及布局作出具体规划，保持国家重点实验室的创新性、先进性和引领性，构筑国际竞争新优势，促进基础研究与应用研究融通发展，为建设世界科技强国提供有力支撑。2018年7月科技部《国家野外科学观测研究站管理办法》提出，国家野外站是国家科技创新基地的重要组成部分，是依据我国自然条件地理分布规律，面向国家社会经济和科技战略布局，为科技创新与经济社会可持续发展提供基础支撑和条件保障的国家科技创新基地。其主要职责是服务于生态学、地学、农学、环境科学、材料科学等领域发展，获取长期野外定位观测数据并开展高水平科学研究工作。2018年11月12日《中共自然资源部党组关于深化科技体制改革提升科技创新效能的实施意见》提出，要积极谋划助推地球深部探测领域国家实验室，积极打造深地资源、深地动力学、岩溶动力学等国家科技创新基地，在深海深空深地探测、森林生态系统等前沿方向创建国家重点实验室。这为我国新时代科技创新基地建设作出了具体规划。地球科学基础研究已经从单纯资源开发走向自然资源综合利用与生态环境保护并重，从地球表层走向深部，从陆地走向海洋，从开发成熟区域走向攻坚克难区域。地球科学科技创新基地建设已经成为当前和今后一个时期的重点任务、重要内容、建设范畴和研究领域，成为我国从地学大国迈进地学强国的重大战略路径举措。

构建定位清晰、运行高效、开放共享、动态调整、协同发展的地球科学科技创新基地治理体系。在世界、国家、行业、学科领域加强新时代地球科学类科技创新基地国际化发展规划与建设，综合分析国内外地球科学发展态势及其管理政策、战略规划，按照世界一流、中国特色总体目标要求，针对我国目前地学类科技创新基地现状开展调研评估，同时对其未来的规模体量、发展体系建设、创新能力提升等重新整合规划，制定新目标、新任务、新要求。新时代地球科学基础研究创新基地应该突显国家创新驱动发展战略，突出国家生态文明建设、生态环境治理保护、三大攻坚战等国家战略，突显地球系统科学与“一核两深三系”总体布局①，突显“一带一路”倡议，以及世界大科学、大工程、大计划，打造人才、项目、成果、平台各创新要素聚集的高地。

构建世界跨学科交叉协同创新基地。实践证明，一些重大原始创新成果的产生，大多

① 2018年10月自然资源部颁布《自然资源科技创新发展规划纲要》，在总体目标中提出：实施以“一核两深”为主体的自然资源科技创新战略，构建地球系统科学核心理论支撑（“一核”），引领深地探测、深海探测国际科学前沿（“两深”），建立自然资源调查监测、国土空间优化管控、生态保护修复技术（“三系”），全面增强对高质量经济发展和生态文明建设的科技支撑。

源于跨学科的交叉和多学科的综合。地球系统科学的提出，尤其需要集团作战。依托单一学科建设的科技创新基地，再也不可能适应和满足新时代科技创新的需要。因此，科技创新基地建设，必须打破学科单一、专攻一个特定研究领域、且研究方向相对单一建基地的局面，向学科覆盖面宽、体量大的国家级甚至世界级研究大平台转化，有效解决研发与应用欠融合、专业欠协同、行业欠贯通、成果转化欠实效的现象。依托世界一流大学和科研机构，联合行业产业和大型企业，拥有大型实验设施，体现学科交叉融合、大兵团作战规模、综合功能更强等特点，形成资源丰富、门类多样、联系广泛、科研教学生产相结合的高层次科技创新基地。不断强化国家战略需求，体现人类命运共同体，围绕国民经济和社会发展目标，解决复杂的、偏中长期的重大科学和技术问题，完成国家战略需求中的科学问题，完成综合复杂的重大研究任务，共同承担和协同攻关。

发掘我国地球科学自然资源优势，建设世界野外科学观测研究基地。中国很多地质现象在世界独一无二的，具有很好的代表性、独特性，这是设立一批国际野外地质观测研究基地的重要基础，也是地球科学国际化所依托的重要基地。野外科学观测研究基地是依据我国自然条件的地理分异规律，面向国家社会经济和科技战略布局，服务于生态学、地学、农学、环境科学、材料科学等领域发展，获取长期野外定位观测数据并开展科学研究工作的基础支撑与条件保障类国家科技创新基地，是推进科技创新和保护生态环境，促进生态文明建设的重要科技支撑平台，也是国家科技创新体系的重要组成部分。我国野外科学观测研究经过几十年的发展，已经基本形成了国家野外科学研究体系，积累了一大批第一手科学观测研究数据，一批原创性科研成果不断产出，对推动相关学科发展，保障国家生态安全、资源安全，以及对防灾减灾、建设“美丽中国”重大工程建设具有不可替代的重大作用。《国家野外科学观测研究站建设发展方案（2019—2025）》明确提出要求，进一步加强国家野外站建设，提升观测与试验能力，改善观测环境和科研条件，丰富科学数据战略资源，促进知识创新，在完善科研基地建设、全面提升自主创新能力、尽早建成创新型国家过程中发挥重要作用。

打造开放式国家实验室管理体制、机制和治理体系。2018 年 6 月 25 日，我国《关于加强国家重点实验室建设发展的若干意见》公布，到 2020 年，基本形成定位准确、目标清晰、布局合理、引领发展的国家重点实验室体系，管理体制、运行机制和评价激励制度基本完善，实验室经优化调整和新建，数量稳中有增，总量保持在 700 个左右。其中，学科国家重点实验室保持在 300 个左右，企业国家重点实验室保持在 270 个左右，省部共建国家重点实验室保持在 70 个左右。到 2025 年，国家重点实验室体系全面建成，科研水平和国际影响力大幅跃升。在优化国家重点实验室总体布局方面，重点围绕世界科技前沿和国家长远发展，围绕区域创新和行业发展，选择优势单位和团队布局建设，适当向布局较少或尚未布局的地方、行业部门倾斜，加强与国家相关科教计划重点任务布局的衔接，推动实验室聚焦重大科学前沿问题，超前布局可能引发重大变革的基础研究和应用基础研究。围绕数学、物理、化学、地学、生物、医学等相关领域，在干细胞、合成生物学、园艺生物学、脑科学与类脑等前沿方向布局建设。对在国际上领跑并跑的实验室加大稳定支持力度，对长期跟跑、多年无重大创新成果的实验室予以优化调整。近年来，我国地质科技创新步入以跟跑为主转向跟跑和并跑并存、再到领跑的新阶段，处于从量的积累向质的飞跃、点的突破向系统能力提升转变的重要时期。实验室内部应注重学术交流，以先进的装备和良好的学术气氛、学术地位吸引国内外优秀科学家来实验室开展独立或合作研究，形成“以我为主，广泛合作”的国际合作新模式，成为在国际地学领域有重要影响的科技创新研究基地。

打造“一带一路”沿线国家国际地球科学联合研究中心。国际联合地质研究平台是世界地学强国的重要标志。借助发达国家成功经验，牵头组建若干地球科学领域科技创新基地，满足国家战略发展需要，同时解决世界人类面对的共同问题。结合“一带一路”沿线国家对地质调查的需求，在“一带一路”沿线国家设立地质科技成果交流应用平台。大力推进国际大科学计划的实施与合作，积极发起和组织实施国际大科学、大计划、大工程。为有效利用能源资源和保护环境提供理论基础，服务矿业开发、地质环境治理、地质灾害防治、基础设施选址、城市规划、海洋保护等，形成跨学科、跨国界、跨领域的国际合作模式，促进各个国家合理利用地球、科学治理地球、促进地球健康。建立国际能源资源合作综合利用平台，加大煤炭、油气、金属矿产等传统能源资源勘探开发合作，推进能源资源就地就近加工转化合作，形成资源合作上中下游一体化产业链。如围绕石油集中的沙特阿拉伯、伊朗、伊拉克、科威特、阿拉伯联合酋长国、俄罗斯、哈萨克斯坦、中国等，围绕天然气集中的伊朗、俄罗斯、卡塔尔、土库曼斯坦等，围绕铁矿矿石集中的俄罗斯、印度、乌克兰等，围绕铜矿集中的俄罗斯、印度尼西亚、蒙古等，围绕铅矿集中的俄罗斯、印度尼西亚、乌兹别克斯坦等，围绕钾盐集中的白俄罗斯、俄罗斯、以色列等，分门别类地设立国际能源、矿产、资源联合研究开发中心。

二、谋划国际合作组织和大项目计划

参与国际地球科学组织和地球科学计划。创新参与他国发起或多国发起的国际大科学计划、工程、项目，如国际科学研究计划（IGBP、IGCP、WCRP、IHDP）等。积极承担任务，深度参与运行管理，积累管理经验。立足我国现有基础条件，综合评估潜在风险，编制我国牵头组织的国际大科学计划和大科学工程规划，重点在我国相关优势特色领域选择具有合作潜力的项目进行培育，力争发起组织新的国际大科学计划和大科学工程。主动参与国际大科学计划和大科学工程相关规则的起草制定。在国际组织和研究计划中发挥重要作用，如中国地质学家已任职的联合国教育科学文化组织、国际地质对比计划委员会、国际冻土协会、美国土壤学会、国际古鸟类与进化学会、国际生态模拟学会、国际地层委员会、国际化石刺丝胞和海绵协会、国际水岩相互作用工作组、亚洲和太平洋地区流体包裹体协会、国际土壤科学联合会土壤发生委员会、亚洲有机物循环协作网络、加拿大地质矿业协会、亚洲气溶胶研究会、国际地貌学家协会（IAG）、国际环境地球化学研究会（ISEG）、国际矿床成因协会（IAGOD）、国际岩石圈计划、气候变率及可预测性计划（CLIVAR）、国际地圈生物圈计划 LOLCZSSC 组、联合国教科文组织国际水文计划干旱区水与发展全球信息网络（UNESCO IHP G-WADI），以及中国科学家组织设立并在国际上作出重要贡献的国际全球环境变化人文因素计划中国国家委员会（CNC-IHDP）、国际地圈生物圈计划中国全国委员会（CNC-IGBP）、国际水文地质学家协会中国国家委员会、国际大陆科学钻探中国员会（ICDP-China）、国际空气与废弃物管理学会中国分会、国际景观生态学会（IALE）中国分会等。

推进我国地球科学研究项目国际化。地质基础研究创新基地成效主要体现在承担基础研究任务、领军人才集聚、创新成果培育、地质科学普及等方面。科学研究项目主要来自国家自然科学基金委员会、科技部、科学院，以及党和国家的其他部委、地方各级党政等项目管理部门。其中，来自国家自然科学基金的项目类型主要包含重大研究计划项目、重点项目、创新研究群体项目、面上项目、青年科学基金项目、国家杰出青年科学基金、优秀青年科学基金等。来自科技部的项目类型主要包括国家重点基础研究发展计划（含 973 计划和重大科学研究计划）、863 计划、科技支撑计划、国家科技重大专项、基础性工作专项等。中共中央组织部主要包括人才计划项目。基地的研究贡献主要包括论文发表、专著出版、获得奖励、专利发明、软件著作权、行业标准、政府咨询报告，以及能吸引和培养青年人才、强化国际合作和加强学术交流。

牵头组织开展国际五大任务，即大科学、大计划、大工程、大项目、大成果。包括加大国家大科学、大计划、大工程的开放力度，支持海外专家牵头或参与国家大科学、大计划、大工程、大项目、大成果，吸引国际高端人才来华开展联合研究，加快提升我国基础科学研究水平和原始创新能力。实施“一带一路”沿线国家联合科技创新行动计划，深化国家区域科技合作，分类制定国别合作战略，建立国际创新合作平台，联合开展科学前沿问题研究，全面提升科技创新合作层次和水平，打造“一带一路”沿线国家协同创新共同体。

三、原始创新成果国际表达

提高地球科学领域国际论文质量。坚持把论文写在祖国大地上，为国际地学领域相关学科的研究和发展贡献中国智慧和中国方案。地球科学学术论文作为地球科学基础研究的成果结晶，是对研究内容做出的一个学术总结，承载着地质学专家学者的汗水和心血。它还是一种国际学术话语权的交流方式和国际化合作的表达，地质学专家学者更多地通过它与国内外专家同行探讨交流学术问题，表达出个人、组织、区域、国家的学术观点，从而成为国家基础研究水平能力的象征。加强对地球科学基础学科、前沿领域、中国典型地域地球科学问题研究的稳定支持力度，遵循科研创新规律，不断完善考核评价的体制机制，培养国际化高端研究人才和优秀团队，促进学术思想和研究技术的创新和发展，促进高被引、高水平、高质量、高影响力的重大科研论文成果产出。

创新科技成果表达载体。改革期刊出版体制和机制，建设一批高质量中国地学类期刊，坚持国际化标准办刊，提升国际化办刊质量，打造世界一流、中国特色的地学类期刊精品。打破用国外数据分析工具、发表国际期刊论文、使用国外测量仪器、支付高昂费用的怪圈。切实提高我国科研创新能力和竞争力，进而提高我国地质学基础研究国际化能力水平，更好地服务于我国国家战略和经济社会可持续发展。

加强科技论文成果的应用转化。科学引文索引（Science Citation Index：SCI）是国内外广泛使用的科技文献索引系统。SCI 论文是发表在 SCI 收录期刊上的论文，相关指标包括论文数量、被引次数、高被引论文、影响因子、ESI（基本科学指标数据库）排名等。要扭转以发表 SCI 论文数量、高影响因子、高被引论文为目标导向的突出问题，坚决摒弃"以刊评文""以 SCI 论英雄" 的价值取向异化、学风浮夸浮躁和急功近利等现象。将学术论文的创新水平与理论水平有效转化为实践成果、制度成果、特色成果上来，更加体现学术水平与创新贡献、科学价值与社会价值的双丰收。破除"五唯"顽症痼疾，真正引导到学术论文社会影响力、国际同行水平、推动本学科发展原始创新、解决人类经济社会发展中的实际问题上来，引导到突出科学家科学精神、创新质量、服务贡献，引导专家学者回归学术初心上来。把直接依据 SCI 论文相关指标的奖励，前移到学问研究全过程、人才培养全方位中来。净化学术风气、优化学术生态，追求先进纯洁的学术标准，激励把学问做在中国大地上、把论文写在中国大地上。

四、设立地球科学国际发展战略研究中心

地球科学国际发展战略研究中心是服务地球科学国际化的重要智库。地学智库集专业性、科学性、政策性、战略性、先导性为一体，既是学术研究机构，又是提供政策咨询、社会服务的基础。有利于将智库成果及时转化为公共政策、转化为社会生产力，推进科学决策、民主决策，推进地质事业高质量发展和地学强国建设。立足服务中央决策、服务经济发展、服务地质科学，依托国内外地质科学家、管理学者等，建立我国地球科学国际化发展研究智库，让地球科学更好地融入国家治理体系和治理能力现代化进程。关注地球科学学科发展前沿、发展趋势、先进技术，为地质基础研究领域、生产领域，资源综合利用开发领域等，提供决策依据建议。推进地质科普工作，强化自然资源科学技术知识普及传播，引导公众理解、支持、参与保护和节约自然资源的行动。

一是加强地球科学国际化政策研究。地质科技创新工作是我国从地学大国迈向地学强

国的关键环节。针对一些发达国家和“一带一路”沿线国家地质科技政策综合研究，开展我国地质政策进展综述研究，科学把握地质科技发展特点和规律，统筹利用国内外科技资源，推进实质性国别区域研究，营造有利于科学家更好参与国际（地区）科学合作的文化环境，掌握地学领域的国际话语权，运用地学彰显我国科技实力的综合体现，更加有效地推进地球系统科学进步。加强国际交流合作平台建设，注重与发达国家世界一流大学和高等地质学府、研究机构的产学研合作，建立国际科技合作基地、国际化实验教学平台和人才培养中心，联合开展国际性科学研究项目课题等。国家级国际科技合作基地包括国际创新园、国际联合研究中心、国际技术转移中心和示范型国际科技合作基地等类型，目的是更有效地促进和推动科技开放与合作，提升科技开放与合作的质量水平。作为一个重要桥梁使国家可以更好地利用国际科技资源，扩大对外影响力，成为一个引领学科领域或地区国际科技合作发展的示范。

二是加强地球科学领域实证研究。运用定量分析与定性分析、实证分析相结合的方式，对国内外平台（重点实验室、技术创新工程中心、野外观测研究基地、高等学校学科创新引智计划基地、国别和区域研究中心、中外联合实验室、中外协同创新中心等）、地质学学术成果的国际发表和出版、高校地质学教育等进行调查研究。落实国家创新驱动发展战略要求，立足“一核两深三系”体系建设，着力解决地质基础研究、地质技术研发、地质成果转化的协同创新问题，着力提升地质科技基础条件保障能力和地质科技资源开放共享服务能力，夯实地质自主创新的物质技术基础。对科技型地质事业定位的认识和落实到位，形成职责明确、布局合理、定位清晰、管理科学、运行高效、投入多元、调整动态、开放有序、协同发展的国家地质科技创新基地与地质科技基础条件保障能力体系。布局建设若干体现国家意志、实现国家使命、代表国家水平的国家实验室。面向前沿科学、基础科学、工程科学，推动学科发展，在优化调整的基础上，部署建设一批国家重点实验室。到2025年，建成符合创新型国家要求，布局合理、开放高效、支撑有力、充满活力的国家地质调查科技创新体系，建成国家级和省级研究型地质调查科技创新平台发展模式，使地质科技自主创新能力大幅提升，使地质科技整体实力达到同期世界先进水平，具备多种载体协同、高度智能化的全球地质调查创新监测能力，实现个性化、专业化和智能化的全球地质服务能力，地质整体队伍科技创新能力达到世界前列，研究型地质业务发展处于世界领先水平，发展成为有突出影响力的世界地质科技创新中心，为我国建成世界一流地学强国提供强有力的科技引领和支撑。

三是开展地球科学成果国际化对策研究。加强地球科学领域国际问题研究，服务国家战略；加强国际地学合作研究，建立合作研究平台；加强地学学术成果的国外发表和出版；培养地学领军人才等；提出我国地质学平台基地建设规划建议，为国家政府部门提供决策咨询和依据。学习借鉴发达国家地球科学研究的新战略，应着重力于以下研究方向：生态系统变化预测，保障国家经济和环境的未来；气候易变性与气候变化，摸清过去，评估后果；未来能源和矿产资源研究，为资源安全、环境健康、经济发展和土地管理提供科学基础；全国灾害、风险和复原评估，保障国家长期生命和财产安全；环境和野生生物对人类健康的作用，建立影响公众健康的风险识别体系；水资源调查，定量研究、预测并保障未来的淡水资源安全；国际地质研究、月球地质研究、地质填图和矿产资源调查、地图测绘与地理调查、地形测量及水资源调查、环境地质研究、地质灾害研究、基础地质研究、地球信息系统、矿产资源调查研究、资源环境地质和水文灾害研究，以及数据集成和信息管理研究。

四是加强地球科学学科价值与社会功能探讨。科学发展史证明，地球科学是一门十分重要的自然科学，与数、理、化、天、生并驾齐驱。地质学基础研究具有全球性和地域性。许多地质问题的宏大空间尺度和漫长时间尺度都要求国际地学界的广泛合作共同研究。深入探讨我国地质学理论，动态、全面、系统地开展地质学发展战略研究和理论研究，从而对我国从地学大国走向地学强国，寻求理论支撑、体现理论价值，促进地质学研究更加完整、系统、全面服务国家战略和人民需要，促进自然资源不断增强服务社会经济可持续发展的能力。随着我国国力的增强和学术地位的提高，中国地质科学研究成为世界地质研究不可或缺的重要组成部分。坚持原创性为根基，国际化为动力，传承创新并重，调查科研结合，合作互利共赢的原则，开展地质科学引智工程，促进国际、国内人才双向交流，鼓励利用多种方式和灵活机制，从海外引进领军人才及高水平团队，注重吸引和培养熟悉国外世界地质调查与地质科技的高级专门人才，使基础地质研究队伍呈现国际化人才和人才国际化的新局面。同时充分利用现有国际地学组织，发挥我国地质区位优势，实现我国地质学国际合作研究水平更深、领域更宽、层次更高。随着经济全球化的发展，在教育国际化的大背景之下，培养具有国际视野的创新型人才是当前各国教育改革与发展的重要趋势。增强学生的国际交流合作能力，是高等教育面向现代化、面向世界、面向未来的重要途径，也是培养高素质创新人才的重要标志。

习近平总书记在科学家座谈会上强调指出，坚持面向世界科技前沿，面向经济主战场，面向国家重大需求，面向人民生命健康。这是地质科技工作和高等地质教育，以及地质学基础研究人才培养国际化的根本遵循和行动指南。新时期地质科技创新工作必须面向世界地学发展前沿，面向国家重大战略需求，面向地质现代化主战场，面向国家生态文明建设、区域协调发展、“一带一路”倡议，围绕长江经济带、粤港澳大湾区、雄安新区发展等国家重大战略发展需求，以创新为第一动力、人才为第一资源，以服务经济高质量发展、推进生态文明建设和满足人民美好生活向往为目标，以提升地质综合科技实力为主线，大力推进地质科技创新体系建设和研究型业务发展，着力加强地质基础研究，重点突破关键地质科技核心技术，全面提升地质科技创新能力和水平，为建设现代化地学强国提供强大的智力支持和科技支撑。

本章小结

地质学基础研究人才培养国际化的关键在于科学的路径对策，即独树一帜的世界一流、中国特色智慧方案。本章重点从构建国际化知识能力结构、完善国际化课程建设、优化国际化教学、建设国际化教师队伍、优化国际留学生教育、营造国际文化育人氛围、构建国际化激励评价机制、完善国际化制度保障体系、构建国际平台－项目－成果一体化机制等方面系统地提出了地质学基础研究人才培养国际化路径和具体对策建议。

参考文献

[1] 王焰新.“一带一路”战略引领高等教育国际化 [N]. 光明日报，2015-05-26.

[2] 李素矿，姚玉鹏，王焰新. 我国地质学基础研究人才创新能力提升路径研究 [M]. 武汉：中国地质大学出版社，2015.

[3] 李素矿，姚玉鹏，王焰新. 我国地质学青年拔尖人才培育模式战略研究 [M]. 武汉：中国地质大学出版社，2008.

[4] 王焰新. 跨学科教育：我国大学创建一流本科教学的必由之路——以环境类本科教学为例 [J]. 中国高教研究，2016（6）.

[5] 李素矿，姚玉鹏，王焰新. 我国地质学基础研究人才队伍建设存在的突出问题与原因剖析 [J]. 地球科学进展，2008(4)：101-105.

[6] 李素矿，王焰新，姚玉鹏. 我国地质学基础研究人才战略 [J]. 地球科学，2006，31(3):326-329.

[7] 李素矿. 新路径：提升地学基础人才创新能力 [N]. 中国国土资源报，2015-12-23（5）.

[8] 郝翔，王焰新，成金华，等. 地学文化摇篮：中国地质大学（武汉）校园文化建设理论与实践 [M]. 武汉：中国地质大学出版社，2016.

[9] 李素矿. 新时代高校宣传思想文化工作创新研究 [M]. 武汉：中国地质大学出版社，2018.

[10] 简 奈特 . 激流中的高等教育：国际化变革与发展 [M]. 刘东风，陈巧云，译 . 北京：北京大学出版社，2011.

[11] 马克思 . 雇佣劳动与资本 [M]. 中共中央马克思恩格斯列宁斯大林著作编译局，译 . 北京：人民出版社，1961.

[12] 马克思，恩格斯 . 共产党宣言 [M]. 中共中央马克思恩格斯列宁斯大林著作编译局，译 . 北京：人民出版社，1998.

[13] 阿特巴赫 . 高等教育变革的国际趋势 [M]. 蒋凯，译 . 北京：北京大学出版社，2009.

[14] 朱懿 . 我国高校国际化人才教育的思考 [J]. 经济与社会发展，2010，8(9):164-168.

[15] 朱朋 . 本科生出国留学综合分析 [J]. 文教资料，2008(20).

[16] 国务院 . 国务院关于全面加强基础科学研究的若干意见 [J]. 今日科苑，2018(1):12-23.

[17] 中共中央，国务院 . 国家中长期教育改革和发展规划纲要 [J]. 西藏教育，2010(10):3-6.

[18] 常青 . 科学研究的国际化趋势及其对策 [J]. 中国科学基金，1998(4):294-297.

[19] 郭华东，王力哲，陈方 . 科学大数据与数字地球 [J]. 科学通报，2014，59(12):1047-1054.

[20] 宗河 . 教育部推出“国际合作联合实验室计划”[J]. 中国大学生就业 2014（5）:32-32.

[21] 金品旗 . 经济全球化和人才国际化 [J]. 国际人才交流，2005(3).

[22] 中共中央，国务院 . 国家中长期科学和技术发展规划纲要 (2006—2020 年)[J]. 中华人民共和国国务院公报，2006(9):1-5.

[23] 国务院 . 国务院关于全面加强基础科学研究的若干意见 [J]. 今日科苑，2018(1):12-23.

[24] 张华英 . 人才国际化与国际化人才的培养 [J]. 福建农林大学学报（哲学社会科学版），2003，6(4):81-83.

[25] 杨建国，李茂林 . 提升大学创新能力培养高端国际化战略人才：北京外国语大学的人才培养之道 [J]. 大学（研究版），2010（9）.

[26] 才宇舟 . 国际化人才培养模式的构建：以中外合作办学机构为例 [J]. 沈阳师范大学学报（社会科学版），2014，38(3):135-137.

[27] 柴虹，李慧勤 . 高等教育人才培养质量的研究：以地质人才培养为例 [J]. 中国地质教育，2012，21(4):36-39.

[28] 孙中义，陶潜毅 . 地质人才状况分析及其人才培养对策研究 [J]. 国土资源高等

职业教育研究，2006(4).

[29] 潘懋，张立飞，郑海飞，等.理科地质学人才培养目标和培养模式的探索与实践：地质类本科教育和本科后续教育的协调与统一思考 [J]. 中国地质教育，2004(4)：5-9.

[30] 李国彪.关于地质类人才培养的几点思考 [J]. 中国地质教育，2009(4)：134-137.

[31] 王君恒，范振林.高水平地学人才的供需分析及培养策略 [J]. 中国国土资源经济，2009，22(12):17-19.

[32] 徐士元，余江涛，李正汉.高水平地学人才素质及其培养途径 [J]. 中国地质教育，2007(2):91-94.

[33] 王通讯.人才国际化论纲 [J]. 行政与法，2007(1).

[34] 庄少绒.国际化人才的培养与高校校园文化建设 [J]. 逻辑学研究，2003，23(4):286-290.

[35] 田伯平.南京市人才国际化战略研究 [J]. 南京社会科学，2008(11):126-129.

[36] 张华英.人才国际化与国际化人才的培养 [J]. 福建农林大学学报（哲学社会科学版），2003，6(4):81-83.

[37] 郑巧英，王辉耀，李正风.全球科技人才流动形式、发展动态及对我国的启示 [J]. 科技进步与对策，2014(13):156-160.

[38] 王新茹，许梅兰，潘懋.关于地球科学研究生教育的一些思考 [J]. 大学教育，2015(1):68-69.

[39] 于兴河.地学研究的思维方法、过程、特点及目标 [J]. 学位与研究生教育，1998(3):19-21.

[40] 汤晓茜，张孝琴，舒良树，等.如何加强和提高地学类研究生培养质量 [J]. 中国地质教育，2007，16(3):53-55.

[41] 李凤杰，傅红.地质类跨专业硕士研究生教育方式探讨 [J]. 中国地质教育，2009(1):39-41.

[42] 欧阳玉飞，韩海涛.当前地质研究生教育的若干问题探讨 [J]. 中国地质教育，2008(3):74-76.

[43] 刘翠航.2009—2010 年度美国留学生教育的特点与趋势 [J]. 世界教育信息，2011(2):69-72.

[44] 魏海勇，刘剑青.美国一流人才培养的政策机制与实践创新 [J]. 中国高教研究，2016(7):80-84.

[45] 刘翠航.美国学生来华留学现状、挑战及思考 [J]. 世界教育信息，2013(1):67-71.

[46] 詹春燕.高等教育国际化策略：英国经验及其启示 [J]. 湖北社会科学，2008(4):180-182.

[47] 李春生，白刚.日本的全球化时代人才培养战略及其启示 [J]. 基础教育参考，

2014(13):73-77.

[48] 王志刚，胡伟华，黄玲，等.德国高等教育国际化人才培养及其对陕西的启示[J].教育教学论坛，2015(42):8-10.

[49] 赖炳根，周谊.德国高等教育国际化的经验及其启示[J].教育探索，2009(6):142-143.

[50] 方友忠，马燕生.法国高等教育国际化：进展与挑战[J].世界教育信息，2014(24):11-13.

[51] 赵翠侠.提升国家软实力：法国高等教育国际化改革经验及启示[J].理论月刊，2009(11):145-148.

[52] 梁卫格，常志伟，LiangWeige，等.澳大利亚高等教育国际化趋势及其启示[J].河北大学成人教育学院学报，2006，8(1):50-51.

[53] 许青云.加拿大高等教育国际化特点及启示[J].齐鲁师范学院学报，2008，23(2):32-35.

[54] 崔瑞锋，张俊珍.芬兰高等教育的国际化及其启示[J].复旦教育论坛.2007，5(2):75-78.

[55] 徐晓红.瑞典高等教育国际化发展举措、特色及启示[J].中国成人教育，2012(7):117-119.

[56] 谭铖.西班牙高等教育国际化战略及其启示[J].新疆师范大学学报（自然科学版），2016，35(3):71-75.

[57] 王雪梅，海力古丽 尼牙孜.哈萨克斯坦高等教育国际化发展研究[J].比较教育研究，2016(8):7-17.

[58] 戴妍，袁利平.印度高等教育国际化的特点及趋势[J].比较教育研究，2010(9):74-78.

[59] 朱欣.印度尼西亚高等教育国际化分析及启示：以印尼排名前50名高校为研究对象[J].福建论坛（社科教育版），2009(12):116-118.

[60] 张成霞.越南高等教育国际化进程及实践[J].兴义民族师范学院学报，2012(4):109-114.

[61] 肖仙桃，孙成权.国际及中国地球科学发展态势文献计量分析[J].地球科学进展，2005(4):100-109.

[62] 田永常，杜远生，张云姝，等.地质类高校科技人才评价体系研究[J].科研管理，2018，39(S):58-62.

[63] 张志强，王雪梅，段晓男.国际地球科学发展现状与中国影响力分析[J].中国科学院院刊，2016，31(4):477-484.

[64] 常永胜.大学国际化：背景、内容与评价指标体系[J].广东外语外贸大学学报，

2008(1):103-106.

[65] 刘巍 . 高等教育国际化发展的动因思考 [J]. 学理论，2010(9):107-109.

[66] 陈学飞 . 高等教育国际化：从历史到理论到策略 [J]. 教育发展研究，1997(11):57-61.

[67] 苏芳菱 . 大学国际化发展战略研究综述 [J]. 魅力中国，2010(8):182-183.

[68] 王英杰，高益民 . 高等教育的国际化：21 世纪中国高等教育发展的重要课题 [J]. 清华大学教育研究，2000(2):16-19+24.

[69] 陈学飞 . 高等教育国际化：跨世纪大趋势 [M]. 福州：福建教育出版社，2002.

[70] 孟照海 . 高等教育国际化的动因及其反思 [J] 现代教育管理，2009（7）：16-18.

[71] 廖进球，谭光兴，朱晓刚 . 我国大学教育国际化的路径选择 [J]. 中国高等教育，2008(1):59-61.

[72] 汪旭晖 . 高等教育国际化的动因与模式：兼论中国大学国际化的路径选择 [J]. 现代教育管理，2007(8):90-93.

[73] 卢江滨，胥东洋 . 我国大学国际化建设的基本认识和主要举措探讨 [J]. 理工高教研究，2010.

[74] 刘道玉 . 大学教育国际化的选择与对策 [J]. 高等教育研究，2007(4):10-14.

[75] 高晓清 . 世界主要国家大学市场行为国际化及其启示 [J]. 江苏高教，2001(3):108-111.

[76] 中共中央，国务院 . 关于做好新时期教育对外开放工作的若干意见 [EB/OL].(2016-05-06)[2019-05-06].http://www.gov.cn/home/2016-04/29/content_50693311.htm.

[77] 教育部 . 推进共建“一带一路”教育行动 [EB/OL].(2016-07-15).[2019-06-14].http://www.gov.cn/xinwen/2019-02/20/content_5367017.htm.

[78] 国务院 . 统筹推进世界一流大学和一流学科建设总体方案 [Z].2015-10-24.

[79] 国家自然科学基金委员 . 国家自然科学基金“十二五”发展规划 [EB/OL].(2011-07-16).[2019-05-24].http://www.gov.cn/xinwen/2019-02/20/content_5367017.htm.

[80] 刘延国 . 开展人事人才国际合作创新国际化人才开发思路 [C]//2006 年首都国际化人才发展论坛论文集，2006.

[81] 钱铮 . 引进国际先进知识体系及资格认证考试是培养我国国际化人才的有效途径 [C]//2006 年首都国际化人才发展论坛论文集，2006.

[82] 习近平 . 决胜全面建成小康社会夺取新时代中国特色社会主义伟大胜利：在中国共产党第十九次全国代表大会上的报告 [M]. 北京：人民出版社，2017.

[83] 中国教育国际交流学会.2016高等教育国际化发展状况调查报告[EB/OL].豆丁网(2019-05-03)[2019-06-20].http://www.docin.com/p-20/3859518.html.

[84] 白春礼.加快科技创新国际化步伐[J].求是，2013(10):39-40.

[85] 潘雅.中国教育部推出“国际合作联合实验室计划”[J].世界教育信息，2014(4):79-80.

[86] 常青，刘云.关于我国“十五”期间基础研究国际合作的战略思考[J].中国基础科学，2000(9):28-32.

[87] 国务院.关于全面加强基础科学研究的若干意见[J].今日科苑，2018(1):12-23.

[88] 郭强.“一带一路”倡议引领我国高等教育国际化转型发展[J].徐州工程学院学报(社会科学版)，2019，34(3):91-97.

[89] 刘子云，刘晖.论新时代高等教育国际化的转向[J].世界教育信息，2018，31(23):23-29.

[90] 李灿美，朱舜.我国中外合作办学政策的变迁及其优化策略[J].湖南社会科学，2019(1).

[91] 孙霄兵.改革开放以来中国特色教育政策理论的发展创新[J].国内高等教育教学研究动态，2019(11):1-3.

[92] 中国国际商会.2018“一带一路”大事记[J].大陆桥视野，2019(1):25-28.

[93] 蔡运龙，陆大道，周一星，等.地理科学的中国进展与国际趋势[J].地理学报，2004，59(6):4-11.

[94] 朱以财，刘志民.“一带一路”高等教育共同体建设的理论诠释与环境评估[J].现代教育管理，2019，346(1):90-96.

[95] 陈宁华，鲍雨欣，程晓敢，等.新时代地学野外实践课程思政育人模式思考[J].中国地质教育，2018，27(4):32-35.

[96] 郄海霞，刘宝存.“一带一路”教育共同体构建与区域教育治理模式创新[J].湖南师范大学教育科学学报，2018，17(6):43-50.

[97] 杨剑静.职业院校参与“一带一路”建设的挑战与推进策略[J].中国高教研究，2019，305(1):38-41.

[98] 尤小霞.增强大学生国际交流能力的理性思考[J].林区教学，2009(8):56-57.

[99] 苏榕，刘佐菁，陈杰.广东省建设高水平基础研究人才队伍的战略思考[J].科技管理研究，2019，39(5):89-95.

[100] 柳丽华，申树欣.全球化背景下中国高校人才培养对策研究及实践[J].山东社会科学，2013(2):191-194.

[101] 连泽纯.浅议全球化环境下高校的国际化人才培养：解读《世界是平的》[J].

牡丹江教育学院学报，2011(6):74-75.

[102] 陆丽娜，李静．创新创业教育与地学深度融合之探索 [J]. 教育教学论坛，2019，397(3):162-164.

[103] 吴翌琳，谷彬．科学发展指标体系与评价研究 [J]. 经济体制改革，2013(3):12-16.

[104] 金一平．本科生国际交流与世界一流大学建设 [J]. 浙江青年专修学院学报，2010(3):59-62.

[105] 李名义．世界一流大学国际化发展战略及其借鉴意义：基于香港三所大学的案例分析 [J]. 长春工程学院学报（社会科学版），2018，19(4):44-48.

[106] 王强，姜莉，吴彪．“双一流”建设背景下应用型高校学科建设策略 [J]. 中国冶金教育，2019(1).

[107] 庞弘燊，王超，胡正银．“双一流”大学建设中人才引进评价指标库及指标体系构建 [J]. 情报杂志，2019，38(3):71-78.

[108]苏红伟,宋广林,姜转宏．建设学科群：一流大学提升核心竞争力的重要举措[J]. 高等农业教育，2019(3).

[109] 吴善超，韩宇．关于落实《国家自然科学基金“十二五”发展规划》的认识与思考 [J]. 中国科学基金，2011(4):38-42.

[110] 李成明，张磊，王晓阳．对国际化人才培养过程中若干问题的思考 [J]. 中国高等教育，2013(6):20-22.

[111] 余玉娴．韩国高等教育的国际化及其对我国的启示 [J]. 广东教育学院学报，2008，6(6):56-60.

[112] 胡宝留．论全球化过程中的自由与平等 [J]. 学术月刊，2001(3):38-44.

[113]张佳宁，张海龙．国际人才环流背景下我国人才强国战略新思考 [J]. 现代商业，2019(17):42-44.

[114] 刘粤湘，余际从，薛梅．我国地质类科技人才现状调查及培养、成才环境比较分析 [J]. 中国地质教育，2008(1):134-146.

[115] 秦东兴．日本高等教育国际化的新路径：以“加强大学世界拓展力事业”为例 [J]. 中国高教研究，2017(3).

[116] 伍慧萍．德国高等教育国际化的政策框架及措施分析 [J]. 德国研究，2000(2):30-34.

[117] 刘劭婷．试议高等教育国际化进程中高校发展策略 [J]. 科教导刊（上旬刊），2012(1):81-82.

[118] 吴文英，董晓梅，等．大学国际化的研究综述及简评 [J]. 北京联合大学学报，2013(2).

[119] 杨艳 . 我国大学国家重点实验室管理模式及运行机制创新研究 [D]. 武汉：华中农业大学，2006.

[120] 危怀安，王炎坤 . 国家重点实验室运行机制问题与对策 [J]. 研究与发展管理，2006(4):104-107.

[121] 鲁宁 . 国家创新体系下国家实验室的结构功能研究 [D]. 武汉：华中科技大学，2007.

[122] 周岱，刘红玉，赵加强，等 . 国家实验室的管理体制和运行机制分析与建构 [J]. 科研管理，2008(2):154-165.

[123] 易高峰，赵文华 . 关于国家实验室管理体制与运行机制若干问题的思考 [J]. 高等工程教育研究，2009(2):107-110.

[124] 李艳红，赵万里 . 发达国家的国家实验室在创新体系中的地位和作用 [J]. 科技管理研究，2009，29(5):21-23.

[125] 李云 . 国家实验室管理体制和运行机制研究 [D]. 成都：西南交通大学，2010.

[126] 王鹏 . 大学国家重点实验室管理模式：理想与现实的冲突 [J]. 现代教育管理，2010(12):55-57.

[127] 卞松保，柳卸林 . 国家实验室的模式、分类和比较：基于美国、德国和中国的创新发展实践研究 [J]. 管理学报，2011，8(4):567-576.

[128] 龚玉 . 高校国家重点实验室管理和运行机制探析 [J]. 实验室研究与探索，2013，32(10):128-131.

[129] 汪敏娟，吴松强，仲盛来 . 高校国家重点实验室管理模式探析 [J]. 实验技术与管理，2014，31(1):225-227.

[130] 刘玲，王开成，官玉安 . 国家重点实验室运行管理改革初探：以重庆大学为例 [J]. 技术与创新管理，2015，36(4):365-368.

[131] 王琦 . 国家实验室建设的理论与实践初探 [D]. 哈尔滨：哈尔滨工业大学，2017.

[132] 邓永权 . 国家实验室基本理念的发展性思考 [J]. 中国高校科技，2017(S2):60-62.

[133] 钱伟弘 . 国家实验室还“筹”什么 ?[J]. 前进论坛，2018(10):28-29.

[134] 邸月宝，陈锐 . 国家实验室和国家重点实验室简述 [J]. 今日科苑，2019(7):24-33.

[135] 杨超，危怀安 . 政策助推、创新搜索机制对科研绩效的影响：基于国家重点实验室的实证研究 [J]. 科学学研究，2019，37(9):1651-1659.

[136] 沈雨佳，石峰，王云平 . 省部级重点实验室的发展路径思考 [J]. 科技风，2019(32):215，217.

[137] 郭亚曦．抓住机遇建设国际一流水平野外台站 [J]. 中国科学院院刊，2000(5):366-369.

[138] 刘海江，孙聪，齐杨，等．国内外生态环境观测研究台站网络发展概况 [J]. 中国环境监测，2014，30(5):125-131.

[139] 李万里，张世挺，安娴，等．高校野外观测研究与人才培养基地建设的现状、问题及对策研究 [J]. 高等理科教育，2017(5):106-109.

[140] 高春东，何洪林．野外科学观测研究站发展潜力大应予高度重视 [J]. 中国科学院院刊，2019，34(3):344-348.

[141] 科技部．国家野外科学观测研究站建设发展方案（2019—2025）[EB/OL]. 搜狐网 (2019-06-20)[2019-06-28].http://www.sohu.com/a/322662334_120178132.

[142] 郑锡胜，刘保民，王德智．关于地方工程技术研究中心管理运行模式及其发展趋势的研究 [J]. 科研管理，2001(1):124-127.

[143] 卢懿．美国工程研究中心的发展及对我国的启示 [J]. 市场论坛，2004(4):20-21.

[144] 赵兰香，李文东，李昌群．我国工程研究中心的建设目标与现状的差距是如何形成的 [J]. 科学学与科学技术管理，2006(11):87-92.

[145] 宋敏，王乙成．促进国家工程研究中心技术创新能力提升的对策探讨 [J]. 科技进步与对策，2007(4):37-39.

[146] 季青．依托高校建设国家工程技术研究中心促进科技成果转化的优势思考 [J]. 无线互联科技，2011(2):3-5.

[147] 牛栋，杨辉，田原，等．工程研究中心发展的中美差异分析及其思考和启示 [J]. 中国科学院院刊，2015，30(2):257-261.

[148] 马昌前．培养新时代国际化创新型地学人才 [M]. 武汉：中国地质大学出版社，2018.

[149] 张辉旭．国土资源部重点实验室运行报告（2008—2014）[M]. 北京：地质出版社，2015.

后 记

习近平总书记指出，人才是创新的根基，是创新的核心要素。强调要扩大教育开放，提升我国教育世界影响力。这是新时代高校人才培养的根本遵循，也是我们开展地质学基础研究人才培养国际化战略研究的思想指引和行动指南。

教育开放是我国改革开放的重要方面，以人才培养国际化为核心的教育对外开放是新时代中国特色社会主义教育的鲜明特征和重要标志。近年来，中共中央、国务院先后印发《关于做好新时期教育对外开放工作的若干意见》《中国教育现代化 2035》《加快推进教育现代化实施方案（2018—2022 年）》，相继提出，要加快培养高层次国际化人才。中共中央、国务院《关于加强和改进新形势下高校思想政治工作的意见》指出，人才培养、科学研究、社会服务、文化传承创新和国际交流合作是高校的重要任务。明确将“国际交流合作”与“人才培养、科学研究、社会服务、文化传承创新”并列为大学的重要使命。2017 年 1 月，教育部、财政部、国家发展和改革委员会印发《统筹推进世界一流大学和一流学科建设实施办法（暂行）》，明确提出要进一步扩大国际交流与合作，培养顺应世界潮流的国际化人才。在新时代，扩大国际交流合作，拓展高校办学功能，培养国际化人才，已经成为我国新时代高等教育和高校的新使命和新任务。高等地质教育作为中国特色社会主义教育伟大事业的重要组成部分，地质学基础研究人才培养国际化急需加强与改进。

世界潮流，浩浩荡荡，顺之则昌，逆之则亡。在新时代地质科技工作高质量发展和转型发展的关键时期，深入推进我国地质学基础研究人才培养国际化是我国从地学大国走向地学强国的必经之路。进入新时代，因其植根于地球圈层相互作用的思想，地质学将在地球系统科学这一地球科学研究发展新主题中扮演关键角色。地质学基础研究也开始从以向地球索取自然资源的目标导向为主，向资源能源综合开发与自然环境保护相并重，实现科学综合开发利用和科学保护地球转变。人们越来越深刻认识到地质科学基础研究对带动高质量经济持续发展的重要支撑作用，深刻认识到开发资源、减轻灾害、保护与利用环境对人类社会和谐永续发展的重要作用，深刻认识到要更加科学合理、有效地利用好地球自然资源、维护好人类赖以生存发展的健康地球和自然环境。这是当今世界和地质科学基础研究共同关注的焦点话题和科研课题，更是地质科技工作者的初心使命。为此，开展我国新时代高等教育国际化和地质学基础研究人才培养国际化战略研究具有重要理论价值和现实意义。

近年来，作者与研究团队成员依托相关科研课题，重点围绕地质学基础研究人才的培养使用、队伍建设开展战略调查研究。从地质学基础研究领域的青年拔尖人才培养模式，到地质人才创新能力，再到今天的地质人才培养国际化，研究逐渐深入，取得了一些创新成果，一些建议被国家政府主管部门和高校所采纳。地质学基础研究人才培养国际化，是学者关注、世界关注、专家研究的重要课题。本研究立足世界一流、中国特色，坚持以问题为导向，运用教育学、管理学、心理学、地质学等多学科理论，通过政策研究、实证剖析、对策建议、理论探讨，运用问卷调查、文献检索、数理统计、系统分析等综合方法，围绕地质学基础研究人才培养国际化这一问题主线展开理论探索与实证研究。本研究借鉴分析了发达国家和“一带一路”沿线国家的教育国际化现状与经验；调查研究了我国地质学本科生、硕士研究生、博士研究生以及领军人才国际化教育现状；系统探讨了我国地质学基础研究人才培养国际化培育观、治理对策及建议。本研究力图兼顾宏观框架与微观现实，展示了全面系统、科学合理的地质学基础研究人才培养国际化治理体系和培育能力现代化思路。

在项目研究和成果梳理过程中，学习借鉴了众多前人的研究成果和文献资料，虽有标注，难免漏缺，在此均深表衷心感谢。特别要感谢中国科学院院士、中国地质大学（武汉）校长王焰新教授在本研究中的全程悉心指导，并为本成果作序。感谢国家自然科学基金委员会地球科学部刘羽研究员、熊巨华研究员等为本研究提供相关研究资料并给予具体意见建议。感谢自然资源部重点实验室办公室、中国地质科学院教授级高级工程师张辉旭、高级工程师李丽霞在地质科技创新平台建设方面的支持与建议。感谢吉林大学苏小四教授、长安大学黎开谊教授、中国地质大学（北京）刘金艳老师给予调研咨询意见与大力支持。中国地质大学（武汉）地球科学学院高级工程师林文姣，科学技术发展院副研究馆员张云姝、助理研究员田永常，经济管理学院李琳博士投入了大量精力，参加研究和相关成果报告撰写。硕士研究生刘芸、李谊萍、肖天雄、严淑月、彭婧、黎凤莲、王梓、王要、肖湾湾、虞甜甜等在问卷调查、数据统计、文献整理、专家访谈中做了大量工作，与研究生们一起做研究其乐融融、教学相长，对他们的辛勤付出，在此一并感谢。

由于时间仓促、视野所限，研究中难免存在瑕疵，敬请大家批评指正。

作者

2020 年春